国家林业和草原局普通高等教育"十三五"规划教材

U0162085

轻型木结构建筑工程与实践

母 军　漆楚生　主　编

刘红光　戴 璐　彭 尧　刘一萌　副主编

中国林业出版社

China Forestry Publishing House

图书在版编目（CIP）数据

轻型木结构建筑工程与实践 / 母军，漆楚生主编. —北京：中国林业出版社，2020.11
国家林业和草原局普通高等教育"十三五"规划教材
ISBN 978-7-5219-0710-0

Ⅰ. ①轻…　Ⅱ. ①母…　②漆…　Ⅲ. ①轻质材料—木结构—建筑工程—高等学校—教材
Ⅳ. ①TU759

中国版本图书馆CIP数据核字（2020）第130997号

中国林业出版社·教育分社

策划、责任编辑：杜　娟
电话：83143553　　　　　　　　**传真：**83143516

出版发行　中国林业出版社 (100009 北京市西城区德内大街刘海胡同7号)
　　　　　　E-mail：jiaocaipublic@163.com　电话：(010)83143500
经　销　新华书店
印　刷　北京中科印刷有限公司
版　次　2020年11月第1版
印　次　2020年11月第1次印刷
开　本　889mm×1194mm　1/16
印　张　11.75
字　数　330千字
定　价　48.00元

序

我国木结构建筑历史悠久，以宫廷建筑、民族特色建筑和园林建筑等为代表的木结构建筑蕴藏着对木质材料加工与利用、结构形式等的精湛技术，在材料的选择与应用以及建筑造型设计等方面传承着中华民族的灿烂文化。

进入 21 世纪，随着人们对可持续发展认识的提高和人类健康需求观念的转变，对木质材料利用越来越重视，对木质生活环境的追求与日俱增。随着新型木质材料和新工艺不断涌现，《木结构设计标准》等标准体系的建立，助推了我国现代木结构建筑的发展。北京林业大学为引领木结构建筑的健康发展，满足木结构建筑产业对专业人才的需求，于 2016 年开设木结构材料与工程专业并开始招生。校企合作，产教融合，按照精英人才要求培养木结构建筑材料、设计、施工和管理等环节和产业链条上的高级技术和管理人员。2019 年 6 月，该专业第一届本科生进行了为期 3 周的综合实践，师生共同参与，建成了 $11m^2$ 的轻型木结构建筑，形成了一定的理论创新和实践经验，在此基础上，参考大量资料编写了本书。

《轻型木结构建筑工程与实践》内容涵盖了轻型木结构建筑工程的全过程，包括结构设计、材料和施工准备、人员组织、现场施工、项目验收等环节。模拟实际工程，用"解剖麻雀"的思路，通过对轻型木结构设计计算和工程施工案例讲解，将木结构建筑的各个环节紧密联系，形成系统，将理论知识和实践操作有机结合，将人员组织和工程管理贯穿到整个过程，很好地实现了工程建设和实习实践的目标，是一本具有理论和实践指导意义的书籍。对木结构建筑领域的师生、研究工作者、工程技术人员和管理人员都很有参考价值。

2020 年 6 月

前言

　　《轻型木结构建筑工程与实践》是国家林业和草原局普通高等教育"十三五"规划教材。木结构建筑在我国具有悠久的历史，具有亲切舒适、美观自然、节能保温、抗震性能好等优势，轻型木结构建筑是现代木结构建筑最主要的类型之一，以木材及其复合材料为主要建筑材料，设计建造灵活，装配化程度高，近年来在我国得到快速发展。本书围绕轻型木结构建筑工程，从建筑材料、结构设计、工程实践部署、安全培训、工程实践工具、工程施工、质量验收、组织管理等方面系统全面阐述了轻型木结构建筑工程的全流程。

　　本书系统介绍了木结构建筑的优势，将工程和实践分为建筑材料、结构设计、工程部署与工具、现场施工、质量验收等八个部分，并将项目组织和管理贯穿到各个环节中。建筑材料讲解了常用木质材料、高分子材料、无机材料、金属材料的特点、生产方法和应用等；结构设计包括一般规定、楼盖、屋盖、墙体、轻型木桁架、梁、柱等结构设计和计算，并给出了一个具体的轻型木结构设计计算算例；工程实践部署和培训涵盖人员分工及岗位职责、现场管理、安全教育和应急预案等；工程实践工具介绍了常用的紧固件、紧固工具、测量工具、切割工具等的特点和使用方法；现场施工通过实际施工案例讲解了基础与楼盖、墙体、屋盖、外围护结构、屋面防护结构、室内装修等施工操作；质量验收讲解了一般规定、主控项目、一般项目的验收原则和方法，并给出了可在实际工程中使用的质量验收记录表；项目组织管理包括建设单位、设计单位、施工单位、项目监理、项目经理的工作内容及职责，并介绍了建设工程项目和学生实践项目的组织模式和评价方法。

　　本书共8章，第1章、第4章和第5章由刘红光编写；第2章由漆楚生和母军编写；第3章、第7章和附录由戴璐编写；第6章由彭尧编写；第8章由刘一萌编写。在本书编写过程中得到教育部林业工程类专业教学指导委员会主任委员于志明教授的指导和支持，并为本书撰写了序言，在此表示感谢！感谢北京林业大学张德荣高级实验师在案例施工工程中的指导和技术支持，感谢2016级木材科学与工程（木结构材料与工程）专业全体14位同学参与和完成了案例施工工程，感谢加拿大木业协会杨懿煜和周英春以及江苏城乡建设职业学院杜易在本书编写前提供的技术支持。本书参考引用了国内外相关的文献资料，在此谨向相关作者表示衷心感谢！

　　限于时间和水平，书中难免存有不妥之处，诚请读者和同行不吝赐教，深致谢忱！

编著者

2020年6月

目录

第 *1* 章

绪 论

  木结构建筑在中国有着悠久的历史，随着现代科技的进步以及人们认识水平的提高，木结构建筑越来越受到人们的关注，国内一些高等院校也相继开设了木结构相关专业与课程。轻型木结构是目前应用最为广泛的一种木结构形式。轻型木结构建筑工程与实践课程能够促进学生专业理论知识与专业实践能力的共同发展，在整个木结构专业课程体系中占有十分重要的地位。

1.1　木结构建筑及其发展概况

木结构是指以木材为主要受力体系的工程结构。木材是人类最早利用的建筑材料之一。从原始社会人类就开始利用木材搭建木架结构房屋，随着技术的发展，人们建造了大量的木结构建筑，有金碧辉煌的宫殿，也有富丽堂皇的园林。到了近现代，加工、建造技术得到了进一步的发展，人们建造了大量的现代木结构住宅、学校和办公楼等。近些年来，一些大型的木结构体育场、机场、展览馆、图书馆、商城和厂房等建筑不断出现，木结构建筑开始向大跨度多高层方向发展。

1.1.1　木结构建筑的特点

在日益重视低碳、环保、可持续发展的今天，木结构建筑以其天然、舒适、环保、节能、保温、抗震等优势受到人们的青睐。与其他材料建造的建筑结构形式相比，木结构建筑主要有以下几个方面的特点：

（1）原材料可再生

木材依靠太阳能而周期性地自然生长。只要合理种植、采伐，相对于其他建筑材料如砖石、混凝土和钢材等，木材最容易再生，一般成材周期为50～100年；随着林业、木材加工业的发展，很多速生材也可用于建筑结构中，这就大大缩短了林业资源的再生周期。

（2）亲切舒适，美观自然

木材具有良好的视觉和触觉特性，同时木材还具有调湿功能，人对木材的自然纹理有很强的亲近感。住在木结构建筑中，人有一种回归自然的感觉。外形上，木结构建筑可与自然环境融合，木材的可塑性较强，可依建筑师最理想的立面设计而做出多样化的屋顶和墙体。

（3）较好的抗震性能

地震对建筑物的作用力与建筑物的质量有关。木结构建筑质量轻，地震对其产生的作用力相对小；

因此，地震致使建筑倒塌时对人产生的伤害也小。另外，木结构建筑的整体结构体系一般都具有较好的塑性和韧性，因此在国内外历次强震中，木结构建筑都表现出较好的抗震性能。

（4）保温隔热，节省能耗

木材的热传递系数低，具有良好的保温隔热性能。木材的细胞内有空腔，是天然的中空材料，其热传导速度慢，保温隔热性能好。因此，木材可以降低建筑物使用能耗。清华大学《中国木结构建筑和其他结构建筑能耗和环境影响比较》的研究报告中指出：生产建筑材料和建造建筑物过程中所消耗的能量，用木结构代替钢结构，可以节省27.75%的能源和39.2%的水；用木结构代替混凝土结构，可以节省45.24%的能源和46.17%的水。

（5）设计建造灵活，装配化程度高

木材容易加工，可以锯成各种形状。木构件、木部件可以在工厂预制，再运到现场组装，使木结构建造施工周期短。木结构建筑施工现场只需要通过钉、螺栓等连接件进行组装作业，湿作业少，施工污染少，装配化程度高，有利于推动绿色施工。对于运输条件好、设计合理的建筑，甚至可以分段预制或整栋预制，施工现场只需要拼装或将整体连接于基础上即可，装配化程度非常高。

（6）环境友善，绿色环保

木材是一种绿色环保材料。对分别以木材、钢材和混凝土为主要结构材料的面积约为200m²的3栋住宅建筑进行比较，结果表明：木结构建筑的能耗、二氧化碳排放、对空气和水的污染、生态资源耗用都是最低的。木材工业发展虽会消耗大片林区，但这一影响只是短暂的，树木再植、森林资源的可持续管理能将对生态资源的影响降到最低程度。因此，综合考虑各种因素，木材最为绿色环保。

（7）具有一定的耐久性

如果木结构建筑设计合理，具有较好的防潮结构、合理的防火措施，也可以有很强的耐久性。如：

我国现存的五台山南禅寺大殿和佛光寺大殿都已有1200年左右的历史却仍屹立不倒；挪威一栋建于12世纪的木结构教堂，由于其出色的设计和精心的保养，历经800多年的风雨仍完好如初；还有无数北美和欧洲地区的于19世纪建造的现存木结构建筑，都证明了木结构建筑经受得起时间的考验。

（8）受限于木材的缺点，发展具有局限性

但是木材本身也存在一些缺点，这些缺点有时候会严重影响到木结构的使用，因此需要合理设计，避免这些缺点对木结构建筑的使用造成影响。

①木材的各向异性。树木自然生长，其断面上有显示生长周期的年轮；树木沿纵向随其纤维长度的生长而增高。因此，从外观上看，木材沿纵向、横向的纹理完全不同，这个特性在力学性能上则表现为各向异性，即木材在顺纹和横纹方向的力学强度相差较大，其中顺纹抗压、抗弯的强度相对较高。因此，木结构建筑在设计时最好尽可能使木构件承受压力，而避免承受拉力，尤其要避免横纹受拉。

②木材容易腐朽。木材的腐朽主要是由附着在木材上的木腐菌的生长和传播引起的。但是木腐菌的生长需要一定的温度、湿度条件。木腐菌最适宜的生长温度为20℃左右，这也是人类生活的最舒适温度，因此控制湿度是阻止木腐菌生长的较为合适和常用的办法。使用干燥的木材，做好建筑物的通风、防潮，都是避免木材腐朽的有效措施。长期可能受到潮气侵入的地方，如与基础连接的木构件、直接暴露在风雨中的木构件等，可以采用具有天然防腐特性的木材或进行过防腐处理的木材。

③木材易于受虫蚁侵害。侵害木材的虫类很多，如白蚁、甲虫等，品种因地而异。切实做好木材防潮是减少或避免虫害的主要措施之一。在建造木结构建筑前，先清理建房场地及四周土壤中的树根、腐木，再设置土壤化学屏障，也是预防虫害的一种措施。木结构建筑一旦遭受虫害，必须及时处理。

④木材易于燃烧。对于建筑物的使用者而言，火灾是随时存在的危险，但研究和事实表明：建筑物使用的结构材料的可燃性对其防火安全性的影响并不是最主要的，火灾发生的概率很大程度上取决于使用者对于火灾的防范意识、室内装饰材料的可燃性以及防火措施的得当与否。因此，木结构建筑须按防火规范做好防火设计，合适的防火间距、安全疏散通道、烟感报警装置等的设置都是防止火灾发生的必要措施。

目前，木结构的发展应用还存在一些限制因素。比如：目前木结构的技术体系还不够成熟，相关的规范标准还需要进一步完善，木结构的建筑成本要略高于传统建筑方式等，这些因素在一定程度上限制了木结构建筑在国内的发展应用。

1.1.2 木结构建筑的主要类型

不同的专家学者及参考资料，对木结构建筑的形式与分类的说法存在着细微的差别。根据GB 50005—2017《木结构设计标准》与GB/T 51226—2017《多高层木结构建筑技术标准》的内容，木结构建筑主要有以下几种类型：

（1）轻型木结构

轻型木结构是指用规格材、木基结构板或石膏板制作的木构架墙体、楼板和屋盖系统构成的建筑结构。

（2）井干式木结构

井干式木结构是指采用截面经适当加工后的原木、方木或胶合原木作为基本构件，将构件水平向上层层叠加，并在构件相交的端部采用层层交叉咬合连接，以此组成的井字形木墙作为主要承重体系的木结构。

（3）胶合木结构

胶合木结构是指承重构件主要采用胶合木制作的建筑结构。

（4）穿斗式木结构

穿斗式木结构是中国古代传统木结构形式之一。按屋面檩条间距，沿房屋进深方向竖立一排木柱，檩条直接由木柱支承，柱子之间不用梁，仅用穿透柱身的穿枋横向拉结起来，形成一榀木构架。每两榀木构架之间使用斗枋和钎子连接组成承重的空间木构架。

（5）抬梁式木结构

抬梁式木结构也是中国古代传统木结构形式之一。沿房屋进深方向，在木柱上支承木梁，木梁上再通过短柱支承上层减短的木梁，按此方法叠放数层逐层减短的木梁组成一榀木构架。屋面檩条放置于各层木梁端。

（6）正交胶合木结构

正交胶合木结构是指墙体、楼面板和屋面板等承重构件采用正交胶合木制作的建筑结构。其结构形式主要为箱形结构或板式结构。

（7）混合式木结构

混合式木结构是指由木结构构件、钢筋混凝土结构构件混合承重，并以木结构为主要结构形式的结构体系，包括下部为钢筋混凝土结构或钢结构、上部为纯木结构的上下混合木结构，以及混凝土核心筒木结构等。

1.1.3　木结构建筑在国内外的发展概况

木结构建筑在北美地区使用最为广泛。经过数百年的发展，从原木结构、轻型木结构到胶合木结构再到混合木结构，北美地区的木结构建筑形成了一套完整的建造体系，木结构建筑的工业化、标准化和安装工艺都已成熟。在美国，包括住宅小区、商业建筑、公共建筑在内的95%以上的低层民用建筑和50%以上的商用建筑都采用木结构。美国每年新建的150万幢住宅中，有90%采用木结构。现代木结构按照使用材料分类，主要分为轻型木结构、重型木结构以及混合木结构。轻型木结构由5.08cm×10.16cm、5.08cm×15.24cm、5.08cm×20.32cm、5.08cm×25.40cm（名义厚度×名义宽度）等尺寸的规格材（SPF）构成框架结构，多用于住宅；重型木结构主要采用胶合木（glulam）或大断面的原木作为结构框架，多用于大型公共建筑和商业建筑等。

在美国非常流行的轻型木结构独立住宅，主要利用北美云杉、北美黄杉、冷杉等规格材产品和工程

木质产品（EWP）搭建出承重墙框架；利用单板层积材（LVL）或glulam作为房屋的梁和柱，同木质工字梁（I-joist）组合搭建承重楼板；利用多榀桁架屋架，组合搭建承重屋顶；内外墙均采用SPF作为骨架，填充保温材料，内层贴防火石膏板，外层贴定向刨花板（OSB）。近年来，工程木质材料在技术工艺和设计上取得了很大进步，例如新型产品正交层积材（CLT），将3层以上的木材层板以相邻层纹理呈一定角度胶合成整板，用于制作装配式建筑的预制屋顶、地板和墙体。这些部件可在工厂批量化生产，到现场进行装配，大大缩短了建造工期，同时降低了施工对周边环境的影响。2016年，正交层积材在全球范围的年产量超过100万m³，预计未来10年内，产量可达到300万m³。

目前，北美木结构建筑正向着工业化、大型化、标准化的方向快速发展。木材的特性本来不适合做高层建筑，但通过开发新产品和创新设计，以及随着木结构技术的发展，再结合砖混、钢结构技术，可以用于制造各种混合木结构。薄壳、网架和网壳的结构体系可以使木材用于大跨度建筑。北美第一幢7层高（27.5m）的全木结构建筑，位于加拿大北不列颠哥伦比亚大学校园内的木材创新设计中心，采用CLT和glulam作为主要结构材料。目前，全球体量最大的混合木结构建筑，是同位于加拿大北不列颠哥伦比亚大学校园内的Brock Commons学生公寓楼；全球最高的木结构建筑是2019年建成的位于挪威Brumunddal的85.4m高（18层）的Mjøsa湖之塔。另据媒体报道，加拿大开发商计划在温哥华海滨区建造一幢名为"Terrace House"的全球最高的19层混合木结构建筑。

我国木结构建筑的建造历史可追溯到3000多年前，其主要采用以榫卯结构连接梁柱的框架体系，结合飞檐、斗拱、木瓦、楼梯等构件，形成独特的民族设计风格。我国传统木结构建筑完全采用天然原木建造，但由于木材本身存在一定的缺陷，例如：①木材中的节子、裂纹等天然缺陷可能导致其强度大幅度降低；②外界水分变化容易使木材发生干缩湿胀并伴随裂纹产生；③传统的机械加工切断了木材纤维，对木材力学性能影响较大；④天然木材易燃、易腐朽；

⑤传统木结构所需的大径级木材缺乏,无法实现某些大尺寸设计。这些缺点造成了民众对木结构建筑认识的一些误区,认为木材作为建筑材料不牢固、不稳定、不持久。这些看法具有一定的片面性。目前,全国千年以上历史的木结构建筑仍有几十处,包括:公元636年所建,我国现存最古老的高层木结构建筑——天津蓟县的独乐寺;公元647年所建,西藏拉萨藏传佛教寺院——大昭寺;公元782年所建,山西五台县的南禅寺等。保留完整的数百年以上历史的木结构建筑更是遍布全国。可见,只要木结构建筑设计科学、施工规范、使用合理和维护及时,是可以具有很强的耐久性的。

近代社会,随着工业化的发展,砖、钢筋混凝土、钢等建筑材料逐渐取代了木材。20世纪80年代,我国开始实行天然林保护工程,提倡使用铝、钢、塑料等材料代替木材,木结构建筑的发展受到一定制约。21世纪以来,随着我国加入世贸组织以及人民生活水平的提高,人们开始注重节能环保,提倡使用低碳材料,国外的现代木结构建筑逐渐进入我国市场。20世纪90年代中后期,我国引进了一批低层轻型木结构住宅,在沿海发达地区已建成数千幢。随后的20多年,我国相继建成一批现代木结构示范性建筑。其中包括:2005年在上海建成的重型木结构办公楼;2008年汶川地震后,加拿大卑诗省的援建工程,包括都江堰向峨小学、绵阳特殊教育学校、北川擂鼓中心敬老院等;2010年在贵州毕节建成的胶合木结构别墅;2013年在大庆建成的重木和轻木混合结构金融产业园会所;2014年在哈尔滨建成的钢木结构汽车展厅;2018年主体结构完工的江西南康镜坝镇家居特色小镇木屋建筑群等。这些项目的实施标志着中国的木结构建筑进入了一个新的发展阶段。

近年来,住房和城乡建设部先后制定和完善了一系列与木结构建筑和木结构产品相关的标准规范,已逐渐形成较完整的技术标准体系。其中,相关的国家标准包括:GB 50005—2017《木结构设计标准》,GB/T 50361—2018《木骨架组合墙体技术标准》、GB/T 22102—2008《防腐木材》、GB/T 26899—2011《结构用集成材》、GB 50206—2012《木结构工程施工质量验收规范》、GB/T 50772—2012《木结构工程

施工规范》、GB 50828—2012《防腐木材工程应用技术规范》、GB/T 50708—2012《胶合木结构技术规范》、GB/T 51233—2016《装配式木结构建筑技术标准》。相关的行业标准包括:JGJ/T 265—2012《轻型木桁架技术规范》。此外,上海、江苏、吉林、四川等地也先后颁布了相关的地方标准。2017年10月1日,GB/T 51226—2017《多高层木结构建筑技术标准》正式实施,进一步推动了木结构建筑的发展。

1.1.4 木结构建筑课程在国内的开设情况

木结构建筑是我国古代最主要的建筑形式,经过几千年的发展,形成了较为完善的木结构建筑体系,尤其是以故宫建筑群为代表的一大批经典、富有特色的木结构建筑,展现了我国古代灿烂木结构建筑文化的最高水平。随着我国节约木材相关方针政策的出台,加之木材进口受到国外政策的限制,砖石结构、钢筋混凝土混合结构、钢结构建筑越来越多,使我国木结构建筑的发展受到了很大制约,相关的教育培训、技术研究等也基本处于停滞状态。

进入21世纪后,随着我国与国外技术交流、商贸活动的增多,越来越多的外国企业在我国实行木材进口零关税政策后争相进入我国市场,使我国木结构建筑进入了新的发展阶段。2015年,中央及有关部委相继出台文件,倡导发展木结构建筑,为现代木结构建筑产业化的发展提供了政策导向。《中共中央国务院关于进一步加强城市规划建设管理工作的若干意见》《促进绿色建材生产和应用行动方案》等政策文件中明确指出要大力发展现代木结构建筑,《国务院办公厅关于大力发展装配式建筑的指导意见》和《国务院办公厅关于促进建筑业持续健康发展的意见》中也明确提出"在具备条件的地方倡导发展现代木结构建筑"。我国木结构建筑迎来了新的发展机遇,也为木结构及其相关专业的人才培养带来了新的机遇,提出了新的要求。

近年来,以清华大学、同济大学、哈尔滨工业大学、南京工业大学、重庆大学等工科类大学为首的土木工程专业开始开设有关木结构的选修课程,为木结构人才培养奠定了基础。中国林业科学研究院木材工业研究所(简称林科院木工所)是我国最早开始恢

复木结构技术研究的科研院所之一，2004年林科院木工所启动了"日式胶合木结构住宅示范项目"，促进了胶合木结构技术在我国的推广和发展。随后南京工业大学成立了现代木结构研究所，承担了较多的科研和设计项目，在大跨度木结构建筑、建筑结构用集成材等方面总结了大量经验和成果，培养和输出了一批木结构方向的高级专业人才。

在林业院校中，南京林业大学于2007年以国家级重点学科"木材科学与技术"为依托率先成立了木结构建筑系，首届招生28人，目前每届招生60人，成为最早开设木结构及其相关专业的林业院校。内蒙古农业大学和西南林业大学则分别在木材科学与工程专业基础上，增设了木结构建筑和木结构建筑工程专业方向。

2016年，北京林业大学在木材科学与工程专业中增设了木结构材料与工程专业方向，重点针对木结构材料、木结构设计、木结构工艺及工程等领域开展人才培养和科学研究。2017年，北京林业大学在首批林业工程大类招生的学生中招收了14名木结构材料与工程专业方向的学生。该专业的人才培养目标是培养学生掌握木结构建筑的材料开发与加工、建筑结构与设计、工程项目管理的相关理论与实践知识，学生毕业后可从事木结构建筑产品研发、设计、管理与营销等工作。主要课程有木材学、结构力学、木结构基础、木结构设计、工程木质材料、木结构加工装备、木结构工程工艺、木结构工程保护学、木结构加工技术、木结构检测预评估及木结构模型制作等。同时，学校在针对林业工程一年级学生开设的专业概论课程中，利用2个学时让富有经验的专业课教师对木结构材料与工程相关情况进行讲解；学校还开设了木结构建筑与人居环境的全校公共选修课，讲解木结构建筑材料、结构、施工、维护，以及木质环境学等方面的基础知识。从2018年开始，北京林业大学开设了现代木结构暑期国际课程，聘请国外木结构专业领域的权威专家进行为期2周的集中授课，为在校的40余名木结构材料与工程专业方向的学生以及全校对木结构领域感兴趣的学生进行专业讲解，将国际先进的教学方法和教学理念引入到北京林业大学的课堂中。此外，学校高度重视木结构相关专业

的发展，将木结构材料与工程专业方向的研究列入北京林业大学材料科学与技术学院"十三五"发展规划。

目前，同济大学教学大纲规定木结构课程为17课时，其中材料性能的讲授为4课时，要求学生了解木材的性质、特点、种类、规格和力学性能；建筑结构形式的讲授为2课时，要求学生掌握木结构常用的结构体系；构件计算方法的讲授为4课时，要求学生学习掌握木构件受拉、受压、受弯等状态下的计算方法；连接计算的讲授为3课时，要求学生掌握木结构各种结构连接的形式和受力特点；结构计算的讲授为3课时，要求学生掌握木结构工程设计的基本方法；考试为1课时。

清华大学于2017年暑假开设了"现代木结构设计"选修课程，邀请国外专家采用全英文全天集中授课方式，时间为1.5周。

南京工业大学土木工程专业开设了竹木结构选修课，教学内容包括课堂理论知识讲授、课程设计及实践教学等，每年选课人数为40～60人。

南京林业大学开设了建筑学、建筑结构、房屋构造、建筑材料学、木结构设计规范与标准、木材学、木材加工工艺学、人造板制造工艺学、建筑木制品工艺学、木结构建筑保护学、建筑装饰工程、家具结构设计、木结构建筑工程概预算、木结构建筑文化、中国古代木建筑研究、建筑木结构设计、建筑木制品设计、木结构建筑技术前沿、Timber Engineering等课程。

全国高等学校土木工程学科专业委员会指导下属的木结构教学研究会将全国开设木结构领域相关专业的高等学校联合在一起，每年定期召开年会，研讨木结构人才培养领域的突出问题和科研进展，并从2016年起每年举办"高校木结构设计邀请赛"，为木结构领域人才培养和科学研究起到了积极的引领作用。

虽然我国高校已陆续开设了木结构及其相关专业课程，但由于发展时间较短，木结构及其相关专业的人才培养还存在一定的问题。

（1）教学体系有待完善

木结构及其相关专业作为高等院校新兴的专业方向，虽然各院校已初步建立起教学体系，但在理论讲授、实验实训、生产实习等方面还有待进一步完善。

从我国高校木结构及其相关专业人才培养的现状可以看出，土木类学科开设的木结构相关课程较少，且偏重于对木结构的结构设计及计算方面知识的讲授。林业院校在课程设置方面内容较丰富，但偏重于木材及木制品技术方面内容的讲授。根据用人单位的反馈意见，林业院校木结构及其相关专业方向毕业生对结构工程及设计方面的知识储备较欠缺，实践能力较弱。同时，木结构及其相关专业的定位和课程特色还不够清晰，教学硬件条件不足，教学体系亟待完善。同时，木结构的产业链较长，涉及林业、机械、建筑、环保、旅游、文化、房地产、园林、建材、环境等多个行业，这些行业都对木结构专业人才有着需求。因此，各高校应进行有针对性的课程设置，不断完善教学体系，以满足社会对木结构技术人才的多样化需求。

（2）教材建设亟待加强

目前，已出版发行的木结构及其相关专业的教材有《木结构设计（双语）》《木结构》《木结构基本原理》《木结构设计原理》《木结构建筑导论》《木结构建筑学》《木结构建筑材料学》《木结构建筑结构学》《木结构建筑工程学》《木结构房屋建筑工程预算》《木结构建筑法规与标准》《木结构建筑检测与评估》《木结构建筑保护学》《现代木结构构造与施工》等。虽然这些教材在一定程度上解决了木结构专业教材短缺的难题，但部分教材针对性不强，如这些教材在木材材性、构件设计、连接设计等方面论述较多，而在制材方法、墙体结构、楼板结构、基础设计及连接方式、房屋整体性设计、预制装配、建筑耐久性、施工维护，以及木结构历史等方面的内容涉及较少。

此外，在现有的教材体系中，实验指导类教材建设仍处于起步阶段，如何针对生产和建设实际，策划和编写有针对性的实践教学的教材是各高校需要进一步探索的课题。

（3）实践教学环节薄弱

实践教学作为培养应用型复合人才的重要环节，具有重要的作用。通过对日本、欧洲及北美洲等国家大学的木结构及其相关专业调查后发现，他们不仅重视相关的基础理论教学，更重视培养学生的实践动手能力。这些学校的共同特点是强调学生从方案设计、材料选择、结构设计到加工建造的全过程学习。教师对学生的实践过程进行全程指导，但相关操作均由学生独立完成。而我国目前在该领域的人才培养仅仅以参观实物和设计项目为主，学生自己动手进行实际操作的环节较少。虽然目前我国有部分院校通过设计竞赛、毕业设计展示等环节开展了相关的设计及实践教学，但作为课程建设和人才培养的重要一环，从作品设计到工程应用能力的培养机制尚未形成。

1.2 轻型木结构建筑发展概况

我国标准 GB 50005—2017《木结构设计标准》中对轻型木结构建筑的定义为：用规格材、木基结构板或石膏板制作的木构架墙体、楼板和屋盖系统构成的建筑结构。加拿大木结构手册对轻型木结构建筑有如下定义：由间距较密的规格材和木基结构板采用钉子连接组成结构构件的一种木结构房屋建筑体系。

轻型木结构建筑是 19 世纪 30 年代北美地区出现的一种以小截面木材构成的房屋体系。它借鉴和引用了欧洲木质隔墙、木搁栅、木楼板的设计思路，以木墙骨柱和板材组成的墙体传递水平荷载和竖向荷载。近年来，随着森林资源的合理利用和管理，以及木材加工业的迅猛发展。轻型木结构在北美已大量用于住宅、商业和工业建筑中。据统计，在北美，约有 85% 的多层住宅和 95% 的低层住宅采用轻型木结构体系。此外，约有 50% 的低层商业建筑和公共建筑，如餐馆、学校、教堂、商店和办公楼等采用这种结构体系。美国平均每年有近 150 万栋新的住宅建成，其中木结构住宅占总数的 80% 以上。1997 年，美国新建别墅 113.8 万栋，其中 90% 为轻型木结构。在 33.8 万栋多层住宅中，大部分也采用轻型木结构。2000 年，美国新建成的轻型木结构房屋在新建住宅中的比例接近 90%。

鉴于轻型木结构抗震、节能和环保的特点，20 世纪末，日本、新西兰、北欧国家也开始引进、研究和推广北美的轻型木结构建筑。目前，轻型木结构建筑已成为木结构住宅中的重要组成部分。同时，多层和商业用房也部分采用轻型木结构体系。

　　在人口密度大的城市和地区，轻型木结构建筑不仅可以提供更有效的使用空间，而且在抗震和舒适性方面也有突出表现。在美国加利福尼亚州长滩市，1997年就建造了数幢含2层地下室、底部为4层钢筋混凝土结构框架、上部为4层轻木结构的城市黄金地带商业建筑。

　　2010年起，加拿大更新了国家建筑标准，将轻型木结构建筑的最高层数限制从4层提高到6层，一批城市中心地带的住宅普遍为4～6层的多层公寓，上部为轻型木结构形式。

　　现代木结构建筑正式被引进中国始于20世纪80年代。改革开放初期，上海市政府在西郊宾馆引进了部分独立木结构别墅。90年代，随着上海浦东新区的开发，由几十幢独立轻型木结构建筑组成的金桥碧云别墅项目，成为首批较大规模引进的轻型木结构建筑样板房屋。2005年，在国家林业局948项目（木结构房屋结构材料应用关键技术引进）的资助下，中国林业科学研究院木材工业所分别与日本松美公司和加拿大悦庐公司合作建造了两层日式轻木结构房屋和加拿大轻型木结构示范住宅。

　　2001年，加拿大林业代表团访华时，就木结构建筑的材料和技术问题与我国政府和科研单位进行了深入交流。美国林业纸业协会、加拿大木材出口局等机构会同我国有关单位在北京、大连、上海举办"木结构房屋建筑大型系列研讨会"，成立了"加拿大－中国房地产商交流协会"，旨在促进中加两国在房地产开发及木结构房屋建筑技术方面的信息交流，为我国居民提供木结构房屋建筑。

　　鉴于轻型木结构建筑房屋具有的优点和特点，以及国外如北美地区（加拿大和美国）几乎所有的低层住宅都采用轻型木结构房屋建筑形式，同时随着2003年颁布的《木结构设计规范》（GB 50005—2003）中增加了轻型木结构设计相应部分的规范条文，轻型木结构建筑逐步进入中国建筑市场并受到关注。在北京、上海、南京、苏州、宁波、杭州、石家庄、西安、成都和昆明等地都可以看到轻型木结构建筑应用的成功范例。

　　2008年"5·12"汶川地震后，由同济大学倡议并发起在四川省都江堰市向峨乡采用现代木结构建筑（主要为轻型木结构房屋体系）重建向峨小学。这是我国第一所校舍全部采用现代木结构建筑的小学，该学校于2009年8月26日正式投入使用。该工程的设计、建设、竣工和投入使用，为我国提高中小学校舍的抗震性能提供了从建筑材料入手解决问题的方法和途径，对于今后类似的工程建设具有很强的参考价值和示范作用。

　　轻型木结构建筑体系中的木屋盖系统近年来也被广泛应用于上海、南京及石家庄等城市的旧房平屋面改坡屋面（平改坡）工程中。相较于轻钢结构屋盖体系，轻型木结构屋盖具有质量轻、保温性能好、施工中无湿作业等优点，被社会广泛接受。

1.3　轻型木结构建筑工程与实践课程的目的与意义

　　根据马克思哲学对"实践"的理解，工程实践课程是将外在于学生自身的公共知识与技能内化为学生内在的个人知识与技能，进而改变学生的思维方式、价值观念以及行为方式的重要途径。通过工程实践，可以实现学习主体的知识技能内化、重构和智慧升华。在工程实践的过程中，学生不仅获得知识，习得技能，更重要的是在此过程中学生会伴随着世界观的形成和改造、社会生活基本素质的养成，最终实现个人能力和个人价值的充分统一。实践课程是与认知性取向的学科课程相对应的一种课程类型。学科课程以学生获得间接经验为目标，以学科知识体系为核心内容，强调学科的内在知识体系和逻辑结构，以学科内容为核心组织知识和经验，具有严密性和闭合性特征，主要传递概念和数据结构信息，使学生习得系统、完整的学科基础知识和基本技能。实践课程是指在专业学习的全过程中有助于学生专业实践能力发展的活动导向课程，以学生获得直接经验为目标，以经验体系为核心内容。实践课程有别于以传递概念和数据结构信息为主的学科课程，是对传统学科知识结构与逻辑体系的超越，遵循行动逻辑，传递程序性知识，强调以活动和经验为中心，注重专业工作实践。实践课程引导学生通过工程实践活动，实现"做中学"。实践课程充分利用工程实践的课程价值属性，将问题与经验活动作为课程内容，并将工程实践作为学习方式，实现"实践过程"的发展价值。

轻型木结构建筑工程与实践课程的主要目的是：在真实或仿真的工作情境下，根据职业角色要求，以经过精心教学设计的项目为载体，引导学生在理论指导下进行专业工程实践能力训练，促进其良好专业工程实践态度的养成。学生通过对工程实践过程所进行的整体化感悟和反思，实现知识与技能、过程与方法、情感态度与价值观学习的统一。

轻型木结构建筑工程与实践课程的意义在于使学生进入"工作世界"，这是实践课程的立足点，也是实践课程独特价值的体现。轻型木结构建筑工程与实践课程的意义具体体现在以下四个方面：第一，课程目标体现了木结构专业定向性；第二，课程内容体现了工作过程知识的习得及其与技能的整合；第三，课程实施方法体现了专业工程实践活动导向；第四，课程实施效果能促进专业工程实践能力与专业工程实践态度的共同发展。轻型木结构建筑工程与实践课程在整个木结构专业课程体系中占有十分重要的地位，在很大程度上决定了木结构专业人才培养的质量。

本课程主要包括以下几方面的内容：

①绪论。主要介绍木结构建筑的特点与分类，木结构建筑在国内外的发展状况，轻型木结构建筑的发展状况，轻型木结构建筑工程与实践课程的目的与意义。

②轻型木结构建筑材料。主要介绍轻型木结构建筑中用到的各种木制材料、高分子材料、无机材料及金属材料等主要材料。

③轻型木结构设计。主要介绍轻型木结构建筑的楼盖、屋盖、墙体、木桁架、截面梁、拼合柱及基础等部分的设计原理。

④轻型木结构建筑工程与实践部署与安全培训。主要介绍轻型木结构建筑工程与实践课程的实践部署与保障措施、安全组织管理、安全教育培训、安全事故应急预案以及防火和消防方案等内容。

⑤轻型木结构建筑工程实践工具。主要介绍轻型木结构建筑工程实践中用到的各种紧固件、紧固工具、测量工具及切割工具等主要工具。

⑥轻型木结构建筑施工案例。主要介绍轻型木结构建筑的基础与楼盖、墙体、屋盖、外围护结构、屋面防护结构及室内装修等部分的施工方法与施工流程。

⑦轻型木结构建筑施工质量验收。主要介绍对轻型木结构施工质量进行验收的相关规定以及检验项目。

⑧轻型木结构建筑工程与实践组织与管理概述。主要介绍轻型木结构建筑实际工程项目中的项目管理内容，项目各参与方的工作内容及管理重点。

第 2 章

轻型木结构建筑材料

　　建筑材料在轻型木结构建筑中起到承受载荷、耐水耐潮、耐腐蚀、抗虫蛀、防火阻燃等功能，同时还起到美观美化的作用。根据材料种类，建筑材料可分为木质材料、有机高分子材料、无机材料和金属材料；根据材料功能，建筑材料可分为结构材料、维护材料、绝热材料、防水材料、吸声隔声材料、装饰材料等。许多建筑材料的功能并不单一，往往具有两种以上的较为突出的功能，因此本章按照材料种类进行分类讲解。

　　轻型木结构建筑中，大量使用规格材作为骨架材料，常用定向刨花板和胶合板作为楼面板、墙面板和屋面板材料，木质工字梁也大量应用于楼板等支撑构件。此外，强重比高的工程木质复合材料（集成材、正交胶合木、单板条层积材等）在轻型木结构中也有应用，主要应用于跨度较大、力学性能要求较高的承载构件。

有机高分子材料是以有机高分子化合物为主要成分的材料，分为天然高分子材料和合成高分子材料。木材、天然橡胶、沥青等都是天然高分子材料，轻型木结构建筑中广泛使用的 PVC 挂板、胶黏剂、涂料等大多是人工合成的，为合成高分子材料。有机高分子材料具有质轻、强韧、耐化学腐蚀、易加工等特点，可作为保温、吸声、装饰材料广泛应用于轻型木结构建筑中。

无机材料指由无机物单独或混合其他物质制成的材料，通常指硅酸盐、铝酸盐、硼酸盐、磷酸盐等原料和 / 或氧化物、氮化物、碳化物、硼化物、硫化物、硅化物等原料经一定的工艺制备而成的材料。无机材料中岩棉、矿棉、玻璃、陶瓷等大量用于轻型木结构中，起到保温、隔热、防火、装饰等作用。

金属材料具有强度高、密度大、易于加工、导热和导电性能良好等特点，可制成各种铸件和型材，便于装配。随着近年来中高层木结构的发展，金属材料在木结构建筑中的应用也越来越多，尤其是金属钢管和金属连接件应用较普遍。

2.1　木质材料

木质材料作为一种可再生材料，在建筑、家具、包装等领域发挥着重要的作用。随着自然资源有效利用的需求和科学技术的进步，木材的利用方式从简单原始的原木利用逐渐发展到锯材、单板、刨花、纤维和化学成分的利用，形成了一个庞大的新型木质材料家族。在轻型木结构建筑中，木质材料是主要受力体系和框架，主要包括规格材、定向刨花板、胶合板、集成材、正交胶合木以及其他工程木质材料。

与其他建筑材料相比，木质材料强重比高，具有多孔性、湿胀干缩性、生物降解性、保温抗震性等独特的天然性能，使木质建筑材料具有环境友好、优良的保温节能性和抗震性等特点。木质材料所用的原料，可以是速生材和小径级材，可极大地提高木材资源利用率。此外,木质建筑材料可实现部件标准化、供应系列化、生产工厂化、施工装配化，极大地提高了效率、降低了成本。

2.1.1　规格材

2.1.1.1　产品及定义

规格材（dimension lumber）是木材截面的宽度和高度按照规定尺寸加工的规格化木材。规格材是作为结构材料使用的一类锯材，主要用在轻型木结构建筑中，其产品外观如图 2-1 所示。

图 2-1　规格材

规格材大多由针叶树材制成，在加拿大 Spruce-Pine-Fir（SPF）是生产规格材最主要的商用针叶材树种。SPF 是云杉 – 松木 – 冷杉的英文缩写，根据产地不同又分为西部 SPF（Western SPF）和东部 SPF（Eastern SPF），其中由于气候影响，西部 SPF 比东部 SPF 的原木尺寸要大。西部 SPF 的树种有白云杉（White Spruce，*Picea glauca*）、英格曼云杉（Engelmann Spruce，*Picea engelmanni*）、扭叶松（Lodgepole Pine，*Pinus contorta*）和毛果冷杉（Alpine fir，*Abies lasiocarpa*），东部 SPF 的树种有黑云杉（Black Spruce，*Picea mariana*）、红果云杉（Red Spruce，*Picea rubens*）、斑克松（Jack Pine，*Pinus banksiana*）和香脂冷杉（Balsam Fir，*Abies balsamea*）。由于这些树种储备量大；木材颜色较浅，呈白色至浅黄色，心边材之间颜色差别不明显；木材纹理通直，构造较细，质地光滑，具有极其类似的物理特性，故将其作为一个整体进行生产与销售。在美国，规格材的主要生产原料为南方松（Southern Yellow Pine）。

2.1.1.2　生产工艺

规格材的加工步骤分为两个主要组成部分：机

械加工和改性处理（图 2-2）。首先，通过机械加工将原木制成规格材，然后对规格材进行改性处理，提高其防腐、阻燃等性能。

（1）机械加工

原木截断是结合原木的外部特征和缺陷情况，将原木锯断成所需长度的木段。原木分选是按照规格材产品的尺寸规格、用途和质量要求，依据树种、直径、长度和等级挑选出合适的原木材料。原木冲洗是利用高压水对原木进行冲洗，将黏附在原木表面的泥沙、树叶等杂物去除，以避免原木锯解过程中这些杂物对锯条的损伤，以延长锯条的使用寿命。而金属探测是用金属探测设备探测冲洗后的原木是否有排钉等金属物。对原木进行剥皮处理，以延长刀具的使用寿命。然后，对原木进行整形，即利用削片刀头将原木边部不规整的、树瘤和节疤等去掉，使原木成为规

则形状，以利于下锯图的设计、定位和锯解。现代化制材企业采用光电检测设备和计算机系统，在原木进入车间加工前进行模拟锯解，以找出最佳下锯方案。原木划线下锯指划线工以下锯图为参照，对原木断面和材长进行下锯设计。木材锯割即严格按照下锯图，将原木锯割成合理尺寸规格的板材。木材加工中常用的锯割机床分为带锯机和圆锯机两大类。锯割后的板材先进行堆积，然后进行干燥处理。堆积时使用隔条将相邻两层锯材均匀隔开，在木堆高度方向上形成水平气流循环通道，防止和减轻木材的翘曲变形。刨光后，对锯材进行检验和分等。

（2）改性处理

规格材改性处理是通过物理或化学的方法，对板材进行处理，以提高其某方面的性能。规格材常用的改性处理包括防腐处理和阻燃处理，以利于其在建筑中的利用。锯材常用防腐剂的种类和特点见表 2-1。

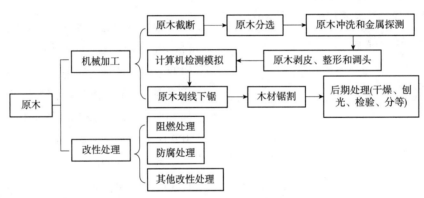

图 2-2　规格材加工步骤

表 2-1　锯材常用防腐剂的类型和特点			
防腐剂类型	定义	优点	缺点
水载型 [如氨溶烷基胺铜、铜唑 –B 型、加铬砷酸铜（CCA）等]	用水作为溶剂，有杀菌、杀虫毒性药剂的溶液	溶于水，不会污染木材；对菌虫类的毒作用较大（具有渗透性）；防腐处理较为简单、成本较低	水溶性强，易被雨水冲刷而失效
油类（如防腐油、煤焦油、蒽油）	具有足够毒性和防腐性能的油类	良好的毒杀和预防作用；耐候性好持久性强；对金属的腐蚀性低；来源广，价格便宜	有辛辣气味，颜色深，影响胶合和油漆；燃烧时会产生大量刺激性浓烟
有机溶剂类（如五氯苯酚、百菌清、环烷酸铜、8– 羟基喹啉铜）	溶解于有机溶剂的杀菌、杀虫毒性药剂的溶液	对危害木材的各种生物毒性强；易被木材吸收；持久性好；处理后不影响木材胶合油漆等二次加工	成本高；处理时，防火要求高

表 2-2　规格材相关标准

标准类型	中国标准	国际标准	日本农业标准	北欧标准	美国标准	加拿大标准	其他国家和地区标准
分等标准	GB/T 50005—2017 GB/T 29897—2013	ISO/DIS 13912：2017，9709：2018	JAS 143	N-STA142	ASTM D245-06（2019）	NL-GA，CLGM	澳大利亚：AS2858, AS2082, AS/NZS4063, AS/NZS4490；韩国：KSF 2151；比利时：BS4978, BS 5756；爱尔兰：IS127；意大利：UNI 8189；法国：NFB52
测试标准	GB/T 28987—2012	ISO/DIS 13910：2014			ASTM D198-15,D4761-19,D1990-19		
产品标准					PS20-10	SPS2-2000	

2.1.1.3　标准和分类

与规格材有关的标准大致可以分为 3 类，即分等标准（包括目测分等及机械分等标准）、测试标准（包括拉伸、弯曲、压缩等力学性质测试标准）和产品标准（包括尺寸、规格和质量标准）。中国、美国、加拿大、日本、北欧等国家和地区都制定了相关标准，见表 2-2。

（1）规格材尺寸

为了明确尺寸的规定，我国国家标准 GB 50005—2017《木结构设计标准》对轻型木结构用规格材和速生树种规格材截面尺寸进行了界定。在北美，规格材是通过尺寸限定加以定义的，即指名义厚度为 5.08～10.16cm（2～4in）、名义宽度大于等于 5.08cm（2in）的具有矩形横截面的锯材，分为 12 级。国内外对规格材尺寸的限定差异不大。表 2-3 罗列了一些常用的规格材标准尺寸。

（2）规格材等级

我国国家标准 GB 50005—2017《木结构设计标准》、加拿大国家锯材分等委员会（National Lumber Grades Authority，NLGA）标准适用于整个北美地区的国家分等规则（national grading rules，NGR）中，均对轻型木结构用规格材材质等级进行了划分。在 NLGA 的标准中，规格材根据其最终用途划分为 4 个

表 2-3　规格材的标准尺寸

名义（毛）尺寸 /in	实际（净）尺寸 /in	实际（净）尺寸 /mm
2 × 2	1.5 × 1.5	38 × 38
2 × 3	1.5 × 2.5	38 × 64
2 × 4	1.5 × 3.5	38 × 89
2 × 6	1.5 × 5.5	38 × 140
2 × 8	1.5 × 7.25	38 × 184
2 × 10	1.5 × 9.25	38 × 235
2 × 12	1.5 × 11.25	38 × 286

数据来源：GB 50005—2017《木结构设计标准》。

类别，分别是结构用轻型框架、轻型框架、搁栅和厚板、墙骨，我国和 NLGA 等级分类见表 2-4。表 2-5 为 NGR 标准规定的规格材分等产品各个等级的强度比。

（3）规格材力学性能

作为规格化的木材，除了应该具有规格的尺寸大小，还要具有符合要求的外观质量及各种物理力学性能，以保证木材使用性能的充分发挥。其主要物理力学性能包括含水率、干缩率、密度、吸水性、顺纹和横纹抗压强度、顺纹和横纹抗拉强度、顺纹抗剪强度、抗弯强度和抗弯弹性模量、剪切强度、冲击韧性、握钉性能、木材硬度及高低温环境下的力学性能等。

表 2-4　GB 50005—2017《轻型木结构设计标准》与 NLGA 标准中分等方法的比较

GB 50005—2017				NLGA 标准			
规格材的定义	主要用途		等级名称	规格材的定义	主要用途	等级名称	强度比 /%
按轻型木结构设计的需要，木材截面的宽度和高度按规定尺寸加工的规格化木材	用于对强度、刚度和外观有较高要求的构件		Ⅰc	指名义厚度 2～4in，宽度大于等于 2in 的具有矩形横截面的锯材	结构用轻型框架，结构用搁栅和厚板	SS	65
			Ⅱc			NO.1	55
	用于对强度、刚度有较高要求而对外观只有一般要求的构件		Ⅲc			NO.2	45
	用于对强度、刚度有较高要求而对外观无要求的构件		Ⅳc			NO.3	26
	用于墙骨柱		Ⅴc		墙骨	墙骨	26
	除上述用途		Ⅵc		轻型框架	结构等级	34
			Ⅶc			标准等级	19

表 2-5　NGR 标准规定的规格材各等级强度比　　MPa

序号	名称	尺寸要求 /in		目测分等依据：强度 /%	分等等级名称
		厚	宽		
1	轻型框架	2～4	2～4	34	结构等级
				19	标准等级
				9	实用等级
2	结构用轻型框架	2～4	2～4	67	SS
				55	NO.1
				45	NO.2
				26	NO.3
3	墙骨	2～4	≥2	65	墙骨
4	结构用搁栅和厚板	2～4	≥5	65	SS
				55	NO.1
				45	NO.2
				26	NO.3

表 2-6　机械应力分级规格材强度等级表

等级	M10	M14	M18	M22	M26	M30	M35	M40
弹性模量	8000	8800	9600	10 000	11 000	12 000	13 000	14 000

我国国家标准 GB 50005—2017《木结构设计标准》中，将机械分级规格材按强度等级分为 8 级，见表 2-6。

2.1.1.4　特点和应用

规格材由天然原木直接锯割而成，经过改性处理后，既保留了天然原木的优良特性如隔音保暖，又具备了防腐、阻燃等性能。规格材强度高、重量轻，具有高抗弯性和高抗裂性、出色的机械加工性能、开槽钻孔性能以及黏结性能，握钉力强、易着色和染色，在木结构房屋（2×4 平台框架结构）中广泛用于墙体框架、屋顶框架、屋顶桁架、楼板搁栅和梁柱，让木结构房屋坚固、温暖和安全。某些等级的规格材可

图 2-3　规格材应用于木结构梁

图 2-4　规格材应用于木桁架

进行再加工，用于包装材料、室内装饰或户外铺板用料等非结构性用途。规格材在木结构建筑中的应用如图 2-3、图 2-4。

2.1.2　定向刨花板

2.1.2.1　产品及定义

定向刨花板（oriented strand board，OSB）是使用施加了胶黏剂和添加剂的扁平窄长刨片，经定向铺装后热压而成的一种板材。大长径比刨片形态如图 2-5 所示，定向刨花板产品如图 2-6 所示。

图 2-5　定向刨花板大长径比刨片形态

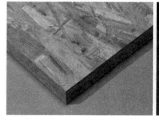

图 2-6　定向刨花板

2.1.2.2　生产工艺

定向刨花板与普通刨花板的生产流程基本相同，但所采用的刨花形态、铺装方式和铺装设备等有所区别。其主要生产流程为：原料准备（拖运分级、剥皮）→刨片→干燥→筛分→施胶→定向铺装→热压→后期加工（冷却、裁边、砂光、检验、分等、修补等），如图 2-7 所示。

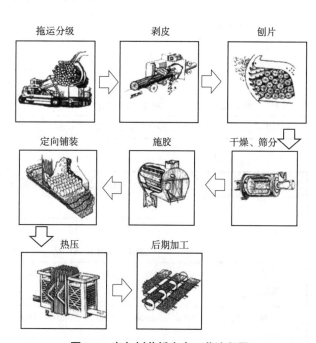

图 2-7　定向刨花板生产工艺流程图

2.1.2.3　标准和分类

定向刨花板在我国和其他国家有不同的标准和分类，我国行业标准 LY/T 1580—2010《定向刨花板》对 OSB 进行了分类，明确了每个类别的性能要求。欧洲标准 EN 300：2006 Oriented Strand Boards（OSB）. Definitions，Classification and Specifications

内容与我国行业标准 LY/T 1580—2010 内容相近。美国国家标准与技术中心（National Institute of Standards and Technology，NIST）制定了自律产品标准 Voluntary Product Standard PS 2-04 Performance Standard for Wood-Based Structural-Use Panels；加拿大标准委员会也颁布了 CSA O437 Standards on OSB and Waferboard 和 CSA O325 Construction Sheathing，都对定向刨花板不同用途的最低性能进行了限定。

我国林业行业标准 LY/T 1580—2010 和欧洲标准 EN 300 : 2006 对 OSB 的分类及描述见表 2-7，LY/T 1580—2010 规定的物理力学性能见表 2-8。美国 PS 2-04 标准根据使用场景和用途将定向刨花板分为覆面板、结构 I 级覆面板和单层地板 3 个等级，作为建筑结构板材使用时必须达到户外 1 级的防潮要求，不同厚度 OSB 板材的最低弯曲弹性模量和静曲强度要求见表 2-9。加拿大 CSA-O437 标准将 OSB 板材根据刨花方向分布分为 R-1、O-1 和 O-2 三个等级，每个等级的静曲强度和弯曲弹性模量要求见表 2-9。

表 2-7　我国林业行业标准 LY/T 1580—2010 和欧洲标准 EN 300 : 2006 对定向刨花板的分类及描述

产品	LY/T 1580—2000	EN 300 : 2006
OSB/1	一般用途板材和装修材料（包括家具），适用于室内干燥状态*条件下	Under cover, not exposed to weather and wetting, non-structural interior fitments, including furniture
OSB/2	承载板材，适用于室内干燥状态*条件下	Internal, structural applications, eg exhibition panels, internal walls, shelving, packing, cases
OSB/3	承载板材，适用于潮湿状态*条件下	Timber frame structural sheathing, flat and pitched roofs, wall sheathing, flooring, caravans
OSB/4	承重载板材，适用于潮湿状态*条件下	Heavy-duty structural applications in humid conditions

* 干燥状态：室内温度 20℃、相对湿度小于或等于 65%；潮湿状态：室内温度 20℃、相对湿度小于或等于 85%。

表 2-8　LY/T 1580—2010 标准对各等级定向刨花板的力学性能和耐水性要求

指标			单位	公称厚度 /mm											
				6～10				>10～<18				≥18～25			
				OSB/1	OSB/2	OSB/3	OSB/4	OSB/1	OSB/2	OSB/3	OSB/4	OSB/1	OSB/2	OSB/3	OSB/4
力学性能	静曲强度	平行	MPa	20	22	22	30	18	20	20	28	16	18	18	26
		垂直		10	11	11	16	9	10	10	15	8	9	9	14
	弯曲弹性模量	平行	MPa	2500	3500	3500	4800	2500	3500	3500	4800	2500	3500	3500	4800
		垂直		1200	1400	1400	1900	1200	1400	1400	1900	1200	1400	1400	1900
	内结合强度		MPa	0.3	0.34	0.34	0.50	0.28	0.32	0.32	0.45	0.26	0.30	0.30	0.40
	24h 吸水厚度膨胀率		%	25	20	15	12	25	20	15	12	25	20	15	12
	板内密度偏差		%	± 10											
	含水率		%	2～12											
	甲醛释放量	1m³ 气候箱法	mg/m³	≤0.124											
		穿孔法	mg/100g	≤8											

（续）

指标		单位	公称厚度 /mm											
			6～10				>10～<18				≥18～25			
			OSB/1	OSB/2	OSB/3	OSB/4	OSB/1	OSB/2	OSB/3	OSB/4	OSB/1	OSB/2	OSB/3	OSB/4
耐水性	方法1 选择A：循环试验后的静曲强度（平行）	MPa	—	—	9	15	—	—	8	14	—	—	7	13
	选择B：循环试验后的内结合强度	MPa	—	—	0.18	0.21	—	—	0.15	0.17	—	—	0.13	0.15
	方法2 水煮后内结合强度	MPa	—	—	0.15	0.15	—	—	0.13	0.17	—	—	0.12	0.15

注：1. 对于耐水性，只需满足 3 种测试方法中 1 种方法的指标要求即可；
　　2. 对于其他厚度范围的 OSB 产品，其性能要求参考 LY/T 1580—2010。

表 2-9　美国 PS 2-04 标准和加拿大 CSA O437 标准中对 OSB 的等级分类及性能要求

国家	等级	厚度 /mm	弯曲弹性模量 /MPa		静曲强度 /MPa	
			顺纹	横纹	顺纹	横纹
美国	覆面板（sheathing）	9.5	4087	1190	43.9	17.3
		11	3466	825	38.0	13.6
		12.5	2871	662	34.2	14.0
		15.5	3702	1069	38.4	17.0
		18	3083	1314	30.3	16.8
	结构 I 型覆面板（structural I sheathing）	9.5	4087	1190	43.9	17.3
		11	3466	1237	38.0	21.4
		12	3489	1745	39.0	27.0
		12.5	2871	1599	34.2	24.6
		16	3702	1406	38.4	23.7
		19	2760	1233	30.3	21.4
	单层楼板（single floor）	14.3	3083	813	38.0	13.5
		15.5	3527	656	29.8	10.0
		18	5695	940	29.9	10.5
		22	3403	1036	31.4	12
		28.5	4442	1082	30.5	12
加拿大	R-1 级随机定向	6、7.5、9.6、11、12.5、15.5、18.5	3100	3100	17.2	17.2
	O-1 级 I 型定向		4500	1300	23.4	9.6
	O-2 级 II 型定向		5500	1500	29	12.4

2.1.2.4 产品物理力学性能

定向刨花板的力学性能指标包括静曲强度、弯曲弹性模量、扰度、内结合强度、握钉力等，物理性能主要包括 24h 吸水厚度膨胀率、板内密度偏差、含水率、导热系数等。此外，甲醛释放量、防火性能、耐候性、防虫性等也影响定向刨花板的用途。LY/T 1580—2010 等标准规定了产品的最低性能，低于该性能则不能上市销售。实际企业产品的物理力学性能要高于标准规定的性能，下面筛选部分国产产品并列出其性能参数，以便在进行设计和施工时参考使用，见表 2-10。

表 2-10　部分国内生产企业定向刨花板物理力学性能

生产企业	产品型号	产品尺寸 /mm	静曲强度 /MPa		弯曲弹性模量 /MPa		内结合强度 /IB	24h 吸水厚度膨胀率 /%	煮沸试验后内结合强度 /MPa	煮 2h 后静曲强度 /MPa
			顺纹	横纹	顺纹	横纹				
山东某企业	OSB/2	1220×2440×15	29	17.94	4921	2573	0.32	15.3	NA	NA
		1220×2440×9	46.85	15.61	6188	2002	0.36	12.9	NA	NA
		1220×2440×12	28.61	15.92	4418	2340	0.33	14.6	NA	NA
		1220×2440×18	31.53	13.53	5401	1814	0.34	13.5	NA	NA
		1220×2440×18	25.16	14.5	4410	2256	0.31	14.2	NA	NA
		1220×2440×15	23.8	14.99	4644	2298	0.33	15.8	NA	NA
		1220×2440×15	24.19	14.49	4578	1976	0.39	12.6	NA	NA
		1220×2440×12	27.59	14.88	4551	1992	0.34	13.3	NA	NA
		1220×2440×15	32.68	13.12	4352	2057	0.41	12.5	NA	NA
		1220×2440×12	31.87	16.85	4853	2448	0.35	14.1	NA	NA
		1220×2440×18	33.45	17.67	5516	2116	0.39	12.7	NA	NA
		1220×2440×15	35.78	15.81	5772	1988	0.43	11.8	NA	NA
		1220×2440×15	31.7	14.31	4917	1942	0.38	13.8	NA	NA
		1220×2440×15	34.3	14.63	4667	2236	0.32	16.3	NA	NA
	OSB/3	1220×2440×9	47.7	20.06	5221	2277	0.46	9.4	0.17	NA
		1220×2440×9	40.06	18.52	5069	2479	0.37	8.5	0.15	NA
		1220×2440×9	37.39	19.99	5125	2419	0.42	8.3	0.17	NA
		1220×2440×12	35.73	15.19	5027	2414	0.39	10.1	0.15	NA
		1220×2440×12	39.87	16.78	5565	1984	0.51	9.8	0.14	NA
		1220×2440×12	33.57	16.59	4875	2318	0.34	10.9	0.16	NA
		1220×2440×9	38.46	16.64	4896	1587	0.34	9.1	0.16	NA
		1220×2440×9	33.96	16.23	5022	2171	0.45	8.7	0.18	NA

（续）

生产企业	产品型号	产品尺寸 /mm	静曲强度 /MPa		弯曲弹性模量 /MPa		内结合强度 /IB	24h 吸水厚度膨胀率 /%	煮沸试验后内结合强度 /MPa	煮 2h 后静曲强度 /MPa
			顺纹	横纹	顺纹	横纹				
湖北某企业	9B2	1220×2440×9	64.7	20.0	4500	1700	0.54	15.2	NA	NA
	9B3	1220×2440×9	34.2	16.1	4410	1470	0.56	10.5	NA	0.22
	9B4	1220×2440×9	54.4	22.9	3680	2340	0.75	7.8	NA	0.31
	12B2	1220×2440×12	36.5	17.5	6170	2440	0.41	7.9	NA	NA
	12B3	1220×2440×12	44.3	19.6	6690	2160	0.46	9.0	NA	0.2
	12B4	1220×2440×12	49.7	23.4	6470	2900	0.88	8.8	NA	0.42
	15B2	1220×2440×15	34.6	1770	5780	2410	0.57	11.6	NA	NA
	15B3	1220×2440×15	32.2	2430	5490	2870	0.85	6.6	NA	0.22
	15B4	1220×2440×15	51.7	1890	4010	2030	0.51	12.3	NA	0.2
	18B2	1220×2440×18	21.8	1540	4260	2550	0.43	7.8 1	NA	NA
	18B3	1220×2440×18	28.0	2520	5490	3340	0.63	7.0	NA	0.18
	18B4	1220×2440×18	73.1	2980	5080	2110	0.47	7.8	NA	0.17

注：表格数据由企业提供。

2.1.2.5　特点和应用

定向刨花板轴向方向力学性能优于纵向，横向抗弯强度高，握螺钉力好，热膨胀系数小，广泛应用于木结构建筑（剪力墙板、屋面板、楼盖板、工字梁、工字格栅）、包装材料、家具材料、地板等。在北美地区，定向刨花板主要应用在木结构建筑领域，其中 65% 的定向刨花板用于民用轻型木结构建筑，6% 用于非民用轻型木结构建筑，29% 用于建筑翻修和再装修。在我国，定向刨花板目前主要应用在室内装饰材料和家具制造方面。随着轻型木结构建筑在我国的不断推广，定向刨花板的应用也日益增加。定向刨花板主要实际应用如图 2-8 和图 2-9 所示。

图 2-8　定向刨花板应用于木结构建筑墙体

图 2-9　定向刨花板应用于木结构建筑楼盖及工字梁

2.1.3 胶合板

2.1.3.1 产品及定义

胶合板（plywood）是将原木沿年轮方向旋切成单板，经干燥、涂胶后按相邻单板层木纹方向相互垂直原则组坯、胶合而成的板材，单板层数通常为奇数。胶合板产品如图2-10。胶合板既保留了天然材纹理美观、材质轻等优点，又避免了天然材幅面限制、各向异性、生长缺陷（节子、腐朽、虫眼等）等固有缺陷，是节约木材、提高木材利用率的主要途径之一。

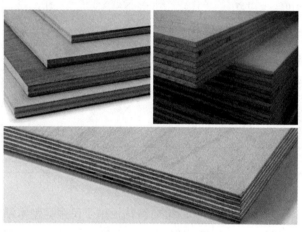

图 2-10　胶合板

胶合板的结构如图2-11。胶合板最外层的单板称为表板，外观质量较好的那个表板称为面板，而相对于面板的另一侧表板称为背板。在组坯时，面板和背板必须紧面朝外。中心层为其他各层对称配置在其两侧的板层。纹理方向与表板纹理垂直的内层单板称为芯板，纹理方向与表板纹理平行的内层单板称为长中板。

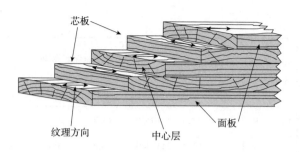

图 2-11　胶合板的结构

国家标准 GB/T 9846—2015《普通胶合板》中规定：胶合板幅面尺寸应符合表2-11要求，其中1220mm×2440mm应用最广泛；厚度偏差应符合表2-12的要求，特殊幅面尺寸和厚度尺寸需由供需双方协商。

表 2-11　胶合板的幅面尺寸					mm
宽度	长度				
915	915	1220	1830	2135	—
1220	—	1220	1830	2135	2440

2.1.3.2 生产工艺

胶合板的生产方法主要是干热法，制作方法是将单板干燥后涂胶热压，最常使用的胶黏剂是酚醛树脂（PF）胶黏剂和脲醛树脂（UF）胶黏剂，具有热压时间短、生产率高、产量大等优点。胶合板主要生产工艺流程为：原料准备→原木截断→水热处理→木段脱皮→木段定中心→单板旋切→单板干燥→单板施胶→组坯和预压→热压→后期加工（单板剪裁、砂光、检验、分等、修补等），如图2-12。

表 2-12　胶合板厚度偏差要求				
公称厚度范围 t	未砂光板		砂光板（面板砂光）	
	板内厚度公差	公称厚度偏差	板内厚度公差	公称厚度偏差
$t \leqslant 73$	0.5	+0.4 −0.2	0.3	±0.2
$3 < t \leqslant 7$	0.7	+0.5 −0.3	0.5	±0.3
$7 < t \leqslant 12$	1.0	+(0.8+0.03t) −(0.4+0.03t)	0.6	+(0.2+0.03t) −(0.4+0.03t)
$12 < t \leqslant 25$	1.5		0.6	+(0.2+0.03t) −(0.3+0.03t)
$t > 25$			0.8	

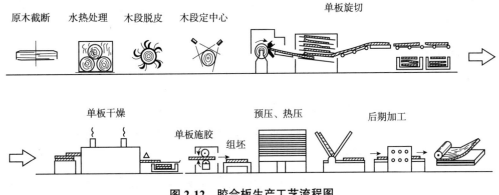

图 2-12　胶合板生产工艺流程图

我国常用的胶合板树种有马尾松、云南松、樟子松、水曲柳、杨木、樟木、榆木、椴木、桦木、柳安等。水热处理的目的是软化木材、增加木材的可塑性，以便能旋出质量好、强度高的单板。其中，水煮法蒸汽消耗量小、温度易控制、软化效果好、操作简单方便，应用最为普遍。

由于树皮是由周皮、韧皮部、形成层所组成的，其质地粗糙，无法用于胶合板生产。树皮中的韧皮部大多为细长纤维，旋切时易堵塞刀门；且树皮中常含有泥沙和金属，旋切时易损伤旋刀。因此，须对木段进行剥皮。其工艺原则为：剥皮要干净，但要尽量减少木质部的损失。单板旋切就是通过原木的定轴心旋转运动和旋刀的直线进给运动，使刀刃平行于木材纤维而做垂直于木材纤维长度方向上的切削，从而从原木上旋切下连续的单板，近年来无卡头旋切机应用较普遍。单板的质量直接影响最终胶合板的物理力学性能。

旋切后的单板含水率很高，必须进行干燥处理。如使用酚醛、脲醛树脂胶黏剂，要求单板的终含水率为8%～12%；对于使用豆胶等蛋白质胶的胶合板，要求单板的终含水率为8%～15%。单板施胶是将一定数量的胶黏剂均匀地涂布到单板的表面，常用滚涂法。单板涂胶以后进行手工或机械化组坯，在陈化后进入预压工序。先对板坯进行短时间的冷压，使单板之间初步胶合成型，板坯厚度一定程度减小；随后进入热压机进行热压。后经锯边、砂光、检验、分等、修补等加工，按标准检验分等后包装

入库。

2.1.3.3　标准和分类

胶合板的分类方法有很多，分类依据可以是树种、用途、层数、耐久性（耐水性）、表面加工、结构等，见表2-13。其中，根据胶合板的结构、加工方法和用途进行分类最为普遍。

我国国家标准GB/T 9846—2015《普通胶合板》和GB/T 35216—2017《结构胶合板》，对普通胶合板和结构胶合板的定义、分类、要求、测试方法等进行了描述，对胶合板的含水率、胶合强度、静曲强度和弹性模量提出了要求。依据胶合板的耐久性（耐水性），将普通胶合板分为三类，见表2-14；依据胶合板的静曲强度和弹性模量，将结构胶合板分为7个强度等级，其性能指标应符合表2-15的规定。

欧洲标准EN 636 Plywood-Specifications也将胶合板分为3类，并描述了3类胶合板的适用环境条件；美国工程木材协会（The Engineered Wood Association）制定了标准PS I-95 Construction and Industrial Plywood，根据胶合板外观缺陷和面板背板的等级将胶合板分级。

胶合板的主要物理性能指标包括密度、吸湿性和吸水性，干缩湿胀、主要热学性能指标包括比热容、热膨胀和导热性；主要力学性能指标包括抗弯强度、抗弯刚度、胶合强度等；此外，甲醛释放量、防火性能、耐候性、防虫性等也是评估胶合板质量的重要指标。

表 2-13　胶合板的分类		
分类方法	类别	描述
按树种分	阔叶树材胶合板	桦木胶合板、热带阔叶树材胶合板等
	针叶树材胶合板	
按用途分	结构胶合板	可用作承载结构的胶合板
	特种胶合板	满足专门用途的胶合板，具有特殊性能，如阻燃、防腐、防虫等，主要分为细木工板、空芯板、装饰胶合板、塑化胶合板、木材层积塑料、异形胶合板、防火防水防虫胶合板
	普通胶合板	非专业用途的胶合板，具有广泛用途的胶合板，产量最多、用途最广、结构最典型的胶合板
按层数分	三层胶合板	奇数层
	五层胶合板	
	多层胶合板	
按耐水性和耐久性分	耐气候胶合板	I 类胶合板（NQF）——耐气候耐沸水胶合板。供室外条件下使用，能通过煮沸实验，具有耐久、耐煮沸或蒸汽处理等性能，具有抗菌性能，能在室外使用，由 PF 树脂或其他性能相当的胶黏剂胶合而成
	耐水胶合板	II 类胶合板（NS）——耐水胶合板。能在冷水中浸渍，或经受短时间热水浸渍，并具有抗菌性能，但不耐煮沸，由 UF 树脂或其他性能相当的胶黏剂胶合而成
	耐潮胶合板	III 类胶合板（BC）——耐潮胶合板。能耐短期冷水浸渍，适于在室内常态下使用，由低树脂含量的 UF 树脂、血胶或其他性能相当的胶黏剂胶合而成
	不耐潮胶合板	IV 类胶合板——不耐潮胶合板。在室内常态下使用，具有一定的胶合强度，以豆胶或其他性能相当的胶黏剂胶合而成
按结构分	胶合板	—
	夹芯胶合板	具有板芯的胶合板
	复合胶合板	板芯（或某些层）由除了实体木材或单板之外的材料组成，板芯的两侧通常至少应有两层木纹互相垂直排列的单板
按表面加工形式分	砂光胶合板	板面经砂光机砂光过的胶合板
	刮光胶合板	板面经刮光机刮光过的胶合板
	贴面胶合板	表面已经复贴了装饰单板、木纹纸、浸渍纸、塑料、树脂胶膜或金属薄片等贴面材料的胶合板
	预饰面胶合板	制造时已经进行了专门的表面处理，使用时无须再修饰的胶合板
按形状分	平面胶合板	—
	成型胶合板	已经根据制品的要求，在模具内将板坯直接压制成曲面形状的胶合板，以供特殊需要，如制作护壁板、天花板的波纹胶合板和制作椅子的靠背、后腿等的胶合板

表 2-14 普通胶合板按耐水性分类

分类	中国国家标准 GB/T 9846—2015	欧洲标准 EN 636
Ⅰ类胶合板	能够通过煮沸试验，供室外条件下使用的耐气候胶合板	室外条件下使用（使用环境含水率高于Ⅱ类胶合板）在潮湿通风的环境中可以承受风化条件、液态水或水蒸气的胶合板
Ⅱ类胶合板	能够通过（63±3）℃热水浸渍试验，供潮湿条件下使用的耐水胶合板	湿润条件下使用（每年只有几个星期使用环境为温度 20℃、相对湿度超过 85%）的胶合板
Ⅲ类胶合板	能够通过（20±3）℃冷水浸泡试验，供干燥条件下使用的不耐潮胶合板	干燥条件下使用（每年只有几个星期使用环境为温度 20℃、相对湿度超过 65%）的胶合板

表 2-15 按强度分级的结构胶合板静曲强度和弹性模量指标

强度等级	弹性模量 /GPa		静曲强度 /MPa	
	顺纹	横纹	顺纹	横纹
E5.0-F16.0	5.0	3 层单板为 0.4；	16.0	3 层单板为 5.0；
E5.5-F17.5	5.5	4 层单板为 1.1；	17.5	4 层单板为 6.5；
E6.0-F19.0	6.0	5 层单板为 1.8；	19.0	5 层单板为 9.0；
E6.5-F20.5	6.5	6 层及以上单板为 2.2	20.5	6 层及以上单板为 10.0
E7.0-F22.0	7.0		22.0	
E7.5-F24.5	7.5		24.5	
E8.0-F27.0	8.0		27.0	

2.1.3.4 特点和应用

胶合板由于其独特的结构和工艺，具有以下优点：

①提供了天然木材的所有固有优良性能，并在层压结构中增强了尺寸稳定性。

②当面临地震或风载荷时，其层压结构将冲击力引起的载荷分布在相对较大的区域，从而有效地降低拉/张应力。

③胶合板的交叉层压结构可确保胶合板在温度和湿度变化下保持相对稳定，这在极易受潮的建筑中尤为重要。

④胶合板具有高强度和刚度/重量比，作为结构用材（如地板、剪力墙和网状梁）时具有很高的成本效益。

⑤胶合板的交叉剪切结构几乎是实木的两倍，这使得胶合板可用于门框的角撑板、预制梁的腹板以及支撑面板。

⑥胶合板经防腐处理后具有耐化学性，可作为一种经济、耐用的材料用于化工厂和冷却塔。

目前，胶合板在木结构建筑中主要用于墙体面板，如图 2-13。

图 2-13 胶合板应用于木结构建筑墙体

2.1.4 集成材

2.1.4.1 产品及定义

集成材又称胶合木（glue laminated lumber, 简称Glulam），是以厚度为20～45mm的板材，在厚度、宽度或长度方向胶合而成的木制品，如图2-14。集成材既保留了天然木材的质感和纹理，又克服了天然木材易变形、易开裂的缺点，广泛应用于受力结构中。此外，集成材还可以利用短小料指接替代方材，提高了木材的使用价值，可用于室内装修和中高档家具制作。

2.1.4.2 生产工艺

集成材主要生产工艺流程为：原料准备→锯材→板材干燥→定厚→剖分→横截→梳齿（板条两端开指榫）→指榫涂胶→板条指接→胶合面加工（四面刨光）→拼板（包括选料、配板、涂胶、加压固化、养生）→后期加工（砂光、裁板、修补）→检验、分等、打包、入库（图2-15）。

组成同一根集成材的层板原则上使用同一树种的木材，如需两种或两种以上树种混合集成，应尽量选择材性相近的树种，针、阔叶材不得混用。我国集成材所用的树种有柞木、榆木、水曲柳、椴木、松木、刺松、榆木、核桃楸、桦木、杉木、橡胶木、樟木等。板材干燥后，送进双面刨进行上下两面刨光，使板方材厚度统一。选择一个较光滑的板面作为基准面，后经多片锯锯成一定规格的较均匀的板条。锯掉板条上有节子、腐朽、虫眼、裂纹等缺陷的部分，使之成

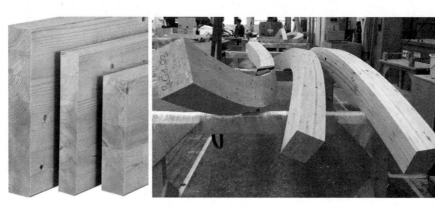

图 2-14　集成材

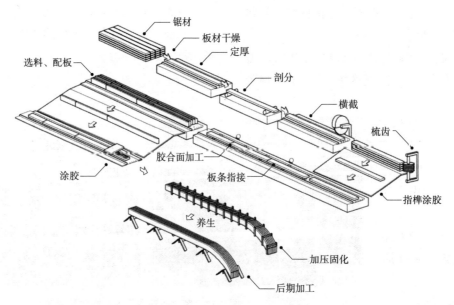

图 2-15　集成材生产工艺流程图

为无缺陷的优质材，经梳齿、涂胶和指接后形成长的层板。根据层板的位置可分为最外层层板、外层层板、内层层板和中间层层板。

层板通过四面刨对拼接涂胶面进行刨光，刨削后的指接条需在 24h 内进行横向拼接，拼板过程主要包括选料、配板、涂胶、加压胶合、养生等。加压胶合是通过足够的压力和加压时间，使拼板胶完全渗透到木材的孔隙当中，固化之后形成胶钉，再结合拼板胶自身的黏合性能，使板材牢固地黏合在一起。胶合过程中，根据环境温度和胶黏剂类型，可选择进行室温固化或高频加热。养生须在常温下放置不得低于 72h，之后进行砂光、CNC 加工等工序，检验打包后入库储存。

2.1.4.3　标准和分类

集成材的分类方法有很多，常用的分类依据有产品形状，使用环境、用途、层板等级或树种配置、受力特点和层板接合方式，见表 2-16。

表 2-16　集成材分类		
分类依据	类别	描述
按使用环境分	室内用集成材	室内干燥状态下使用，需满足室内使用环境下的耐久性
	室外用集成材	室外使用，经常遭受雨、雪的侵蚀以及阳光照射，要求有较高的耐久性
按产品形状分	板状集成材	—
	通直集成材	
	弯曲集成材	
	异形集成材	如工字形截面集成材、中空截面集成材
按用途分	结构用集成材	将按等级区分的层板（可指接、斜接或拼宽）沿纤维方向相互平行在厚度方向层积胶合而成的集成材，用于承载构件（如三铰拱梁），要求具有足够的强度和刚度
	非结构用集成材	薄板或小方材集成胶合而成，用于非承载构件（如家具和室内装修），要求外表美观
	贴面非结构用集成材	—
	贴面结构用集成材	—
按层板等级或树种配置分	对称组合集成材	—
	非对称组合集成材	
	同等级组合集成材	
	异等级组合集成材	
按受力特点分	水平型集成材	—
	垂直型集成材	
	轴向荷载型集成材	
按层板接合方式分	指接集成材	—
	平接集成材	

集成材的主要物理力学性能包括含水率、弹性模量、顺纹抗压强度、抗压临界屈曲强度、斜纹承压强度、抗弯性能（抗弯强度、抗弯弹性模量）、顺纹抗拉强度、顺纹抗剪强度、胶合性能（剥离强度、剪切强度及木破率）、甲醛释放量等。

对于集成材的工艺要求和性能指标要求，中国、美国、欧洲、日本等国家和地区以及国际标准化组织都发布了相关标准文件。国际标准化组织（International Organization for Standardization，ISO）发布了 ISO/DIS 12578《结构用集成材——性能和生产要求》，ISO/CD 12579《结构用集成材—胶层剪切试验》，ISO/CD 12580《结构用集成材—胶层剥离试验》和 ISO/CD 8375《结构用集成材—测试方法：物理和机械性能的测定》，ASTM D2559《在户外（潮湿）露天条件下使用的结构用集成材胶黏剂标准规范》，ASTM D3737《结构用集成材许用值确定标准规范》。美国国家标准协会制定了标准 ANSI/AITC A190.1—2002《结构用集成材》。欧洲制定了标准 EN 386《胶合板：性能要求和最低生产要求》，EN 390《结构用集成材：规格 – 许用篇》，EN 408《结构材和结构用集成材：物理力学性能的测定》，EN 14080《结构用集成材：性能要求和最低生产要求》。日本提出了 JAS《集成材日本农林标准（1152 号）》以及 JAS《结构用集成材生产工艺规程》。

中国标准化协会制定了 GB/T 36872—2018《结构用集成材生产技术规程》和 GB/T 26899—2011《结构用集成材》，国家林业和草原局制定了林业行业标准 LY/T 1927—2010《集成材理化性能试验方法》和 LY/T 1787—2008《集成材　非结构用》。这些标准对集成材的最低性能和生产要求、物化性能试验方法等作出了规定和说明。

其中，GB/T 36872—2018《结构用集成材生产技术规程》对结构用集成材层板树种群进行了分级，并对结构用集成材的生产技术和质量控制作出如下规定：

①层板含水率应为 8%～15%，结构用集成材层板之间的含水率和每层层板各部位的含水率差应控制在 ±3% 以内。

②层板的最终加工厚度不超过 50mm，每根集成材的层板厚度原则上应等厚，使用不同厚度的层板时，内层最多允许使用 1～2 层，且层板厚度为正常层板厚度的 2/3 以上。

③层板任意 1m 长度范围内厚度的最大偏差：使用膨胀性胶黏剂为 0.2mm，使用非膨胀性胶黏剂为 0.1mm。

④层板横截面宽度方向上的厚度偏差应小于宽度的 0.15%，任何情况下都不应大于 0.3mm。

⑤胶黏剂按 GB/T 26899—2011 中 4.1 规定执行。

国家标准 GB/T 26899—2011《结构用集成材》中，对同等组合结构用集成材，对称异等组合结构用集成材，非对称异等组合结构用集成材的抗弯强度特征值和抗弯弹性模量特征值作出了规定（表 2-17）。

表 2-17　结构用集成材的强度等级的抗弯强度特征值和抗弯弹性模量特征值　　　　MPa

类　型	强度等级	抗弯强度	抗弯弹性模量
同等组合结构用集成材	TC$_T$30	40	12 500
	TC$_T$27	36	11 000
	TC$_T$24	32	9500
	TC$_T$21	28	8000
	TC$_T$18	24	6500
	TC$_T$15	20	5000
对称异等组合用集成材	TC$_T$30	40	14 000
	TC$_T$27	36	12 500
	TC$_T$24	32	11 000
	TC$_T$21	28	9500
	TC$_T$18	24	8000
	TC$_T$15	20	6500

类　型	强度等级	抗弯强度		抗弯弹性模量
		正弯曲	负弯曲	
非对称异等组合结构用集成材	TC$_T$28	38	28	13 000
	TC$_T$25	34	25	11 500
	TC$_T$23	31	23	10 500
	TC$_T$20	27	20	9000
	TC$_T$17	23	17	6500
	TC$_T$14	19	14	5000

2.1.4.4　特点和应用

集成材保留了天然木材的质感，外表美观；其尺寸不受原木尺寸的限制；集成材胶合前剔除或分散了木材缺陷，使木材结构均匀，强度增大；与实体木材相比，集成材经过充分干燥，即使其截面和尺寸大，但其含水率分布均匀，开裂、变形等小；在抗拉和抗压强度等物理力学性能方面也优于实体木材；集成材建筑设计自由度大，可按截面尺寸、形状需求和强度要求，制造出通直形状、弯曲形状、工字形、空心方形等截面集成材；与工字钢制品和钢筋水泥制品相比，集成材强重比大，可大幅度减轻质量，便于施工，降低建筑成本。

结构用集成材主要用于体育馆、音乐厅、厂房、仓库等建筑物的木结构梁，其中三铰拱梁应用最为普遍（图 2-16、图 2-17）。非结构用集成材主要用于家具和室内装修。

图 2-16　集成板应用于滑冰场木结构梁

图 2-17　集成板应用于大跨度横梁

2.1.5　正交胶合木

2.1.5.1　产品及定义

正交胶合木（cross-laminated timber，CLT）是一种由结构胶黏剂胶合而成的三层或三层以上实木锯材相邻层相互垂直组坯、加压、预制而成的实体木质工程材，其产品外观如图 2-18 所示。正交胶合板是一种以锯材为基本单元制成的新型的工程木产品，主要用于楼板和墙体等木结构构件。

图 2-18　正交胶合木

正交胶合木是各层板厚度为 12～51 mm 的锯材单元或结构复合材单元。相邻层纹理方向相互垂直，总层数为奇数。使用的结构复合板包括单板层积材（laminated veneer lumber，LVL）、木条定向层积材（laminated strand lumber，LSL）、定向刨花方材（oriented strand lumber，OSL）和定向刨花板等。其中，正交胶合板表层木材纹理方向称为强轴方向；垂直于正交胶合板强轴的方向称为弱轴方向；层板长度方向平行于正交胶合板强轴方向的层称为平行层；层板长度方向垂直于正交胶合板强轴方向的层称为垂直层。用于强轴方向的层板其宽度不应小于其厚度的 1.75 倍，用于弱轴方向的层板宽度不应小于其厚度的 3.5 倍。

2.1.5.2　生产工艺

正交胶合木构造应满足对称原则、奇数层原则和垂直正交原则。正交胶合木的尺寸大小由制造商决定，宽度一般为 0.6m、1.2m、2.4m 或 3m；长度最大可达 18m；厚度可达 508mm。正交胶合木的典型

图 2-19   正交胶合木的生产工艺流程

生产工艺流程为：锯材的横截和分选→指接→四面刨光→拼板→校准砂光→施胶→组坯拼压→后期处理（CNC 加工、标记和包装），其工艺流程如图 2-19。

一般情况下，对质量要求低的内层采用低等级锯材，高等级的锯材用于外层。对于国产规格材，用于正交胶合木平行层的针叶材锯材强度等级不低于 LY/T 2383—2014 规定的 S24 等级，用于正交胶合木垂直层的针叶材锯材强度不低于 LY/T 2383—2014 规定的 S18 等级。对于北美进口规格材，用于正交胶合木平行层的针叶材锯材等级不低于 GB/T 29897—2013 规定的 III$_c$ 等级，用于正交胶合木垂直层的针叶材锯材不低于 GB/T 29897—2013 规定的 IV$_c$ 等级。

如锯材长度不能满足生产要求，则需要进行指接，长度方向胶接节点的胶合性能应达到 GB/T 26899—2011 中 4.5.2 规定的相关胶合性能要求。四面刨光是为了去除表面杂质，剔除波状纹、毛刺糙面、瓦棱状锯痕和加工烧焦痕迹等，提高表面平整性和整洁度，避免沙了、灰尘和渗出物等异物或表面机械加工缺陷对胶接效果的不利影响，以确保胶合质量。正交胶合木拼板侧面胶结层的剪切强度应不小于被胶接层板木材顺纹剪切强度的 60%。拼板后需进行校准砂光，提高拼接板的表面平整度和整洁度，提高成品的胶合质量。

施胶参数主要包括施胶量（一般为 180~260 g/m^2）、固化剂使用量（一般占胶黏剂量的 10%~15%）、淋胶速度（通常为 18~60mm/min）、陈化时间、木材表面含水率等，具体参数值要根据生产要求及采用的胶黏剂种类来确定。通常适用于结构用集成材的胶黏剂也适用于正交胶合板，正交胶合板用胶黏剂应满足 GB/T 28986—2012 中 4.1 的所有要求，宜选用三聚氰胺改性脲醛胶黏剂（MUF）、三聚氰胺-甲醛胶黏剂（MF）、单组分聚氨酯胶黏剂（PUR）、间苯二酚改性酚醛胶黏剂（PRF）和乳液型异氰酸酯胶黏剂（EPD）。

正交胶合木组坯结构与胶合板组坯结构类似，即相邻层木质纹理相互垂直；不同之处在于普通正交胶合木每层是由若干数量锯材组成的，组坯层数一般为奇数（3 层、5 层、7 层），对一些有特殊要求的正交胶合木，如作为结构梁为避免弯曲受力时发生横纹受拉破坏，组坯可采用横向层斜纹组坯。正交胶合木的组坯应符合国家标准 LY/T 3039—2018 中第 5.7 条的规定。拼压是正交胶合木生产中的重要工序，直接影响到产品的物理力学性能，为减少主方向布置的锯材间缝隙，常采用四面加压。胶黏剂固化成型方式与胶黏剂类型有关，常采用微波加热加速固化。正交胶合木的后期处理主要包括 CNC 加工、标记和包装。其中，CNC 加工作为预制过程的一部分，是根据建筑设计图纸，使用 CNC 铣刀对面板进行锯割，得到包含门窗洞口较大尺寸规格的楼面板、墙面板和屋面板，预制的正交胶合木元件被运送至现场可立即进行安装。

2.1.5.3　标准和分类

正交胶合板是一种新型的木质建筑材料，其标准均在近十年才提出。2010 年，美国工程木材协会（The Engineered Wood Association in the U.S.）和加拿大 FPInnovations 联合启动了正交胶合板标准制定流程。历经 22 个月，第一个北美正交胶合板标准 ANSI/APA PRG 320—2011 Standard for Performance-Rated Cross Laminated Timber 于 2011 年 12 月完成并成为国际建筑规范的参考。历经多次修改，此标准现行版本为 ANSI/APA PRG32—2018。此外，国际标准 ISO 16696-1 : 2019 Timber Structures-Cross Laminated Timber-Part 1 : Component Performance, Production Requirements and Certification Scheme 规定了正交胶合板的尺寸公差、组件要求、生产标准、测试方法和标记方法以及工厂生产控制的最低要求等。欧洲标准 EN 16351 Timber Structures-Cross Laminated Timber-Requirements 对制作正交胶合板产品的尺寸、等级、生产要求和质量控制等作出了相关规定。

为了促进我国正交胶合木生产技术的规范和产品应用，中国林业行业标准 LY/T 3039—2018《正交胶合木》规定了正交胶合木的制造要求、物理力学性能要求、试验方法和产品标识。2016 年，中国国家标准化协会对 GB 50005—2003《木结构设计规范》进行了修订（修订后现行版本为 GB 50005—2017），增加了正交胶合木的设计规定、相关构造要求及正交胶合板构件的抗弯设计方法，为大规模采用正交胶合木结构提供了技术支持。为推动多高层木结构的发展，完善多高层木结构的技术标准体系，建设部于 2017 年发布了国家标准 GB/T 51226—2017，补充了正交胶合木剪力墙的设计计算方法，为在多层木结构建筑中使用正交胶合板提供了基本的技术支持。为更好地指导正交胶合板在实际工程的应用，住房和城乡建设部标准定额研究所组织了国内的科研院所编制了《正交胶合木（CLT）结构技术指南》。该指南参考了欧洲正交胶合板技术手册并结合我国现有的研究成果撰写，系统地介绍了正交胶合板的材料性能、构件计算、节点设计、防火和隔声等内容，该指南于 2019 年正式颁布。

正交胶合木等级的划分是根据力学性能指标将具有相同层数及组坯但不同层板厚度的正交胶合板划分为不同等级。中国林业行业标准 LY/T 3039—2018《正交胶合木》根据强轴和弱轴方向上的力学性能，将正交胶合板分为 5 个等级：E1、E2、E3、V1 和 V2（表 2-18 和表 2-19）。"E"表示 MSR（mass stress rated）或 E 级木材，"V"表示目视等级木材（visually graded lumber）。E1、E2 和 E3 等级正交胶合板所有纵向层均由 MSR 木材组成，而横向层由目视等级木材组成，而 V1 和 V2 等级正交胶合板在纵向和横向层中均由目视等级木材组成。此正交胶合板分级并非强制性，各个生产厂家可订制其他等级的正交胶合板产品。

除了按应力等级（与结构相关）分类，正交胶合板还可根据面板的表面光洁度进行外观等级的划分。通常，任何表面光洁度可以产生在任何应力等级的正交胶合板表面，ANSI/APA PRG 320 的附录提供了正交胶合板外观分类的示例。

表 2-18　用于制造正交胶合木的国产材测试特征值要求　　MPa

CLT 等级	强轴方向						弱轴方向					
	$f_{b.0}$	E_0	$f_{t.0}$	$f_{c.0}$	$f_{v.0}$	$f_{s.0}$	$f_{b.90}$	E_{90}	$f_{t.90}$	$f_{c.90}$	$f_{v.90}$	$f_{s.90}$
C1	24.0	10 500	13.0	21.0	3.00	1.00	18.0	9000	10.00	18.00	2.50	0.83
C2	28.0	11 500	15.0	22.0	3.00	1.00	18.0	9000	10.00	18.00	2.50	0.83
C3	32.0	12 500	17.0	22.0	3.50	1.17	20.0	9500	11.00	19.00	2.50	0.83

表 2-19	用于制造正交胶合木的北美进口材测试特征值要求										MPa
CLT 等级	强轴方向						弱轴方向				
	$f_{b.0}$	E_0	$f_{t.0}$	$f_{c.0}$	$f_{v.0}$	$f_{s.0}$	$f_{b.90}$	E_{90}	$f_{t.90}$	$f_{c.90}$	$f_{v.90}$	$f_{s.90}$
E1	28.2	11 700	19.9	23.6	2.93	0.97	7.2	8300	3.62	8.52	2.93	0.97
E2	23.9	10 300	14.8	22.3	3.90	1.31	7.6	9700	4.69	10.14	3.90	0.31
E3	17.4	8300	8.7	18.3	2.38	0.79	5.1	6200	2.17	6.21	3.78	0.79
V1	13.0	11 000	8.3	17.7	3.90	1.31	7.6	9700	4.69	10.14	3.90	1.31
V2	12.7	9700	6.5	15.1	2.93	0.97	7.2	8300	3.62	8.52	2.93	0.97

中国林业行业标准 LY/T 3039—2018《正交胶合木》规定了正交胶合木的物理力学性能要求。关于尺寸和偏差，正交胶合木总厚度应不超过 510mm；厚度尺寸偏差为 ±1.5mm 或正交胶合木厚度的 ±2%，取两者中的较大值；宽度尺寸偏差为 ±3.0mm，长度尺寸偏差为 ±6.5mm，两条对角线尺寸偏差为 ±3.0mm。关于甲醛释放量，当采用含有甲醛的胶黏剂制造正交胶合木时，参照 GB/T 18580—2017 的 1m³ 气候箱法测定甲醛释放量，如甲醛释放量不大于 0.12mg/m³，则甲醛释放量限量标识为 E1 级；如采用不含有甲醛的胶黏剂制造正交胶合木，则甲醛释放量限量标识为 E1 级。

2.1.5.4　特点和应用

20 世纪 70 年代，正交胶合木出现在欧洲的奥地利、德国等地；80 年代后期，第一家生产正交胶合板板材的现代化厂家在欧洲建立；90 年代，正交胶合板开始作为建筑材料被使用，第一栋正交胶合板木结构房屋在瑞士建成。近年来，正交胶合板技术在欧美等发达国家迅速发展，其设计、生产、营销已经逐步形成体系。正交胶合板尺寸稳定性好、强重比高、

阻燃性好、具有良好的保温隔音效果和抗震性；更重要的是，它解决了木结构建筑的层高限制，且易实现工厂预制、现场组装，因而正在部分取代钢筋混凝土和砖混结构建筑，广泛应用于建造低、中层甚至高层的民用住宅和公共建筑等非民用建筑中的墙体、地板和梁架，被誉为建筑业的"第二次文艺复兴"。

21 世纪初，正交胶合木通常是作为承重构件，如墙体、楼板和屋面（图 2-20）。正交胶合板在欧洲的发展引起了北美木结构市场的极大兴趣，北美地区从欧洲引入了正交胶合木技术，加拿大与美国联合对其生产和应用开展了相应的研究，经过十多年的发展，正交胶合板的应用也日渐增多。例如，澳大利亚墨尔本的 Forte 公寓（10 层，高 32m）、美国的 T3 办公楼项目、英国伦敦的斯塔特豪斯住宅项目等都采用了大量的正交胶合木材料。目前，加拿大 UBC 校园内的 18 层 Brock Common 学生公寓（图 2-21）和挪威 18 层的 Mjøsa Tower（图 2-22）是世界上最高的两座木结构建筑。Brock Common 学生公寓楼高 53m，为 18 层全木结构，能够提供 404 个住宿房间；Mjøsa Tower 高 85.4m。这些项目的实现都证明了正

图 2-20　正交胶合木用于木结构建筑墙体和屋顶

图 2-21　Brock Common 学生公寓实景图

图 2-22　Mjøsa Tower 实景图

交胶合木是一种可供中高层建筑采用的先进的工程木质材料。

2.1.6　单板条层积材

2.1.6.1　定义和外观

单板条层积材（parallel strand lumber，PSL），是由单板条沿构件长度方向顺纹层积组坯胶合而成的结构用木质复合材，其产品外观图如图 2-23 所示。

2.1.6.2　生产工艺

单板条层积材是利用速生材、低等级材、小径木或生产人造板时产生的边角料为原料，将其切割成一定长度、宽度的单板条，单板条经干燥、施胶后，再将其沿木材顺纹方向定向铺装热压成型后得到的一种板材。其生产工艺流程为：单板旋切→单板干燥→单板条锯制→单板条施胶→单板条组坯→板坯预压和热压→后期处理（修整、截断、砂光和检验），如图 2-24。除了备料阶段，其他工艺流程和胶合板的基本相同。

2.1.6.3　标准和分类

单板条层积材在制造过程中，应严格控制原材料的质量、产品的组装以及成品的性能。其生产过程中去除了减少木条强度的木材缺陷，因此，主要的质量控制手段是检验成品的密度均匀性。最新标准 ASTM D5456-19 Standard Specification for Evaluation of Structural Composite Lumber Products 对 PSL 的质量控制和结构承载力的评估等作出了规定和说明。

在我国，对 PSL 这种新型的工程木质材料性能的测试大多参照 GB/T 17657—2013《人造板及饰面

图 2-23　单板条层积材的外观

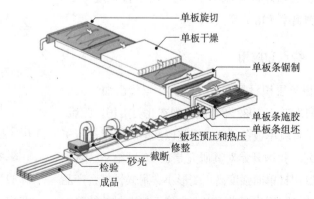

图 2-24　单板条层积材生产工艺流程图

等级	弹性模量	顺纹抗拉	顺纹抗压	平行加载			垂直加载		
				抗弯	顺纹抗剪	横纹抗压	抗弯	顺纹抗剪	横纹抗压
$M_{EP}8$	8.0×10^5	32	35	44	5	8	42	5	5
$M_{EP}10$	10.0×10^5	34	38	49	5	9	46	6	6
$M_{EP}12$	12.0×10^5	45	50	64	8	12	62	7	8
$M_{EP}13$	13.0×10^5	50	56	72	10	14	69	8	9
$M_{EP}14$	14.0×10^5	56	62	80	12	15	77	8	10
$M_{EP}15$	15.0×10^5	61	68	88	13	17	85	9	10

表 2-20　单板条层积材力学性能特征值　　　　　　　　　　　　　　　　　　　MPa

图 2-25　单板条层积材应用于梁、柱

图 2-26　单板条层积材应用于桁架

人造板理化性能试验方法》中的测试要求。2017 年，我国颁发了标准 LY/T 2916—2017《单板条层积材》，规定了以木材为原料的单板条层积材的定义、技术要求、试验方法、检验原则等。单板条层积材依据其力学性能特征指标分为 6 个强度等级，各等级须满足表 2-20 中的力学要求。

　　单板条层积材的主要物理力学性能包括密度、含水率、吸水厚度膨胀率（TS）、内结合强度（IB）和浸渍剥离率（IS）等。

2.1.6.4　特点和应用

　　单板条层积材是在 20 世纪 70 年代由加拿大的研究者研发并于 1982 年首次出现在北美市场。此后，国内外学者就单板条性能、工艺以及影响因素进行了大量研究。我国开始对其研究是在 20 世纪 90 年代。单板条层积材单向强度高、变形小，耐候性好；产品规格尺寸可随用户要求而定；它将天然木材的缺陷如

节疤、腐朽、斜纹等均匀分布在整个板材的结构中，从而改善了板材的性能稳定性，可以替代实木锯材。目前，国外单板条层积材技术较成熟，且在梁、柱、水泥模板、门窗、脚手架、电线杆等承重结构材方面得到了广泛应用（图 2-25、图 2-26）。在我国，单板条层积材技术尚处于试验开发阶段，还没有形成大规模的市场化生产。

2.1.7　单板层积材

2.1.7.1　定义和外观

　　单板层积材（laminated veneer lumber，LVL），是由多层整幅（或经拼接）单板沿构件长度方向顺纹层积组坯胶合而成的结构用木质复合材。单板层积材特殊的生产工艺保留了木材的天然特性，并将单板上的节疤、裂缝等缺陷均匀地分布在产品之中，因此大大

提高了木材的综合利用率。单板层积材具有均匀稳定的性能和强度高、规格多、耐火、抗震、易加工等特点，决定了其广泛的用途和良好的发展前景。单板层积材的外观如图 2-27。

图 2-27　单板层积材的外观

2.1.7.2　生产工艺

单板层积材的制造工艺为：包括单板旋切→单板干燥→剪切和分等→单板接长→涂胶→组坯→预压和热压→锯断和锯剖。其生产工艺流程如图 2-28。

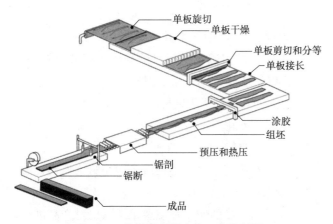

图 2-28　单板层积材生产工艺流程图

单板层积材工厂使用的原料，同条件下针叶树材单板质量优于阔叶树材单板。单板越薄产品层数越多，缺陷分散越好，但成本随之越高。制备单板层积材时，单板接长是必需的一道工序。单板接长可采用对接、搭接、指接和斜接方式。为了保证应力的均匀传送，结构用单板层积材的单板主要采用斜接方式。采用材质较差的树种或者较低等级的单板作为芯层材料，高强度单板作为靠近表层的材料，可以显著提高制品的刚性和强度，并且随着高等级单板数量增

加，单板层积材的静曲强度和弹性模量增加，吸水厚度膨胀率等性能也会有显著改善。

预压的目的是确保胶黏剂在板坯中均匀分布，以及将板坯稳妥运送到后继工序。在普通热压设备中，预压和热压是分开的两个设备和步骤，预压后的板坯可以存放几小时而不至于出现分层。预压后，板坯通过热压机的热压实现胶层固化。在连续生产线中，板坯通过微波预热系统实现了预压，板坯芯层温度高于表层，随后进入热压系统达到表芯层一致的温度。热压后，整幅单板层积材经过冷却，被截断并锯剖成要求的最终产品规格。最常用的单板层积材截面规格为宽度 610mm、915mm 和 1220mm，厚度 38mm，然后根据用途将其锯成各种宽度的构件。

2.1.7.3　标准和分类

国外有关单板层积材的现行标准有：日本农林水产省告示第 701 号（2008 年 5 月 13 日）《单板层积材》；美国 ASTMD 5456 Standard Specification for Evaluation of Structural Composite Lumber Products 和美国工程木材协会颁布的 PRL-501 Performance Standard For APA EWS Laminated Veneer Lumber；欧洲标准 EN 143749—2004 Timber Structures-Structural Laminated Veneer Lumber-Requirements 和 EN 14279—2009 Laminated Veneer Lumber（LVL）-Definitions, Classification and Specifications；国际标准化组织制定的 ISO 18776 Laminated Veneer Lumber（LVL）-Specifications 和 ISO 22390 Timber Structures-Laminated Veneer Lumber-Structural Properties；澳大利亚 / 新西兰联合标准 AS/NZS 4357.0～4 Structural Laminated Veneer Lumber（LVL）。

GB/T 20241—2006《单板层积材》是我国第一个单板层积材产品标准，参照了日本农林标准。该标准从树种、胶黏剂、组坯、外观、物理力学性能及检验规则等方面对单板层积材进行了规范要求。近年来，全国木材标准化技术委员会又组织制定了 GB/T 36408—2018《木结构用单板层积材》国家标准。根据 GB/T 20241—2006《单板层积材》，单板层积材的分类见表 2-21。结构用单板层积材按组坯和静曲强

表 2-21　单板层积材的分类

分类方法	分类说明
按用途分	非结构用 LVL：可用于家具制作和室内装饰装修，如制作木制品、分室墙、门、门框、室内隔板等，适用于室内干燥环境
	结构用 LVL：可用于制作瞬间或长期承受载荷的结构部件，如大跨度建筑设施的梁或柱、木结构房屋、车辆、船舶、桥梁等的承载结构部件，具有较好的结构稳定性、耐久性。通常要根据用途不同进行防腐、防虫和阻燃等处理
按防腐处理分	未经防腐处理的单板层积材
	经防腐处理的单板层积材
按防虫处理分	未经防虫处理的单板层积材
	经防虫处理的单板层积材
按阻燃处理分	未经阻燃处理的单板层积材
	经阻燃处理的单板层积材

表 2-22　各等级结构用单板层积材弹性模量和静曲强度指标　　　　MPa

弹性模量级别	弹性模量		静曲强度		
	平均值	最小值	优等品	一等品	合格品
180E	18.0×10^3	15.0×10^3	67.5	58.0	48.5
160E	16.0×10^3	14.0×10^3	60.0	51.5	43.0
140E	14.0×10^3	12.0×10^3	52.5	45.0	37.5
120E	12.0×10^3	10.5×10^3	45.0	38.5	32.0
110E	11.0×10^3	9.0×10^3	41.0	35.0	29.5
100E	10.0×10^3	8.5×10^3	37.5	32.0	27.0
90E	9.0×10^3	7.5×10^3	33.5	29.0	24.0
80E	8.0×10^3	7.0×10^3	30.0	25.5	21.5
70E	7.0×10^3	6.0×10^3	26.0	22.5	18.5
60E	6.0×10^3	5.0×10^3	22.5	19.0	16.0

度分为 3 个等级，即优等品、一等品和合格品。结构用单板层积材按弹性模量和静曲强度分级见表 2-22，结构用单板层积材按水平剪切强度的分级见表 2-23。

表 2-23　结构用单板层积材水平剪切强度指标　　　　MPa

水平剪切强度级别	垂直加载	平行加载
65V-55H	6.5	5.5
60V-51H	6.0	5.1
55V-47H	5.5	4.7
50V-43H	5.0	4.3
45V-38H	4.5	3.8
40V-34H	4.0	3.4
35V-30H	3.5	3.0

单板层积材的主要物理力学性能包括含水率、浸渍剥离、甲醛释放量、弹性模量、静曲强度、剪切强度等。其中，含水率应为 6%～14%。试件 4 个侧面剥离总长度不能超过胶层总长度的 5%，且任一胶层剥离长度（小于 3mm 的剥离长度不计）不超过该胶层四边之和的 1/4。

2.1.7.4　特点和应用

单板层积材与实木相比，有如下优势：

①层积结构避免了板材的翘曲和扭转等缺陷，具有良好的结构均匀性和尺寸稳定性。

②强重比高，优于钢材。

③强度变化率一般在 12% 以下，明显低于锯材（30%），具有较高的可靠性。

④可利用速生材、小径级及短小材为原料，做到劣材优用，小材大用。

⑤根据产品的使用环境要求，可以对产品进行防腐、防虫和防火等特殊处理。

⑥生产和应用可以实现标准化、系列化。

单板层积材（主要是结构用单板层积材）已成为在北美发展最快的人造板材之一。在北美市场，有 61% 的单板层积材被用作工字型楼板托梁，31% 被用作桁架和梁柱，8% 被用作枕木、承重墙等。目前，我国对单板层积材的生产和应用还局限于非结构用单板层积材，主要用于附加值较低的包装箱板；结构用单板层积材也有小范围的应用，但规模尚小。单板层积材的实际应用示例如图 2-29 和图 2-30。

图 2-29 单板层积材应用于桁架托梁　　　　　　**图 2-30 单板层积材应用于木结构建筑造型**

2.1.8 层叠木片胶合木和定向刨花层积材

2.1.8.1 定义和外观

我国国家标准 GB/T 28986—2012《结构用木质复合材产品力学性能评定》对层叠木片胶合木（laminated strand lumber，LSL）的定义为：由长细比较大的薄平刨花沿构件长度方向层积组坯胶合而成的结构用木质复合材，刨花厚度不小于 2.54mm，宽度不小于厚度，长度不小于 380mm；对定向刨花层积材（oriented strand lumber，OSL）的定义为：是由长细比大的薄平刨花沿构件长度方向层积组坯胶合而成的结构用木质复合材，刨花厚度不小于 2.54mm，宽度不小于厚度，长度不小于 190mm。

通过比较 LSL 和 OSL 的定义可知：两者的定义非常相似。主要的差别在于刨花长度尺寸的不同，LSL 使用的刨花长宽比大于 OSL；两者都是由刨花构成，都是通过刨花和胶黏剂混合并进行定向铺装，然后通过压机将松散的刨花压制成板材。在外观上，OSL 接近 OSB，因为它们使用类似的原料树种和刨花尺寸。LSL 和 OSL 的外观分别如图 2-31 和图 2-32。

2.1.8.2 生产工艺流程

LSL 和 OSL 的生产工艺流程相似，都是使用专门的生产工艺将原木切割成长木条，再将它们烘干，然后再施以优质树脂，将木条按平行的纹理叠放在一起，使用蒸气喷压工艺，使它们在胶黏剂和高压的作用下，最终制成规格板材。其主要生产工艺流程见图 2-33。

2.1.8.3 标准和分类

LSL 和 OSL 都是专利产品，制造商有自己特定的工艺特点、产品设计参数、产品尺寸等。因此，LSL 和 OSL 没有通用的生产标准和设计值。制造参数和产品质量是由制造商确定和控制的。但是，这些

图 2-31 层叠木片胶合木

图 2-32 定向刨花层积材

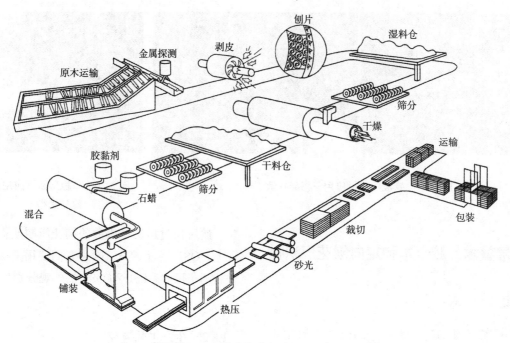

图 2-33　层叠木片胶合木的生产工艺流程图

产品必须经第三方认证机构进行质量审查评估和检验后才可出售和使用。美国标准 ASTM D5456-2019 为通用的第三方认证机构的评估标准。每件产品上都应标有产品标识，标明制造商的名称和应力等级。制造商或供应商必须提供产品信息，其中包括产品证书、满足工程设计的允许荷载和安装说明以及允许钻孔数量等，以便根据建筑规范进行施工验收。

在我国，同样没有专门针对 LSL 和 OSL 的相关标准。但我国标准 GB 50206—2012《木结构工程施工质量验收规范》中对结构复合木材（structural composite lumber，SCL）产品作出了规定。GB 50206—2010 第 6.2.6 节规定，所有进口 SCL 产品必须提供质量证明和产品标示，还应经过中国相关部门的批准，产品必须符合设计要求。

2.1.8.4　特点和应用

由于自然缺陷（如节子、倾斜和裂痕）的去除或分散，LSL 和 OSL 与 LVL 和 PSL 等其他工程木质材料一样，具有可预测的强度和刚度、出色的耐候性和尺寸稳定性，从而最大程度地减少了扭曲和收缩。LSL 和 OSL 产品，无论作为预制的墙骨，还是用作

更长的、满足特殊要求的框架结构材，都为建筑商提供了一种稳固、均衡、性能可靠的建筑材料。由于其长度、宽度和厚度可以根据需要灵活设计，大大提高了其建筑设计的范围，是 LVL 经济高效的替代产品。LSL 和 OSL 主要用作门窗、过梁、封边搁栅、框架墙、墙、地板、屋顶等稳定负荷的木结构构件。LSL 和 OSL 实际应用示例如图 2-34 和图 2-35。

图 2-34　单板层积材应用于门框架

图 2-35　正交胶合板的应用

2.1.9　其他木质材料

工程木质材料（engineered wood products，EWP）是指通过一系列加工，产品强度性能具有可评价、可设计保证的结构用木质材料。除了之前章节里讲解到的规格材、定向刨花板、正交胶合材、结构用胶合板、结构用集成材、单板层积材、单板条层积材、定向刨花层积材、层叠木片胶合材，还包括钉接胶合木、工字梁等。

和传统木质材料相比，工程木质材料强度性能明确且有保证，强度可设计、可预测、可评价；可制成任意规格和形状的部件（如结构用集成材、结构用单板层积材、PSL）；尺寸稳定性好，价格便宜（如OSB、OSL），强重比高，耐火性能高（如结构用集成材、结构用单板层积材）。

2.1.9.1　钉接胶合木

（1）定义和外观

钉接胶合木（nail-laminated timber，NLT）是利用钢钉将多片规格木材的宽边用钉连接起来形成板面的一种工程木质材料。它主要被用于楼板和墙体构件，具有经济性高、生产加工容易、耐火性能好等特点。NLT的外观如图 2-36。

（2）生产工艺流程

钉接胶合木的生产过程主要是将规格材通过钉连接的方式进行组合，从而形成具有结构强度的板式构件。通常选用截面为 2in×4in（89mm 厚）、2in×6in（140mm 厚）、2in×8in（184mm 厚）等尺寸的规格材，常用树种有 SPF、花旗松等。钉子的长度必须足够长，使钉子能够贯穿两块规格材的宽度，且便于安装。钉子通常分为上下两排的形式，且错开分布（图 2-37）。钉子之间的间距不能过短，以免引起过大的剪力流，但间距不能超过 300mm。钉接通常使用具有一定驱动力的气动钉枪。

（3）标准

依据现行《加拿大国家建筑规范》（*National Building Code of Canada*）和 CSAO86《木结构设计标准》（*Engineering Design in Wood*）编制了《NLT设计和施工导则》。该导则分加拿大卷和美国卷，指导 NLT 在北美建筑工程中的应用。欧洲规范 Eurocode 5：木结构设计 - 第 2 部分桥梁给出了"NLT

图 2-36　钉接胶合木

图 2-37　钉接胶合木的钉接方式

图2-38　钉接胶合木应用于结构楼板及屋面体系

板"基于系统调整系数的强度设计值及桥梁设计中的相关内容。美加针叶材理事会（Bi-national Softwood Lumber Council）发布了一本针对美国市场的《NLT设计及施工指导手册》，设计手册从建筑设计、消防、结构设计、保温及气密、材料和加工、施工和安装等方面做了详尽的阐述和引用。

我国标准GB 50005—2017《木结构设计标准》中关于钉接胶合木的构造要点可参考9.6.20款关于"拼接梁"的相关内容，并考虑目测分级规格材尺寸调整系数及共同作用系数来进行承载力验算。

（4）特点和应用

钉接胶合木作为一种木结构部件，主要物理力学性能有含水率、弹性模量、耐火极限、防火性能、木材收缩率（特别是切向收缩率）、声学性能、震动性、爆炸防护性、热传导性、碳固存和耐久性等。其中，钉接胶合木的防火性能尤为重要。钉接胶合木截面尺寸较大，且通常为单面受火的构件，其本身的炭化作用使其具有良好的耐火性能。

当钉接胶合木暴露使用的时候，可为建筑物增添美感和质感；钉接胶合木的加工不需要昂贵复杂的器械，只需要使用普通的钉枪设备便能轻松地完成；钉接胶合木可高度预制化，安装方便、快速，并且能保证极高的精确性。此外，钉接胶合木强重比高、防火性好，方便实现现场吊装。

钉接胶合木是一种新型的重型木结构楼板体系，可以用作结构楼板、墙板以及屋面体系，在需要大跨度楼板和高强度并需要木材裸露的项目当中使用广

泛。在加拿大和美国，这种新型构件被广泛运用于多高层、大跨度楼（屋）板且需要木材裸露的项目当中，其应用实例如图2-38。

2.1.9.2　木工字梁

（1）定义和外观

木工字梁（I-joist）是以规格材或结构用复合木材作翼缘，木基结构板材作腹板，用结构型胶黏剂黏结的建筑结构材料，亦称工字搁栅，其外观如图2-39。

图2-39　典型木工字梁

（2）生产工艺流程

木工字梁的制造方法因制造商而异，图2-40为典型的自动化木工字梁制造工艺，其主要流程为：翼

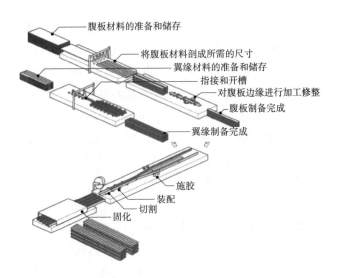

图 2-40　木工字梁生产工艺流程图

缘的制备→腹板的制备→工字梁的装配→工字梁胶黏剂的固化→后期处理（裁剪、包装和运输）。

与其他工程木制品的制造一样，木工字梁翼缘和腹板材料的含水率非常重要，适宜的含水率可以确保最佳的黏合条件和成品的尺寸稳定性。所有材料必须是干燥的，且须进行养生使其平衡水分含量（EMC）在 8%～18% 之间。

（3）标准和分类

关于木工字梁的第一个共识标准是发布于 1990 年 的 ASTM D 5055：Standard Pecification for Establishing and Monitoring Structural Capacities of Prefabricated Wood I-Joists。该标准为评估木工字梁的物理和力学性能提供了详细的要求，并在美国和加拿大的标准建筑规范中得到认可，被第三方认证机构作为评估标准。经过多次修订，现行版 ASTM D 5055-19e1 仍是在北美地区广泛使用的木工字梁评估标准。

我国建筑行业标准 JG/T 425—2013《建筑施工用木工字梁》规定了木工字梁的定义、分类、检验方法等，适用于建筑施工模板和脚手架工程用木工字梁的生产和检验。标准中，依据腹板板材的类型，将木工字梁分为胶合板腹板型和木板腹板型；依据木工字梁的高度，分为 H16、H20 和 H24 3 种类型。翼缘的弹性模量需大于等于 10 kN/mm^2，而腹板的弹性模量

需大于等于 670 GN/mm^2。木工字梁的力学性能应符合（JG/T 425—2013）的要求，见表 2-24。

表 2-24	木工字梁力学指标最小极限值			
序号	规格	抗弯强度 EI/ kN·m^2	剪力极限 值 V/ kN	抗压极 限值 R/ kN	弯矩极 限值 M/ kN·m
1	H16	200	18.4	36.8	5.9
2	H20	450	23.9	47.8	10.9
3	H24	700	28.2	56.4	14.1

（4）特点和应用

木工字梁结构结实、工程特性明确统一且可控制、质地均匀、含水率低、质量轻，能够在很大的跨度上支撑大的荷载而不弯曲下沉，能够减少由于收缩、起翘、弯曲、扭曲和开裂引起的问题。在追求空间宽敞和楼面开阔的设计中，工字梁能够展现出优异的结构性能，还可以提高设计灵活度和建筑质量，使得它们非常适合更长跨度的民用和商业用途的搁栅和屋架。此外，木工字梁可以手工安装，具有经济实惠的优势。

工字梁避免现场加工缺陷且易于保持水平结构表面，也适用于隐藏式应用，能满足轻型木结构、木屋等的应用要求。木工字梁是常见的楼面和屋面建筑材料（图 2-41）。

图 2-41　木工字梁应用于屋面结构

2.1.9.3　木地板

地板是地面装饰的重要材料，主要包括木竹地

板、石木塑地板和木塑地板。根据中国林产工业协会不完全统计，2019年我国具有一定规模的地板企业总销量约8.91亿m²，其中，木竹地板约4.25亿m²，石木塑地板约3.96亿m²，木塑地板约0.70亿m²。

木竹地板是用实体木材和竹材加工制成的地板，具有外观自然清新、纹理细腻流畅、防潮防湿防蚀以及韧性强、有弹性等优点。木竹地板按组成及结构包括实木地板、竹地板、实木复合地板、强化地板、热处理地板等；按拼接形式分为榫接地板、平接地板和镶嵌地板。

2.2 高分子材料

2.2.1 建筑塑料和挂板

塑料是以合成高分子化合物或天然高分子化合物为主要原料，加入用来改善性能的各种添加剂，如增塑剂、润滑剂、稳定剂、填充剂、固化剂、着色剂等助剂，经注塑、挤压、热压等工艺成型的材料。塑料具有密度小（0.9～2.2 g/cm³）、导热率较低[0.12～0.80 W/（m·K）]、比强度较高、耐腐蚀性好、电绝缘性好、装饰性好、加工性能好等优点。塑料的主要缺点是耐热性差、易燃，建筑中常用的热塑性塑料的热变形温度为80～120℃。塑料一般可燃，燃烧时会产生大量的烟雾，甚至有毒气体。塑料易老化，在热、空气、阳光及环境介质中的酸、碱、盐等作用下，分子结构会产生变化，使塑料性能变差。塑料热膨胀系数大、刚度小，在载荷长期作用下会产生蠕变。

按受热时的变化特点，塑料分为热塑性塑料和热固性塑料。热塑性塑料受热时软化或熔融，常用的有聚乙烯、聚氯乙烯、聚丙烯、聚苯乙烯、聚甲醛、聚碳酸酯、聚酰胺、ABS塑料等。热固性塑料加热不能软化或改变形状，常用的有酚醛树脂、环氧树脂、不饱和树脂、有机硅塑料等。按塑料的功能和用途，分为通用塑料、工程塑料和特种塑料。常用建筑塑料的物理力学性能见表2-25。

表 2-25   常用建筑塑料的物理力学性能

塑料名称	密度 /（g/cm³）	抗拉强度 /MPa	抗弯强度 /MPa	冲击强度 /（J/cm²）	热变形温度 /℃	热膨胀系数 /（1×10⁻⁵/℃）	介电性	抗溶剂性	抗酸性	燃烧状态
低密度聚乙烯	0.91～0.94	10～16			49～65	16～18	优	良	良	少烟
高密度聚乙烯	0.94～0.97	20～30	20～30	10～30	60～82	11～13	优	良	良	少烟
聚丙烯	0.90～0.91	30～39	42～56	2.2～2.5	99～116	10.8～11.2	优	良	良	滴落少烟
聚氯乙烯（软）	1.16～1.35	10～25		0.2～1.0		7～25	良		良	缓慢自熄
聚氯乙烯（硬）	1.35～1.45	35～56	70～120	1.2～1.6	57～82	5～8.5	良		优	自熄
聚苯乙烯	1.05～1.07	≥30	≥50	25	65～96		优	较差	良	大量黑烟
聚碳酸酯	1.18～1.20	66	105	6.4～7.5	115～135		良		良	自熄
ABS 通用塑料		35～48	59～75	20～59	62～70		良		良	
酚醛树脂	1.3	45～52	70.3	≥3	177		良	良	良	难
环氧树脂	1.9	30～40	98.4	1～1.5	149	1.1～1.3	良	良	良	缓慢
不饱和树脂	1.2	30～60	80～100				良	良	良	

2.2.1.1　外墙塑料挂板

外墙挂板是用于外墙的装饰材料，需具有防腐蚀、耐高温、抗老化、无辐射、防火、防虫、不变形等性能，同时还需要满足外形美观、施工简便等要求。常用的外墙挂板有纤维水泥外墙挂板、金属外墙挂板、塑料外墙挂板、实木外墙挂板和石材外墙挂板。塑料外墙挂板中以聚氯乙烯树脂外墙挂板为主，如图 2-42 所示。

PVC 外墙挂板是一种以硬聚氯乙烯为主体的塑料型材，用于建筑物的外墙，起到覆盖、防护和装饰的作用，是外墙涂料、瓷砖的替代材料。PVC 外墙挂板线条清晰，外形简洁明快，色彩纯正多样且不褪色，极富现代感，使建筑显得淳朴自然而又美观。其具有超强的耐候性，通过添加长效抗紫外线稳定剂，使用年限可达 30 年。PVC 外墙挂板还具有良好的韧性和抗冲击性，可以根据不同的工程设计及工艺要求任意裁剪、弯曲、变化造型，不会脆裂，不易刮损，耐酸碱的腐蚀和水汽的侵蚀。此外，其安装工艺简单、快捷，为全干式作业，牢固可靠，省工省时，缩短了工期，大大降低了安装成本。PVC 挂板内层可极为方便地安装墙体保温材料，使外墙保温效果更佳。

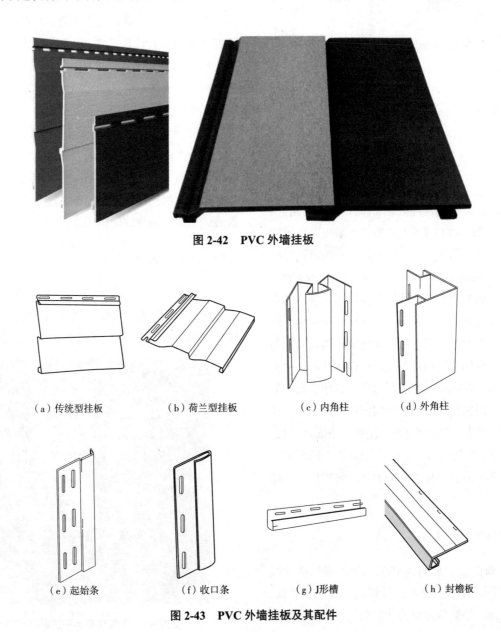

图 2-42　PVC 外墙挂板

（a）传统型挂板　　（b）荷兰型挂板　　（c）内角柱　　（d）外角柱

（e）起始条　　（f）收口条　　（g）J 形槽　　（h）封檐板

图 2-43　PVC 外墙挂板及其配件

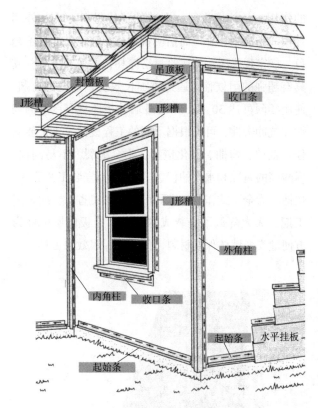

图 2-44　PVC 外墙挂板及其配件的安装

PVC 挂板、吊顶板及其主要配件有挂板、内角柱、外角柱、起始条、收口条、J 型槽、封檐板以及吊顶板（图 2-43、图 2-44）。常用挂板分传统型和荷兰型，其规格为 228.6mm×3940mm。内角柱用于外墙的阴角处，作为挂板在此处的收边；外角柱用于外墙的阳角处，作为挂板在此处的包角。起始条位于墙角、腰线上方或两种材料交接处，用于固定整个挂板墙面的第一片挂板，也用于窗洞口上方。收口条常位于屋檐下、女儿墙顶、窗洞口及其他洞口下方，用于固定最后一片挂板。当窗洞口较长，而窗洞口上方的第一片挂板需切割、无法安装起始条时，用收口条固定挂板。J 形槽是常用的收边配件，它的作用是作为门窗洞口及其他洞口四周或斜山墙顶部的收边。封檐板用于檐口正面。

2.2.1.2　塑料门窗

塑料门窗的主要原料为 PVC，加入添加剂后经挤出机形成各种型材。型材经过切割、焊接、拼装、修整等工序加工组装成木结构建筑的门窗。塑料门窗

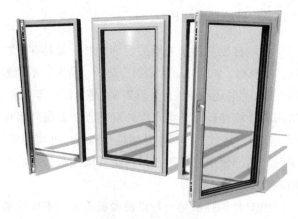

图 2-45　塑料门窗

可分为全塑门窗、复合门窗和聚氨酯门窗，但以全塑门窗为主，有白色、深棕色、仿木纹等品种，如图 2-45。

塑料门窗与其他门窗相比，具有耐水、耐腐蚀、气密性、水密性、绝热性、隔声性、耐燃性、尺寸稳定性、装饰性好等特点，不需要粉刷油漆，维护保养方便。塑料门窗的规格尺寸除可按国家标准系列化、标准化生产，也可以按要求生产特殊规格的门窗。塑料门窗除外观、规格尺寸和公差要满足有关要求外，力学性能、耐候性能、抗风压性能、空气渗透、雨水渗透、保温和隔声性能也要满足要求。

2.2.1.3　塑料管材

塑料管材与金属管材相比，具有质轻、不生锈、不易积垢、施工方便、供水效率高等优点，在木结构建筑中得到广泛应用，如图 2-46。塑料管材分硬管

图 2-46　木结构建筑中的塑料管材

和软管，常用塑料管包括硬聚氯乙烯（PVC-U）管、氯化聚氯乙烯（PVC-C）管、无共聚聚苯烯（PP-R）管、聚丁烯（PB）管、交联聚乙烯（PEX）管、铝塑复合管、塑覆铜管等。

PVC-U 管通常直径为 40～100mm，其内壁光滑、阻力小、不结垢、无毒、无污染、耐腐蚀，使用温度不大于 40℃，为冷水管，主要用作给水管道（非饮用水）、排水管道、雨水管道等。PVC-C 管高温机械强度高，适用于受压场合，使用温度可高达 93℃，寿命可达 50 年，其抗细菌滋生性能优于铜、钢及其他塑料管道，热膨胀系数低，主要用作冷热水管、消防水管系统等。PP-R 管无毒、无害、不生锈、不腐蚀，有高度的耐酸性和耐氯化物性，耐热性能好，在工作压力不超过 0.6MPa 时，可长期在 70℃水温工作，使用寿命长达 50 年；缺点是抗紫外线能力差，在阳光长期照射下易老化，因为可燃，不得用于消防给水系统，在木结构建筑中主要用作饮用水管和冷热水管。PB 管具有较高的强度，韧性好、无毒，长期工作水温为 90℃，最高使用温度可达 110℃，但易燃、价格高，主要用于饮用水管、冷热水管，特别适用于薄壁、小口径压力管道，比如采暖系统的盘管。因为普通 PE 管不适宜用作高于 45℃的水管路，交联是 PE 改性的一种方法，PE 经交联后变成三维网状结构的交联聚乙烯，因此 PEX 管耐热性能和抗蠕变能力好，其分为 A、B、C 三级，无毒、卫生、透明，可输送冷水、热水、饮用水，阳光照射下会加速老化，主要用于采暖系统盘管。铝塑复合管以焊接铝管或铝箔为中层，内层和外层均覆裹聚乙烯材料，最高使用温度为 80℃，主要应用于饮用水和冷、热水管。塑覆铜管为双层结构，内层为纯铜管，外层覆裹高密度聚乙烯或发泡高密度聚乙烯保温层，耐热、抗冻、耐久，长期使用温度范围为 –70～100℃，可刚性连接也可柔性连接，主要用于饮用水的冷、热水输送管道。

2.2.2　呼吸纸

呼吸纸（breather membrane）又称防水透气膜，如图 2-47。其材料表面具有极其细小的微孔结构，由于水滴最小直径约 0.02mm，而水蒸气分子的直径仅为 0.000 000 4mm，两者直径有着巨大差异，依据浓度梯度差扩散原理，空气和水蒸气能够自由地通过微孔，而液态水和水滴因为其表面张力作用不能通过呼吸纸材料。呼吸纸主要有 3 层结构：PP 纺粘无纺布、PE 高分子透气膜、PP 纺粘无纺布。纺粘无纺布的作业主要是增强抗拉力和静水压，保护中间透气膜。

呼吸纸主要用于木结构建筑防护的基础。呼吸纸具有卓越的防水性能，严密地包覆在建筑外围，可以保护建筑不受雨水的侵蚀，有效保证建筑的使用寿命。呼吸纸的特点包括：

①防水性：阻止外部雨水及湿气进入室内，延长房屋的使用寿命。

②透气性：可使室内的潮气、水蒸气排出室外，防止冷凝水和真菌使房屋内部产生腐蚀，从而提高建筑的耐久性。

图 2-47　呼吸纸及其在木结构建筑中的应用

③防风性：优秀的防风效果能有效阻隔冷／热风的进入，提高房屋的气密性，保护维护结构的热工性能，从而减少采暖和制冷的能源消耗。

④安装方便：质量轻、易裁剪、安装效率高。

⑤高强度：具有抗拉扯、抗刮伤、抗损伤的能力。

呼吸纸安装必须从底部开始，由下向上铺设，所有的横向接缝至少有150mm的搭接，竖向接缝有300mm的搭接，以保证具有很好的防护效果。

2.2.3 防水卷材

防水材料具有防止雨水、地下水与其他水分等侵入木结构建筑的功能，防水卷材是建筑防水材料的重要品种，是具有一定宽度和厚度并可卷曲的片状定型防水材料，如图2-48。防水卷材需具备以下性能：

①耐水性：在水的作用下和被水浸润后期性能基本不变，在压力水作用下具有不透水性，常用不透水性、吸水性等指标表示。

②温度稳定性：在高温下不流淌、不起泡、不滑动，低温下不脆裂的性能，常用耐热度、耐热性等指标表示。

③力学强度：防水卷材在承受一定载荷、应力或在一定变形条件下不断裂的性能，常用拉力、拉伸强度和断裂伸长率等指标表示。

④柔韧性：在低温条件下保持柔韧的性能，对

保证易于施工、不脆裂非常重要，常用柔度、低温弯折性等指标表示。

⑤大气稳定性：在阳光、热、臭氧及其他化学侵蚀介质等因素的长期综合作用下抵抗侵蚀的能力，常用耐老化性、热老化保持率等指标表示。

目前，防水卷材有沥青防水卷材、高聚物改性沥青防水卷材和合成高分子防水卷材，其特点及适用范围见表2-26。对于屋面防水工程，根据GB 50345—2004《屋面工程技术规范》的规定，沥青防水卷材仅适用于屋面防水等级为Ⅲ级（一般工业与民用建筑，防水耐用年限10年）和Ⅳ级（非永久性建筑，防水耐用年限5年）的屋面防水工程。对于防水等级为Ⅲ级的屋面，可选用三毡四油沥青卷材防水；对于防水等级为Ⅳ级的屋面，可选用二毡三油沥青卷材防水。

高聚物改性沥青防水卷材适用于防水等级为Ⅰ级（特别重要的民用建筑和对防水有特殊要求的工业建筑，防水耐用年限为25年）、Ⅱ级（重要的工业与民用建筑、高层建筑，防水耐用年限为15年）和Ⅲ级屋面防水工程。对于Ⅰ级屋面防水工程，除规定应有的一道合成高分子防水卷材外，高聚物改性沥青防水卷材可应用于应有的三道或三道以上防水设防的各层，厚度不宜小于3mm。对于Ⅱ级屋面防水工程，在应有的二道防水设防中，应优先采用高聚物改性沥青防水卷材，所有卷材厚度不小于3mm。对于Ⅲ级屋面防水工程，应有一道防水设防，或两种防水材料复合使用。如单独使用，高聚物改性沥青防水卷材厚度应不小于4mm；如复合使用，高聚物改性沥青防水卷材的厚度应不小于2mm。

合成高分子防水卷材适用于防水等级为Ⅰ级、Ⅱ级和Ⅲ级的屋面防水工程。在Ⅰ级屋面防水工程中，必须至少有一道厚度不小于1.5mm的合成高分子防水卷材。在Ⅱ级屋面防水工程中，可采用一道或二道厚度不小于1.2mm的合成高分子防水卷材。在Ⅲ级屋面工程中使用的合成高分子防水卷材除外观质量和规格复合要求外，还应检验其拉伸强度、断裂伸长率、低温弯折性和不透水性等物理性能。

图2-48　防水卷材及其在屋面上的应用

类别	材料名称	特点及适用范围
沥青防水卷材	纸胎沥青油毡	– 传统防水材料，耐用年限短，价格低，用于屋面工程
	玻璃布沥青油毡	– 抗拉强度高，用于纸胎油毡的增强附加层和突出部位的防水层
	玻纤沥青油毡	– 良好的耐水性、耐腐蚀性和耐久性，常用于屋面或地下防水工程
	黄麻织物沥青油毡	– 抗拉强度高，胎体易腐烂，常用作屋面增强附加层
	铝箔胎沥青油毡	– 有很高的阻隔蒸汽渗透的能力，适用于隔汽层
高聚物改性沥青防水卷材	SBS 改性沥青防水卷材	– 耐高、低温，适用于寒冷地区单层铺设的屋面防水工程
	APP 改性沥青防水卷材	– 强度高、耐热、耐紫外线，适用于紫外线辐射强烈及炎热地区屋面 – 单层铺设
	再生胶改性沥青防水卷材	– 价格低，是低档防水卷材
	PVC 改性焦油沥青防水卷材	– 良好的耐热及低温性能，最低开卷温度为 –18℃，适合冬季施工
	废胶粉改性沥青防水卷材	– 叠层使用于一般屋面防水工程
	其他改性沥青防水卷材	
合成高分子防水卷材 橡胶类	三元乙丙橡胶防水卷材	– 防水性能优异，耐候性好，适用于防水要求高、防水层耐用年限长的工业与民用建筑，单层或复合使用
	丁基橡胶防水卷材	– 耐候性较好、耐油性较好，单层或复合用于要求较高的防水工程
	再生橡胶防水卷材	– 延伸性良好，耐热、耐寒、耐腐蚀，价格低，用于单层非外露部位及地下防水工程
树脂类	氯化聚乙烯防水卷材	– 耐候、耐臭氧、耐热老化、耐化学腐蚀，单层或复合用于紫外线强的炎热地区
	聚氯乙烯防水卷材	– 延伸率大，耐老化性能好，单层或复合用于外露或有保护层的防水工程
	聚乙烯防水卷材	—
	氯磺化聚乙烯防水卷材	—
橡胶共混类	氯化聚乙烯 – 橡胶共混防水卷材	– 高强度、耐臭氧、耐老化，高延伸性能，单层或复合用于寒冷地区或变形较大的防水工程
	三元乙丙橡胶 – 聚乙烯共混防水卷材	—

表 2-26　防水卷材分类、特点及适用范围

2.2.4　沥青瓦

沥青瓦又称玻纤瓦、油毡、玻纤胎沥青，是以玻纤毡为胎基，用沥青材料浸渍涂盖后，表面覆以保护隔离材料的瓦片产品，主要分为平面沥青瓦（平瓦）和叠合沥青瓦（叠瓦）两大类。平瓦为单层，

叠瓦黏合了一层或多层沥青瓦材料形成叠合状，如图2-49。沥青瓦适用于防水等级为一级和二级的屋面，在木结构屋面中，常铺设于防水卷材之上，适合坡度20°～60°的屋面和任意形状的屋面，并不适用于平屋面，如图2-50所示。

沥青瓦能够在全天候条件下使用，可抵御光照、

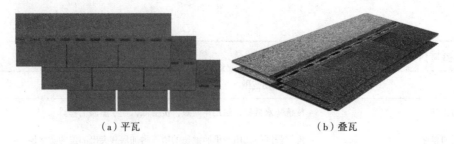

(a) 平瓦　　　　　　　　　　(b) 叠瓦

图 2-49　沥青瓦

图 2-50　沥青瓦在木结构建筑中的应用

雨水和冰冻等多种气候因素引起的侵蚀。其保温隔热性好、导热系数低，阻断了热量在夏天由外向内的传导，在冬天由里向外的散失，从而保证了顶层住户的舒适生活。沥青瓦能够隔绝雨滴撞击等环境噪声，保持室内安静。沥青瓦不会在酸雨等恶劣城市环境的影响下出现锈蚀、花斑等现象，耐腐蚀性好。沥青瓦表面不会因积灰而形成明显的污斑，即使在长期雨淋的条件下也不会积累水渍，经过雨水冲刷会显得更加洁净明艳，防尘自洁性优异。沥青瓦耐久性好，使用年限为 20～30 年，如果安装正确，只需极少的维修甚至无须维修。沥青瓦造型多样，可以铺成锥形、球形、弧形等特形屋顶传统屋瓦，铺装简单，使用钉与基层结构进行连接。但是，沥青瓦也具有易老化和阻燃性差等缺点。

2015 年，我国发布了国家标准 GB/T 20474—2015《玻纤胎沥青瓦》，并于 2016 年 11 月开始实施。该标准对沥青瓦的原材料、规格尺寸、外观、物理力学性能、试验方法和步骤进行了规定，见表 2-27 和表 2-28。

表 2-27　沥青瓦规格要求

序号	项目	指标要求
1	质量 /（kg/m²）	≥3.6
2	厚度 /mm	≥2.6
3	长度尺寸偏差 /mm	±3
4	宽度尺寸偏差 /mm	+5，−3
5	切口深度 /mm	≤（宽度 −43）/2

表 2-28　沥青瓦物理力学性能

序号	项目		平瓦	叠瓦
1	可溶物含量 /（g/m²）		≥800	≥1500
2	纵向拉力 /（N/50）		≥600	
	横向拉力 /mm		≥400	
3	耐热度 /℃		90℃时，无流淌、滑动、滴落、气泡	
4	柔度 /℃		10℃时，无裂纹	
5	撕裂强度 /N		≥9	
6	不透水性（2m 水柱，24h）		不透水	
7	耐钉子拔出性能 /N		≥75	
8	矿物料黏附性 /g		≤1.0	
9	自粘胶耐热度	50℃	发黏	
		75℃	滑动≤2mm	
10	叠层剥离强度 /N		—	≥20
11	人工气候加速老化表现	外观	无起泡、渗油、裂纹	
		色差（ΔE）	≤3	
		柔度（12℃）	无裂纹	
12	燃烧性能		B₂-E 通过	
13	抗风揭性能（97km/h）		通过	

2.2.5　防水涂料

　　木结构建筑木材裸露面需要涂刷防水涂料进行保护。防水涂料是一种流态或半流态物质，经溶剂、水分挥发或各组分间的化学反应，形成有一定弹性和一定厚度的连续薄膜，使基层表面与水隔绝，起到防水和防潮作用。防水涂料广泛应用于民用与工业建筑的屋面防水工程、地下室防水工程和地面防潮、防渗等工程，其必须具备以下性能：

　　①不透水性：在一定水压（静水压或动水压）和一定时间防止内部出现渗透的性能，是防水涂料满足防水功能要求的主要质量指标。

　　②固体含量：指防水涂料中所含固体的比例，由于涂料涂刷后靠其固体成分形成涂膜，因此固体含量多少与成膜厚度及涂膜质量密切相关。

　　③耐热性：防水涂料成膜后的防水薄膜在高温下不发生软化变形、不流淌的性能，它反映防水涂膜的耐高温性能。

　　④低温柔性：防水涂料成膜后的膜层在低温下保持柔韧的性能，它反映防水涂料在低温下的施工和使用性能。

　　⑤延伸性：防水涂膜适应基层变形的能力。防水涂料成膜后必须具有一定的延伸性，以适应由于温差、干湿等因素造成基层变形，保证防水效果。

　　防水涂料按液态类型，可分为溶剂型、水乳型和反应型三种；按成膜物质的主要成分，可分为沥青类、高聚物改性沥青类和合成高分子类。防水涂料的

使用应考虑建筑的特点、环境条件和使用条件等因素。结合防水涂料的特点和性能指标选择，常用的防水涂料及其产品执行标准见表 2-29。

　　防水涂料的包装容器应密封；反应型和水乳型涂料的储运和保管环境温度不低于 5℃；溶剂型涂料储运和保管环境温度不低于 0℃，经不得日晒、碰撞和渗漏，保管环境应干燥、通风，并远离火源和热源。高聚物改性沥青防水涂料进场时应检测固体含量、耐热性、低温柔性、不透水性、断裂伸长率和抗裂性；合成高分子防水涂料和聚合物水泥防水涂料进场时应检测固体含量、低温柔性、不透水性、拉伸强度和断裂伸长率。

表 2-29　常用防水涂料及其执行标准

涂料类别	标准号
聚氨酯防水涂料	GB/T 19250—2013
聚合物水泥防水涂料	GB/T 23445—2009
水乳型沥青防水涂料	JC/T 408—2005
溶剂型橡胶沥青防水涂料	JC/T 852—1999
聚合物乳液建筑防水涂料	JC/T 864—2008

2.2.6　密封材料

　　建筑密封材料又称嵌缝材料，是能承受位移并具有高气密性及水密性而嵌入建筑接缝中的定型和不定型材料（表 2-30）。密封材料应具有良好的黏接性、耐老化性和对高 / 低温温度的适应性，能够长期

表 2-30　建筑密封材料分类、特点及用途

类别	类型	材料名称	特点及用途
不定型密封材料	非弹性型	沥青油膏、改性沥青油膏	主要作为屋面、墙面、沟、槽的防水嵌缝材料
		聚氯乙烯胶泥	简称 PVC 接缝膏，用于各种屋面嵌缝或表面涂布，作为防水层，也可用于水渠、管道等接缝
	溶剂型	丙烯酸类	—
		丁基橡胶类	—
		氯丁橡胶类	—
		聚乙烯橡胶类	—

（续）

类别	类型	材料名称	特点及用途
不定型密封材料	乳液型	丙烯酸类	抗紫外线性能优良，耐水性能一般，中等价格，用于屋面、墙板、门、窗嵌缝
		氯丁橡胶类	—
		丁苯橡胶类	—
	反应型	聚氨酯类	一般为双组分配制，弹性、连接性及耐气候老化性好，与混凝土连接性好，用作屋面、墙面的水平或垂直接缝，也可用于玻璃、金属材料的嵌缝
		聚硫化物类	—
		硅酮类	优异的耐热性、耐寒性和良好的耐候性，连接性能好，耐拉伸 – 压缩疲劳性强，耐水性好，F 类可用作建筑接缝密封膏，G 类用于镶嵌玻璃和建筑门、窗
定型密封材料	非弹性型	聚氯乙烯类	—
		其他类	—
	弹性型	丁基橡胶类	—
		氯丁橡胶类	—
		聚乙烯橡胶类	—
		三元乙丙橡胶类	—

经受被连接构件的收缩与振动而不破坏。按构成类型，建筑材料分为溶剂型、乳液型和反应型；按使用时的组分，分为单组分密封材料和多组分密封材料；按组成材料，分为改性沥青密封材料和合成高分子密封材料。

　　建筑密封材料在运输时应防止日晒、雨淋、撞击和挤压，储运保管环境应通风、干燥，防止日光直接照射，远离火源和热源。乳胶型密封材料在冬季应采取防冻措施。改性石油沥青密封材料进场时应检验耐候性、低温柔性、拉伸黏结性和施工度。合成高分子密封材料进场时应检测拉伸模量、断裂伸长率、定伸黏结性。

2.3　无机材料

2.3.1　隔热保温材料

　　隔热保温材料是指对热流具有显著阻隔性的材料或材料的复合体，是木结构建筑节能的物质基础，性能优良的隔热保温材料、合理科学的设计和良好的保温技术是提高节能效果的关键。通常将导热系数值不大于 0.23W/（m·K）的材料称为隔热材料，将导热系数值小于 0.14 W/（m·K）的隔热材料称为保温材料。隔热材料按材质，分为无机隔热材料、有机隔热材料和金属隔热材料；按形态，可分为纤维状、多孔状、层状等。常用隔热保温材料见表 2-31，其在木结构建筑中的应用如图 2-51。

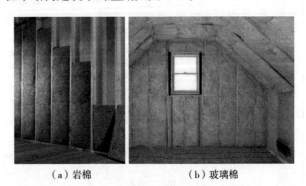

（a）岩棉　　　　　　（b）玻璃棉

图 2-51　隔热材料在木结构建筑中的应用

表 2-31　常用隔热保温材料及应用

名称	主要成分	导热系数 / [W/(m·K)]	最高使用温度 /℃	主要应用
岩棉 / 矿棉	玻璃体	0.044～0.049	600	绝热板、毡、管等
玻璃棉	钙硅铝吸玻璃体	0.035～0.041	350（有碱），600（无碱）	绝热板、毡、管等
膨胀蛭石	铝硅酸盐矿物	0.046～0.070	1000～1100	填充料、轻骨料等
膨胀珍珠岩	铝硅酸盐矿物	0.047～0.070	800	填充料、轻骨料等
微孔硅酸钙	水化硅酸钙	0.047～0.056	650	绝热管、砖等
泡沫玻璃	硅、铝氧化物玻璃体	0.058～0.128	300～1000	绝热砖、过滤材料等
泡沫塑料	高分子化合物	0.031～0.047	70～120	绝热板、管及填充材料等
中空玻璃	玻璃	0.100	—	窗、隔断等

2.3.2　无机防火材料

我国的建筑设计防火规范把建筑物的耐火等级划分为一、二、三、四级。其中，一级最高，耐火能力最强；四级最低，耐火能力最差。建筑物的耐火等级取决于组成该建筑物的建筑构件的燃烧性能和耐火极限，按照国家标准 GB 8624—2012《建筑材料及制品燃烧性能分级方法》，将建筑材料燃烧性能分为 4 个等级：A，不燃性材料（制品）；B1，难燃性材料（制品）；B2，可燃性材料（制品）；B3，易燃性材料（制品）。木材为可燃性建筑材料，加热温度超过 200℃时开始热分解；温度达到 260～300℃时热分解达到最高峰，放出可燃气体，并在表面形成炭化层。GB 50005—2017《木结构设计标准》规定了对木结构建筑构件的选用原则，其耐火极限不应低于表 2-32 的规定。

在木结构中，石膏板、硅钙板、蒸压轻质混凝土板（图 2-52）作为防火材料常用于制作室内外墙体面板和吊顶板。

表 2-32　木结构建筑中构件的燃烧性能和耐火极限

构件	燃烧性能	耐火极限 /h
防火墙	不燃烧体	3.0
承重墙、分户墙、楼梯和电梯井墙体	难燃烧体	1.0
非承重墙、疏散走道两侧的隔墙	难燃烧体	1.0
分室隔墙	难燃烧体	0.5
多层承重墙	难燃烧体	1.0
单层承重墙	难燃烧体	1.0
梁	难燃烧体	1.0
楼盖	难燃烧体	1.0
屋顶承重构件	难燃烧体	1.0
疏散楼梯	难燃烧体	0.5
室内吊顶	难燃烧体	0.25

（a）石膏板

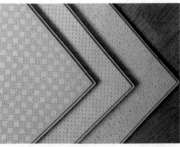

（b）硅钙板

（c）蒸压轻质混凝土板

图 2-52　无机防火材料

2.3.2.1 石膏板

石膏板是以建筑石膏为主要原料，加入纤维、黏接剂、改性剂，经混炼压制、干燥而成的一种质量较轻、强度较高、厚度较薄的建筑材料，具有防火、隔音、隔热、质轻、高强、收缩率小、稳定性好、不老化、防虫蛀等特点，可用钉、锯、刨、粘等方法施工。石膏板按制作工艺，分为纸面石膏板、纤维石膏板、空心石膏条板；按功能，分为普通板、耐水板、耐火板、防潮板、隔音板。常用的石膏板主要有普通纸面石膏板（代号 P）、耐火纸面石膏板（代号 H）、耐水纸面石膏板（代号 S）、耐水耐火纸面石膏板（代号 SH）、装饰石膏板（代号 Z）、石膏空心条板、纤维石膏板、石膏吸音板、定位点石膏板等。石膏板常用执行标准包括：GB/T 9775—2008《纸面石膏板》；JC/T 799—2007《装饰石膏板》；JC/T 800—2007《嵌装式装饰石膏板》。装饰石膏是以纸面石膏板为基材，在其正面经涂覆、压花、贴膜等加工后用于室内装饰的板材。嵌装式装饰石膏板在板材中渗入适量的纤维增强材料和外加剂，经浇铸成型，板材四面加厚并带有嵌装企口，分为普通嵌装式装饰石膏板（代号 QP）和吸声用嵌装式装饰石膏板（代号 QS）两种。

生产石膏板的主要原料包括天然石膏、脱硫石膏、护面纸、玻璃纤维、纸纤维、石膏板专用发泡剂、玉米淀粉等。纸面石膏板长度一般为1800～3600mm，宽度为900mm 和1200mm，厚度为 9.5mm、12.0mm、15.0mm、18.0mm、21.0mm

和25.0mm。装饰石膏板为正方形，规格有两种：500mm × 500mm × 9mm 和600mm × 600mm × 11mm。根据经验，表2-33 列出了石膏板木结构墙体的燃烧性和耐火极限。

2.3.2.2 硅钙板

硅钙板又称石膏复合板，是以硅质材料（硅藻土、膨润土、石英粉等）、钙质材料、增强纤维等作为主要原料，经过制浆、成坯、蒸养、烘干、表面砂光等工序制成的轻质板材。硅钙板具有防火、防潮、隔音、隔热等性能，是特级防火材料，在火焰中能产生吸热反应，同时释放出水分子阻止火势蔓延，而且不会分解产生任何有毒的、具有侵蚀的、令人窒息的气体，也不会产生任何助燃物或烟气。其在室内空气潮湿的情况下能吸收空气中水分子，空气干燥时又能释放水分子，可以适当调节室内干/湿度、增加舒适感。硅钙板可广泛用作高层和公共建筑物的防火隔墙板、吊顶板、风道以及防火门等。硅钙板常用规格为595mm × 595mm、603mm × 603mm、1200mm × 600mm、300mm × 300mm、300mm × 600mm，常用厚度为9mm、12mm、15mm。

2.3.2.3 蒸压轻质混凝土板

蒸压轻质混凝土板是蒸压轻质混凝土（autoclaved lightweight concrete，ALC），是高性能蒸压加气混凝土的一种。ALC 板是以粉煤灰（或硅砂）、水泥、石

表 2-33　石膏板墙体的燃烧性和耐火极限		
构件组合 /mm	燃烧性	耐火极限 /h
普通石膏板（15）+空心隔层（90）+普通石膏板（15）	难燃	0.5
普通石膏板（25）+空心隔层（90）+普通石膏板（25）	难燃	1.0
普通石膏板（25）+绝热材料（90）+普通石膏板（25）	难燃	1.0
防火石膏板（12）+空心隔层（90）+防火石膏板（12）	难燃	0.75
防火石膏板（12）+绝热材料（90）+防火石膏板（12）	难燃	0.75
防火石膏板（15）+空心隔层（90）+防火石膏板（15）	难燃	1.0
防火石膏板（15）+绝热材料（90）+防火石膏板（15）	难燃	1.0

灰等为主要原料,经过高压蒸汽养护而成的多气孔混凝土成型板材(内含经过处理的钢筋增强)。ALC 板既可做墙体材料,又可做屋面板,是一种性能优越的新型建材。该材料不仅具有很好的耐火性能和保温性能[导热系数为 0.13 W/(m·k)],也具有较佳的隔热性能[蓄热系数 2.75W/(m·k)]。当采用合理的厚度时,不仅可以用于保温要求高的寒冷地区,也可用于隔热要求高的夏热冬冷地区或夏热冬暖地区,能够满足节能标准的要求。

ALC 板是一种不燃的无机材料,具有很好的耐火性能。作为墙板,100mm 厚板的耐火极限为 3.23h,150mm 厚板的耐火极限大于 4h;50mm 厚板保护钢梁的耐火极限大于 3h,50mm 厚板保护钢柱的耐火极限大于 4h;都超过了一级耐火标准。ALC 板还具有很好的隔音性能,100mm 厚 ALC 板平均隔音量为 40.8dB,150mm 厚 ALC 板的平均隔音量为 45.8 dB。ALC 板是一种无机硅酸盐材料,不易老化、耐久性好、抗冻性好、抗渗性好、软化系数高、表面质量好,其使用年限可以和各类建筑物的使用寿命相匹配。此外,该材料无放射性,无有害气体逸出,是一种绿色环保材料。

ALC 板可用作木结构内外墙板和屋面板等,尤其适合用于对防火和保温要求高的木结构建筑。

2.3.3 吸声和隔声材料

声音起源于物体的振动,产生振动的物体称为声源,声源发声后迫使邻近的空气跟着振动而形成声波,并在空气介质中向四周传播。声音传播过程中,一部分由于声能随着距离的增大而扩散;另一部分则因为空气的吸收而衰减。当声波遇到材料表面时,入射声能的一部分从材料表面反射;另一部分则被材料吸收。材料的吸声特性除与声波的方向有关外,还与声波的频率有关,同一材料,对于高、中、低不同频率的吸声系数不同,为了全面反映材料的吸声特性,通常取 125Hz、250Hz、500Hz、1000Hz、2000Hz、4000Hz 等 6 个频率的吸声系数来表示材料吸声的频率特性,凡 6 个频率的平均吸声系数大于 0.2 的材料,可称为吸声材料。材料的吸声系数越高,吸声效果越好。在音乐厅、剧院、大会堂、播音室等内部的墙面、地面、顶棚等部位,适当采用吸声材料,能改善声波在室内传播的质量,保持良好的音响效果。

为发挥吸声材料的作用,材料的气孔应是开放且相互连通的,气孔越多,吸声性能越好。吸声材料依据吸声机理不同,可分为两类:一类是多孔性吸声材料,主要是纤维质和开孔型结构材料;另一类是吸声柔性材料、膜状材料、板状材料和穿孔板。多孔性材料是比较常见的一种吸声材料,其吸声性能与材料的表观密度和内部构造有关。在木结构建筑装修中,吸声材料的厚度、材料背后的空气层以及材料的表面状况也对其吸声性能产生影响。多孔性吸声材料与绝热材料都是多孔性材料,但在材料孔隙特征方面有着很大差别:绝热材料一般具有封闭的互不连通的气孔,这种气孔越多则保温绝热效果越好;吸声材料则具有开放的互相连通的气孔越多,其吸声性能越好。常见材料的吸声系数见表 2-34。

表 2-34　常见材料的吸声系数

类别	名称	厚度 /mm	各种频率下的吸声系数						使用情况
			125Hz	250Hz	500Hz	1000Hz	200Hz	400Hz	
无机材料	吸声板	65	0.05	0.07	0.10	0.12	0.16	—	—
	石膏板(有花纹)	—	0.03	0.05	0.06	0.09	0.04	0.06	贴实
	水泥蛭石板	40	—	0.14	0.46	0.78	0.50	0.60	贴实
	石膏砂浆(掺水泥、玻璃纤维)	22	0.24	0.12	0.09	0.30	0.32	0.83	墙面粉刷
	水泥膨胀珍珠岩板	50	0.16	0.46	0.64	0.48	0.56	0.56	
	水泥砂浆	17	0.21	0.16	0.25	0.40	0.42	0.48	
	砖(清水墙面)		0.02	0.03	0.04	0.04	0.05	0.05	

（续）

类别	名称	厚度/mm	各种频率下的吸声系数						使用情况
			125Hz	250Hz	500Hz	1000Hz	200Hz	400Hz	
木质材料	软木板	25	0.05	0.11	0.25	0.63	0.70	0.70	贴实
	木丝板	30	0.10	0.36	0.62	0.53	0.71	0.90	钉后留 10cm 空气层
	木丝板	8	0.03	0.02	0.03	0.03	0.04	—	骨后留 5cm 空气层
	三夹板	3	0.21	0.73	0.21	0.19	0.08	0.12	在后留 10cm 空气层
	穿孔五夹板	5	0.01	0.25	0.55	0.30	0.16	0.19	龙后留 5~15cm 空气层
	木质纤维板	11	0.06	0.15	0.28	0.30	0.33	0.31	上后留 5cm 空气层
泡沫材料	泡沫玻璃	44	0.11	0.32	0.52	0.44	0.52	0.33	贴实
	脲醛泡沫塑料	50	0.22	0.29	0.40	0.68	0.95	0.94	贴实
	泡沫水泥（外面粉刷）	20	0.18	0.05	0.22	0.48	0.22	0.32	紧靠粉刷
	吸声蜂窝板	—	0.27	0.12	0.42	0.86	0.48	0.30	
	泡沫塑料	10	0.03	0.06	0.12	0.41	0.85	0.67	
纤维材料	矿棉板	31	0.10	0.21	0.60	0.95	0.85	0.72	贴实
	玻璃棉	50	0.06	0.08	0.18	0.44	0.72	0.82	贴实
	酚醛玻璃纤维板	80	0.25	0.55	0.80	0.92	0.98	0.95	贴实
	工业毛毡	30	0.10	0.28	0.55	0.60	0.60	0.56	紧靠墙面

　　声波传播到材料或结构时，因材料或结构吸收会失去一部分声能，透过材料的声能总是小于作用于材料或结构的声能，这样材料或结构就起到了隔声作用。材料的隔声性能可以通过材料对声波的透射系数来衡量。材料的透射系数越小，说明材料的隔声性能越好，但工程上常用构件的隔声量 R（单位为 dB）来表示构件对空气声的隔绝能力。同一材料或结构对不同频率的入射声波有不同的隔声量。声波在材料或结构中的传递途径有两种：一是声波经过空气直接传播，或者是使材料或构件产生振动，使声音传至另一空间；二是由于机械振动和撞击使材料和构件振动发声。前者称为空气声，后者称为结构声（固体声）。对于不同的声波传播途径可采取不同的隔声措施，应选择适当的隔声材料或结构，见表 2-35。

表 2-35　隔声措施

分类	类型	隔声措施
空气声隔绝	单层墙空气声隔绝	– 提高墙体的单位面积质量和厚度 – 墙与墙接头减小缝隙 – 粘贴或涂抹阻尼材料
	双层墙空气声隔绝	– 采用双层分离式隔墙 – 提高墙体的单位面积质量 – 粘贴或涂抹阻尼材料
	轻型墙空气声隔绝	– 轻型材料与多孔或松软吸声材料多层复合使用 – 各层材料质量不同，避免非结构谐振 – 加大双层墙间的空气层厚度
	门窗空气声隔绝	– 采用多层门窗 – 设置铲口，采用密封条等材料填充缝隙
结构声隔绝	撞击声隔绝	– 面层增加弹性层 – 采用浮筑接面，使面层和结构层之间减振 – 增加吊顶

2.3.4　装饰材料

木结构建筑装饰材料一般是指主体结构工程完成后，进行室内外墙面、顶棚、地面的装饰等所需的材料，主要起装饰作用，同时可以满足一定功能要求。在建筑装饰工程中为了便于使用，常按建筑物的装饰部位进行分类，包括外墙装饰材料、内墙装饰材料、地面装饰材料、顶棚装饰材料和其他装饰材料。装饰材料不仅具有良好的装饰效果，而且对建筑主体具有重要的保护作用，内墙装饰材料还可以辅助墙体起到反射声波、吸声、隔声的作用。木结构中常用的装饰材料包括木地板（见 2.1.9 其他木质材料）、石材、陶瓷等。

（1）建筑石材

建筑装饰用石材可分为天然石材和人造石材两种。凡是从天然岩石开采出来的，经过加工或未加工的石材，统称为天然石材。建筑装饰中常用的天然石材包括花岗岩、玄武岩、石灰岩（青石）、砂岩、大理石、石英岩。纯大理石为白色，在我国常称为汉白玉，分布较少，是一种高级的室内饰面材料。

人造石材是以不饱和聚酯树脂为黏结剂，配以天然大理石或方解石、白云石、硅砂、玻璃粉等无机物粉料，以及适量的阻燃剂、颜色等，经配料混合、瓷铸、振动压缩、挤压等方法成型固化制成的。与天然石材相比，人造石材具有色彩艳丽、光洁度高、颜色均匀一致、抗压耐磨、韧性好、结构致密、坚固耐用、比重轻、不吸水、耐侵蚀风化、色差小、不褪色、放射性低等优点。人造石材主要包括水泥型人造大理石、树脂型人造大理石、复合型人造大理石、烧结型人造大理石等。

（2）建筑陶瓷

陶瓷是以黏土以及各种天然矿物为主要原料，经过粉碎、混炼、成型和煅烧制得的无机非金属材料，分为陶和瓷两大类。介于陶和瓷之间的一类产品称为炻。建筑陶瓷通常结构致密、质地均匀，有一定的强度，耐水性、耐磨性、耐化学腐蚀性、耐久性好，

能拼制出各种色彩图案。建筑陶瓷的品种繁多，最常用的有釉面砖、墙面砖、地面砖、陶瓷锦砖、卫生陶瓷以及琉璃制品等。

釉面砖又称瓷砖，是重要的饰面材料之一。釉面砖由优质陶土烧制而成，属精陶制品，具有色彩鲜艳、易于清洁、防火、耐磨、耐腐蚀等优点，正面施釉，背面有凹凸纹，便于施工。釉面砖因所用釉料及生产工艺不同，有许多品种，如白色釉面砖、彩色釉面砖、印花釉面砖等。

墙地砖是墙砖和地砖的总称，实际上包括建筑物外墙装饰贴面用砖和室内外地面装饰铺贴用砖。墙地砖以品质均匀、耐火度较高的黏土作为原料，经压制成型在高温下烧制而成，其表面可上釉或不上釉，表面光平或粗糙，可产生不同的质感与色泽。其背面为了与基材有良好的连接，常常具有凹凸不平的沟槽。墙地砖品种繁多、尺寸各异，以满足不同的使用环境条件的需要。

陶瓷锦砖俗称"马赛克"，是以优质陶土烧制而成的小块瓷砖，有挂釉和不挂釉两种，多为不挂釉。陶瓷锦砖美观、耐磨、不吸水、易清洗、抗冻性能好、坚固耐用、造价低，主要用于室内铺贴地面。

琉璃制品是以难熔黏土为原料，经配料、成型、干燥、素烧，在表面涂以琉璃釉后，再经烧制而成的制品，常施铅釉烧成并用于建筑及艺术装饰。

（3）建筑玻璃

建筑玻璃在过去主要是用作采光和装饰材料，随着现代木结构建筑技术的发展，玻璃逐渐向能控制光线、节约能源、控制噪声、降低建筑物自重、改善建筑环境、提高建筑艺术水平等方向发展。玻璃是以石英砂、纯碱、长石和石灰石为主要原料，在 1550～1600℃高温下熔融、成型，并急冷而制成的固体材料。玻璃的品种繁多，分类方法也多样。按化学组成可分为：钠玻璃、钾玻璃、铝镁玻璃、硼硅玻璃、铅玻璃和石英玻璃；按用途可分为：平板玻璃、安全玻璃、特种玻璃和玻璃制品。常用的建筑用装饰玻璃有：平板玻璃、中空玻璃、钢化玻璃、夹丝玻璃、夹层玻璃、压花玻璃、磨光玻璃、毛玻璃、热反射玻

璃、吸热玻璃、异形玻璃、光致变色玻璃、釉面玻璃、水晶玻璃、饰面板泡沫玻璃、玻璃砖、玻璃马赛克、玻璃幕墙等。

2.4　金属材料

2.4.1　建筑钢材

建筑钢材主要指用于钢结构中的各种型材（如角钢、槽钢、工字钢、圆钢等）、钢板、钢管和用于钢筋混凝土结构中的各种钢筋、钢丝等。钢材的种类很多，性质各异，有以下分类方式：钢按化学成分可分为碳素钢和合金钢两类，碳素钢根据含碳量可分为低碳钢、中碳钢和高碳钢；钢按用途可分为结构用钢（钢结构用钢和混凝土结构用钢）、工具钢（制作刀具、量具、模具等）和特殊性能钢（不锈钢、耐酸钢、耐热钢、磁钢等）；钢按主要质量等级分为普通钢、优质钢、高级优质钢。目前，在木结构建筑工程中常用的钢种是普通碳素结构钢和普通低合金结构钢。

（1）钢筋

常用钢筋的品种很多，按直径可分钢筋（直径为 6～40mm）、钢丝（直径为 2.5～5mm）和配筋材料（直径小于 2.5mm）；按外形可分光面圆钢筋和变形钢筋；按加工过程可分热轧钢筋、冷拉钢筋、冷拔低碳钢丝、碳素钢丝、刻痕钢丝和钢绞线等。根据我国国家标准 GB 1499.1—2017《钢筋混凝土用钢　第 1 部分：热轧光圆钢筋》和 GB 1499.2—2007《钢筋混凝土用钢　第 2 部分：热轧带裂钢筋》，大量应用的热轧钢筋分为 4 个等级。在热轧钢筋中应用最多的是以 Q235 号钢为原料的钢筋。低合金结构钢由于强度高能，节约钢材、降低建筑造价、应用十分普遍。为进一步提高钢筋强度、节约钢材，在材料质量和施工条件许可的情况下，可在建筑企业对 Ⅰ 级、Ⅱ 级、Ⅲ级、Ⅳ级钢筋进行冷拉。冷拉时按钢的质量和等级，严格控制冷拉伸长率或同时控制冷拉应力，以免因冷拉而使钢筋塑性不足或发生冷拉脆断。钢筋的冷拉强度及冷拉后的机械性能均须符合国家标准的规定。

（2）型钢

常用的各种规格的型钢有工字钢、热轧 H 型钢、槽钢、角钢、L 型钢、热轧扁钢等，可制成各种形式的连接件和钢结构。近年来，薄壁型钢有很大发展，这种型钢质量轻、用钢少，适于做轻型钢结构的承重构件和建筑构造构件。

热轧工字钢分普通工字钢和轻型工字钢两种。普通工字钢广泛应用于各种建筑结构、桥梁、支架和机械等。热轧轻型工字钢与普通工制钢相比，腰高相同时，腿较宽，腰和腿较薄，即宽腿薄壁。在保证承重能力的条件下，轻型工字钢较普通工字钢具有更好的稳定性且更节约金属，有较好的经济效益，主要用于厂房、桥梁等大型结构构件及车船制造等。工字钢规格型号用高度 H 的厘米数表示，工 16 型号的工字钢，表示高度 H 为 160mm。

热轧 H 型钢是一种截面面积分配更加优化、强重比更加合理的经济断面高效型材，因其断面形状与英文字母 H 相同而得名，常用于要求承载能力大、截面稳定性好的大型建筑（如高层建筑、厂房等）、桥梁、支架和基础桩等。热轧 H 型钢分为宽翼缘 H 型钢、中翼缘 H 型钢、窄翼缘 H 型钢和薄壁 H 型钢 4 类。

槽钢是截面形状为凹槽形的长条钢材，槽钢规格型号用高度 H 的厘米数表示，如 12 号槽钢表示高度为 120mm。热轧普通槽钢主要用于建筑结构、车辆制造等，常与工字钢配合使用。热轧轻型槽钢是一种腿宽壁薄的钢材，主要用于建筑和钢架结构等。

角钢俗称角铁，其截面是两边互相垂直成直角形的长条钢材。角钢有等边角钢和不等边角钢之分，两垂直边长度相同的为等边角钢，一长一短的为不等边角钢。等边角钢型号用边宽度 b 的厘米数表示，如 11 号的等边角钢，表示高度边宽为 110mm。角钢可按结构的不同需要组成各种不同的受力构件，也可做构件之间的连接件。角钢广泛用于各种建筑结构和工程结构，也广泛用于木结构建筑中的桁架、井架等结构构件。

热轧 L 型钢又称不等边不等厚角钢，可适应大型船舶建造需要。热轧扁钢是截面为矩形并稍带钝边的长条钢材，木结构上主要用于房架结构件、扶梯、桥梁、栅栏等。

（3）钢板

钢板可分为厚板、中板、薄板。厚板应用不多，木结构中多用中板和薄板，主要用于维护结构、楼板和屋面等。在薄钢板上施以瓷质釉料，烧制后即成搪瓷，用于代替陶瓷制品，作为浴缸、洗面器、洗涤槽、水箱等。在薄钢板上敷以塑料薄层，即成涂塑钢板，其具有良好的防锈、防水、耐腐蚀和装饰性能，可用作屋面板、墙板、排气及通风管道。

（4）钢管

钢管有焊接钢管、无缝钢管等品种。焊接钢管有镀锌的和不镀锌的，用作室内水管、木结构建筑中的辅助构件等。无缝钢管主要用作工业建筑设备的压力管道。

2.4.2　连接件

木结构建筑的连接方式主要有传统的榫卯连接、五金件连接和胶合连接3种。而现代轻型木结构连接，通常由两个或两个以上的骨架构件和一个类似于紧固件或专业连接五金件这样的机械连接装置所组成。连接的目的是通过结构设计构建和系统把载荷抵抗转移到结构的其他部分，形成一个连续的载荷路径，并保护建筑物的非承重部件和设备。在建造期间，在适当的位置固定住构件，可以抵抗安装期间的临时性载荷如装修和铺设面板等形成的载荷。木结构建筑领域广泛应用的连接件有钉、螺钉、螺栓、齿板等机械连接件，具体内容见第5章。

第 *3* 章

轻型木结构设计

　　本章对轻型木结构基本设计原理进行了系统的介绍，包括楼盖、屋盖、墙体及桁架基本组成构件的受力特征与相应的设计方法，并讲述了搁栅、墙骨柱、组合梁、柱等构件应用在实际结构中的构造要求，以及结构体系的整体设计规定。本章内容不仅涵盖了轻型木结构强度、刚度设计方法，还充分考虑了结构防护要求以及可保证建筑结构使用舒适度的相关规定，相关内容可为轻型木结构设计提供理论依据。

3.1　一般规定

轻型木结构建筑应进行结构设计，平面布置宜规则，质量和刚度变化宜均匀。所有构件之间应有可靠的连接、必要的锚固、支撑，足够的承载力，保证结构正常使用的刚度，良好的整体性。构件及连接应根据选用树种、材质等级、作用荷载、连接形式及相关尺寸，按 GB 50005—2017《木结构设计标准》中的规定进行设计。

当通过计算进行结构设计时，应首先根据 GB 50009—2012《建筑结构荷载规范》计算作用在结构上的竖向荷载及水平荷载，选取最不利荷载组合，分析计算出各个构件（墙骨柱、顶梁板、底梁板、搁栅、梁、椽条、桁架、剪力墙等）的内力及连接节点受力状态，然后选取适当等级、型号及数量的规格材、钉等进行结构设计。

对某些结构，可无须进行计算，直接按照构造要求进行设计。对 3 层及 3 层以下的轻型木结构建筑，当符合下列条件时，可按构造要求进行抗侧力设计：

①建筑物每层面积不应超过 $600m^2$，层高不应大于 3.6m。

②楼面活荷载标准值不应大于 $2.5kN/m^2$；屋面活荷载标准值不应大于 $0.5kN/m^2$。

③建筑物屋面坡度不应小于 1∶12，也不应大于 1∶1；纵墙上檐口悬挑长度不应大于 1.2m；山墙上檐口悬挑长度不应大于 0.4m。

④承重构件的净跨距不应大于 12.0m。

当抗侧力设计按照构造要求进行设计时，在不同抗震设防烈度的条件下，剪力墙最小长度应符合表 3-1 的规定；在不同风荷载作用时，剪力墙最小长度应符合表 3-2 的规定。

当抗侧力设计按构造要求进行设计时，剪力墙的设置应符合下列规定，平面布置要求如图 3-1 所示：

①单个墙段的墙肢长度不应小于 0.6m，墙段的高宽比不应大于 4∶1；

②同一轴线上相邻墙段之间的距离不应大于 6.4m；

③墙端与离墙最近的垂直方向的墙段边的垂直距离不应大于 2.4m；

④一道墙中各墙段轴线错开距离不应大于 1.2m。

表 3-1　按抗震构造要求设计时剪力墙的最小长度

抗震设防烈度	最大允许层数	木基结构板材剪力墙最大间距 /m	剪力墙的最小长度		
			单层、二层或三层的顶层	二层的底层或三层的二层	三层的底层
6 度	—	3	10.6	0.02A	0.03A	0.04A
7 度	0.10g	3	10.6	0.05A	0.09A	0.14A
	0.15g	3	7.6	0.08A	0.15A	0.23A
8 度	0.20g	2	7.6	0.10A	0.20A	—

注：1. 表中 A 指建筑物的最大楼层面积（m^2）；
2. 表中剪力墙的最小长度以墙体一侧采用 9.5mm 厚木基结构板材作面板、150mm 钉距的剪力墙为基础。当墙体两侧均采用木基结构板材作面板时，剪力墙的最小长度为表中规定长度的 50%。当墙体两侧均采用石膏板作面板时，剪力墙的最小长度为表中规定长度的 200%；
3. 对于其他形式的剪力墙，其最小长度可按表中数值乘以 $3.5/f_{vt}$，f_{vt} 为其他形式剪力墙抗剪强度设计值；
4. 位于基础顶面和底层之间的架空层剪力墙的最小长度应与底层规定相同；
5. 当楼面有混凝土面层时，表中剪力墙最小长度应增加 20%。

表3-2　按抗风构造要求设计时剪力墙的最小长度

基本风压 / kN/m²				最大允许层数	木基结构板材剪力墙最大间距 / m	剪力墙的最小长度		
地面粗糙度						单层、二层或三层的顶层	二层的底层或三层的二层	三层的底层
A	B	C	D					
—	0.30	0.40	0.50	3	10.6	0.34L	0.68L	1.03L
—	0.35	0.50	0.60	3	10.0	0.40L	0.80L	1.20L
0.35	0.45	0.60	0.70	3	7.6	0.51L	1.03L	1.54L
0.40	0.55	0.75	0.80	3	7.6	0.62L	1.25L	

注：1. 表中 L 指垂直于该剪力墙方向的建筑物长度（m）；
　　2. 表中剪力墙的最小长度以墙体一侧采用9.5mm厚木基结构板材作面板、150mm钉距的剪力墙为基础。当墙体两侧均采用木基结构板材作面板时，剪力墙的最小长度为表中规定长度的50%。当墙体两侧均采用石膏板作面板时，剪力墙的最小长度为表中规定长度的200%；
　　3. 对于其他形式的剪力墙，其最小长度可按表中数值乘以 $3.5/f_{vt}$，f_{vt} 为其他形式剪力墙抗剪强度设计值；
　　4. 位于基础顶面和底层之间的架空层剪力墙的最小长度应与底层规定相同。

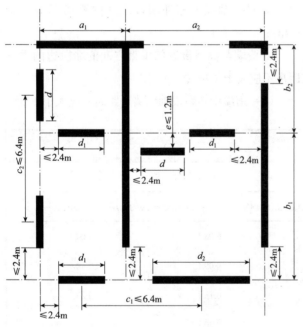

a_1、a_2—横向承重墙之间距离；b_1、b_2—纵向承重墙之间距离；
c_1、c_2—承重墙段之间距离；d_1、d_2—承重墙肢长度；
e—墙肢错位距离

图3-1　剪力墙平面布置要求

各剪力墙承担的楼层水平作用力宜按剪力墙从属面积上重力荷载代表值的比例进行分配。当按面积分配法和刚度分配法得到的剪力墙水平作用力的差值超过15%时，剪力墙应按两者中最不利情况进行设计。

3.2　楼盖、屋盖

3.2.1　搁栅

当楼盖、屋盖搁栅两端由墙或梁支承时，搁栅宜按两端简支的受弯构件进行设计。按弯曲变形情况不同，搁栅可能在一个主平面内受弯即单向弯曲，也可能在两个主平面内受弯即双向弯曲或称为斜弯曲。对搁栅等受弯构件的计算包括抗弯强度、抗剪强度、弯矩作用平面外侧向稳定性和挠度等几个方面。

3.2.1.1　搁栅的受弯承载力

（1）当按强度验算搁栅的受弯承载力时，应按式（3-1）验算：

$$\frac{M}{W_n} \le f_m \tag{3-1}$$

（2）当按稳定验算搁栅的受弯承载力时，应按式（3-2）验算：

$$\frac{M}{\varphi_l W_n} \leqslant f_m \qquad (3\text{-}2)$$

式中：f_m——构件材料的抗弯强度设计值（N/mm²）；

M——受弯构件弯矩设计值（N·mm）；

W_n——受弯构件的静截面抵抗矩（mm³）；

φ_1——受弯构件的侧向稳定系数。

受弯构件的侧向稳定系数 φ_l 应按式（3-3）至式（3-6）计算：

$$\lambda_m = c_m \sqrt{\frac{\beta E_k}{f_{mk}}} \qquad (3\text{-}3)$$

$$\lambda_B = \sqrt{\frac{l_e h}{b^2}} \qquad (3\text{-}4)$$

当 $\lambda_B > \lambda_m$ 时

$$\varphi_l = \frac{a_m \beta E_k}{\lambda_B^2 f_{mk}} \qquad (3\text{-}5)$$

当 $\lambda_B \leqslant \lambda_m$ 时

$$\varphi_l = \frac{1}{1 + \dfrac{\lambda_B^2 f_{mk}}{b_m \beta E_k}} \qquad (3\text{-}6)$$

式中：E_k——构件材料的弹性模量标准值（N/mm²）；

f_{mk}——受弯构件材料的抗弯强度标准值（N/mm²）；

λ_B——受弯构件的长细比，不应大于 50；

b——受弯构件的截面宽度（mm）；

h——受弯构件的截面高度（mm）；

a_m、b_m、c_m——材料相关系数，应按表 3-3 的规定取值；

l_e——受弯构件计算长度，应按表 3-4 的规定采用；

β——材料剪切变形相关系数，应按表 3-3 的规定取值。

表 3-3 相关系数的取值

构件材料		a_m	b_m	c_m	β	E_k/f_{mk}
方木原木	TC15、TC17、TB20	0.7	4.9	0.9	1.00	220
	TC11、TC13、TB11、TB13、TB15、TB17					220
规格材、进口方木和进口结构材		0.7	4.9	0.9	1.03	按 GB 5005—2017 附录 E 取值
胶合木		0.7	4.9	0.9	1.05	

表 3-4 受弯构件的计算长度

梁的类型和荷载情况	荷载作用在梁的部位		
	顶部	中部	底部
简支梁，梁端相等弯矩	$l_e = 1.00 l_u$		
简支梁，均匀分布荷载	$l_e = 0.95 l_u$	$l_e = 0.90 l_u$	$l_e = 0.85 l_u$
简支梁，跨中一个集中荷载	$l_e = 0.80 l_u$	$l_e = 0.75 l_u$	$l_e = 0.70 l_u$
悬臂梁，均匀分布荷载	$l_e = 1.20 l_u$		
悬臂梁，在悬端一个集中荷载	$l_e = 1.70 l_u$		
悬臂梁，在悬端作用弯矩	$l_e = 2.00 l_u$		

注：表中 l_u 为受弯构件两个支撑点之间的实际距离。当支座处有侧向支撑而沿构件方向无附件支撑时，l_u 为支座之间的距离；当受弯构件在构件重点以及支座处有侧向支撑时，l_u 为中间支撑与端支座之间的距离。

当受弯构件的两个支座处设有防止其侧向位移和侧倾的侧向支承，并且截面的最大高度 h 对其截面宽度 b 之比以及侧向支承满足下列规定时，侧向稳定系数 φ_l 取等于 1：

① $h/b \leqslant 4$ 时，中间未设侧向支承；

② $4 < h/b \leqslant 5$ 时，在受弯构件长度上有类似檩条等构件作为侧向支承；

③ $5 < h/b \leqslant 6.5$ 时，受压边缘直接固定在密铺板上或直接固定在间距不大于 610mm 的搁栅上；

④ $6.5 < h/b \leqslant 7.5$ 时，受压边缘直接固定在密铺板上或直接固定在间距不大于 610mm 的搁栅上，并且受弯构件之间安装有横隔板，其间隔不超过受弯构件截面高度的 8 倍；

⑤ $7.5 < h/b \leqslant 9$ 时，受弯构件的上下边缘在长度方向上均有限制侧向位移的连续构件。

3.2.1.2 搁栅的受剪承载力

对于搁栅一类受弯构件来说，需验算构件的受剪承载力，可按式（3-7）验算。

$$\frac{VS}{Ib} \leqslant f_v \qquad (3\text{-}7)$$

式中：f_v——构件材料的顺纹抗剪强度设计值（N/mm²）；

V——受弯构件剪力设计值（N）；

I——构件的全截面惯性矩（mm^4）；

b——构件的截面宽度（mm）；

S——剪切面以上的截面面积对中性轴的面积矩（mm^3）。

当由搁栅支承的墙体与搁栅跨度方向垂直，并离搁栅支座的距离小于搁栅截面高度时，搁栅的抗剪切验算可忽略该墙体产生的荷载。当荷载作用在搁栅的顶面，计算受弯构件的剪力设计值 V 时，可不考虑梁端处距离支座长度范围为梁截面高度，梁上所有荷载的作用。

当搁栅等受弯构件开口时，应尽量减小切口引起的应力集中，宜采用逐渐变化的锥形切口，不宜采用直角形切口。简支梁支座处受拉边的切口深度，锯材不应超过梁截面高度的 1/4；层板胶合材不应超过梁截面高度的 1/10。此外，对于可能出现负弯矩的支座处及其附近区域不应设置切口。

当矩形截面受弯构件支座处受拉面有切口时，实际的受剪承载力，应按式（3-8）验算：

$$\frac{3V}{2bh_n}\left(\frac{h}{h_n}\right)^2 \leqslant f_v \quad (3\text{-}8)$$

式中：f_v——构件材料的顺纹抗剪强度设计值（N/mm^2）；

b——构件的截面宽度（mm）；

h——构件的截面高度（mm）；

h_n——受弯构件在切口处净截面高度（mm）；

V——剪力设计值（N），且与无切口受弯构件抗剪承载力计算不同的是，计算该剪力 V 时应考虑全跨度内所有荷载的作用。

3.2.1.3　搁栅的局部承压承载力

当搁栅局部承受集中荷载时，需按式（3-9）验算其局部承压的承载能力：

$$\frac{N_c}{bl_bK_BK_{Zcp}} \leqslant f_{c,90} \quad (3\text{-}9)$$

式中：N_c——局部压力设计值（N）；

b——局部承压面宽度（mm）；

l_b——局部承压面长度（mm）；

$f_{c,90}$——构件材料的横纹承压强度设计值（N/mm^2）；当承压面长度 $l_b \leqslant 150$mm，且

承压面外缘距构件端部不小于 75mm 时，$f_{c,90}$ 取局部表面横纹承压强度设计值，否则应取全表面横纹承压强度设计值；

K_B——局部受压长度调整系数，应按表 3-5 的规定取值，当局部受压区域内有较高弯曲应力时，$K_B=1$；

K_{Zcp}——局部受压尺寸调整系数，应按表 3-6 规定取值。

表 3-5　局部受压长度调整系数 K_B

顺纹测量承压长度 /mm	修正系数 K_B	顺纹测量承压长度 /mm	修正系数 K_B
≤12.5	1.75	75.0	1.13
25.0	1.38	100.0	1.10
38.0	1.25	≥150.0	1.00
50.0	1.19	—	—

注：1. 当承压长度为中间值时，可采用插入法求出 K_B 值；
　　2. 局部受压的区域离构件端部不应小于 75mm。

表 3-6　局部受压尺寸调整系数 K_{Zcp}

构件截面宽度与构件截面高度的比值	K_{Zcp}
≤1.0	1.00
≥2.0	1.15

注：比值在 1.0~2.0 之间时，可采用插入法求出 K_{Zcp} 值。

3.2.1.4　搁栅的挠度验算

搁栅的挠度应按式（3-10）验算：

$$w \leqslant [w] \quad (3\text{-}10)$$

式中：$[w]$——受弯构件的挠度限值（mm），应按表 3-7 取值；

w——构件按荷载效应的标准组合计算的挠度（mm）。

表 3-7　受弯构件挠度限值

项次	构件类别		挠度限值 [w]
1	檩条	$l \leq 3.3$m	$l/200$
		$l > 3.3$m	$l/250$
2	椽条		$l/150$
3	吊顶中的受弯构件		$l/250$
4	楼盖梁和搁栅		$l/250$
5	墙骨柱	墙面为刚性贴面	$l/360$
		墙面为柔性贴面	$l/250$
6	屋盖大梁	工业建筑	$l/120$
		民用建筑　无粉刷吊顶	$l/180$
		有粉刷吊顶	$l/240$

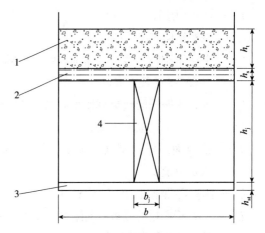

图 3-2　楼盖搁栅示意

1—楼板面层；2—木基结构板层；3—吊顶层；4—搁栅

3.2.1.5　搁栅的双向受弯

搁栅在两个方向发生弯曲变形时，应验算两个方向的受弯承载力及挠度。

按承载能力验算时，应按式（3-11）验算：

$$\frac{M_x}{W_{nx}f_{mx}} + \frac{M_y}{W_{ny}f_{my}} \leq 1 \qquad (3-11)$$

按挠度验算时，挠度应按式（3-12）验算：

$$w = \sqrt{w_x^2 + w_y^2} \qquad (3-12)$$

式中：M_x、M_y——相对于构件截面 x 轴和 y 轴产生的弯矩设计值（N·mm）；

f_{mx}、f_{my}——构件正向弯曲或侧向弯曲的抗弯强度设计值（N/mm²）；

W_{nx}、W_{ny}——构件沿截面 x 轴和 y 轴产生的净截面抵抗矩（mm³）；

w_x、w_y——按荷载效应标准组合计算的对构件截面 x 轴、y 轴方向的挠度（mm）。

3.2.1.6　搁栅的振动控制

当楼盖搁栅（图 3-2）由振动控制时，搁栅的跨度 l 应按下列公式验算：

$$l \leq \frac{1}{8.22} \frac{(EI_e)^{0.284}}{K_s^{0.14}m^{0.15}} \qquad (3-13)$$

$$EI_e = E_jI_j + b(E_{s//}I_s + E_tI_t) + E_fA_fh^2 - (E_jA_j + E_fA_f)y_2 \qquad (3-14)$$

$$E_fA_f = \frac{b(E_{s//}A_s + E_tA_t)}{1 + 10\frac{b(E_{s//}A_s + E_tA_t)}{S_nl_1^2}} \qquad (3-15)$$

$$h = \frac{h_j}{2} + \frac{E_{s//}A_s\frac{h_s}{2} + E_tA_t\left(h_s + \frac{h_t}{2}\right)}{E_{s//}A_s + E_tA_t} \qquad (3-16)$$

$$y = \frac{E_fA_f}{(E_jA_j + E_fA_f)}h \qquad (3-17)$$

$$K_s = 0.0294 + 0.536\left(\frac{K_j}{K_j + K_f}\right)^{0.25} + 0.516\left(\frac{K_j}{K_j + K_f}\right)^{0.5} - 0.31\left(\frac{K_j}{K_j + K_f}\right)^{0.75} \qquad (3-18)$$

$$K_j = \frac{EI_e}{l^3} \qquad (3-19)$$

无楼板面层的楼板时，

$$K_f = \frac{0.585 \times l \times E_{s\perp}I_s}{b^3} \qquad (3-20)$$

有楼板面层的楼板时，

$$K_f = \frac{0.585 \times l \times \left[E_{s\perp}I_s + E_tI_t + \frac{E_{s\perp}A_s \times E_tA_t}{E_{s\perp}A_s + E_tA_t}\left(\frac{h_s + h_c}{2}\right)^2\right]}{b^3} \qquad (3-21)$$

式中：l——振动控制的搁栅跨度（m）；

b——搁栅间距（m）；

h_j——搁栅高度（m）；

h_s——楼板厚度（m）；

h_t——楼板面层厚度（m）；

E_jA_j——搁栅轴向刚度（N/m）；

$E_{s/\!/}A_s$——平行于搁栅的楼板搁栅轴向刚度（N/m），按表 3-8 的规定取值；

$E_{s\perp}A_s$——垂直于搁栅的楼板搁栅轴向刚度（N/m），按表 3-8 的规定取值；

E_tA_t——楼板面层轴向刚度（N/m），按表 3-9 的规定取值；

E_jI_j——搁栅弯曲刚度（N·m²/m）；

$E_{s/\!/}I_s$——平行于搁栅的楼板弯曲刚度（N·m²/m），按表 3-8 的规定取值；

$E_{s\perp}I_s$——垂直于搁栅的楼板弯曲刚度（N·m²/m），按表 3-8 的规定取值；

E_tI_t——楼板面层弯曲刚度（N·m²/m），按表 3-9 的规定取值；

m——等效 T 形梁的线密度（kg/m），包括楼板面层、木基结构板和搁栅；

K_s——考虑楼板和楼板面层侧向刚度影响的调整系数；

S_n——搁栅 – 楼板连接的荷载 – 位移弹性模量 N/m²，按表 3-10 的规定取值；

l_1——楼板板缝计算距离（m），楼板无面层时，取与搁栅垂直的楼板缝隙之间的距离，楼板有面层时，取搁栅的跨度。

当搁栅之间有交叉斜撑、板条、填块或横撑等侧向支撑（搁栅常用侧向支撑如图 3-3 所示），且侧向支撑之间的间距不应大于 2m 时，由振动控制的搁栅跨度 l 可按表 3-11 中规定的比例增加。

表 3-8　楼板的力学性能

板的类型	楼板厚度 h_s/m	弯曲刚度 E_sI_s /（N·m²/m）		轴向刚度 E_sA_s /（N/m）		密度 ρ_s/（kg/m³）
		0°	90°	0°	90°	
定向木片板（OSB）	0.012	1100	220	4.3×10^7	2.5×10^7	600
	0.015	1400	310	5.3×10^7	3.1×10^7	600
	0.018	2800	720	6.4×10^7	3.7×10^7	600
	0.022	6100	2100	7.6×10^7	4.4×10^7	600
其他针叶材树种结构胶合板	0.0125	1200	350	7.1×10^7	4.8×10^7	500
	0.0155	2000	630	7.1×10^7	4.7×10^7	500
	0.0185	3400	1400	9.5×10^7	4.7×10^7	500
	0.0205	4000	1900	10.0×10^7	4.7×10^7	500
	0.0225	6100	2500	11.0×10^7	7.5×10^7	500

注：1. 0° 指平行于板表面纹理（或板长）的轴向和弯曲刚度；
　　2. 90° 指垂直于板表面纹理（或板长）的轴向和弯曲刚度；
　　3. 楼板采用木基结构板材的长度方向应与搁栅垂直时，$E_{s/\!/}A_s$ 和 $E_{s/\!/}I_s$ 应采用表中 90° 的设计值。

表 3-9　楼板面层的力学性能

材料	弹性模量 E_t/（N/m²）	密度 ρ_c/（kg/m³）
轻质混凝土	按生产商要求取值	按生产商要求取值
一般混凝土	22×10^9	2300
石膏混凝土	18×10^9	1670
木板	按表 3-8 取值	按表 3-8 取值

注：1. 表中"一般混凝土"按 C20 混凝土（20MPa）采用；
　　2. 计算取每米板宽，即 $A_t=h_t$，$I_t=h_t^3/12$

表 3-10　搁栅 – 楼板连接的荷载 – 位移弹性模量

类型	S_n/（N/m²）
搁栅 – 楼板仅用钉连接	5×10^6
搁栅 – 楼板由钉和胶连接	1×10^8
有楼板面层的楼板	5×10^6

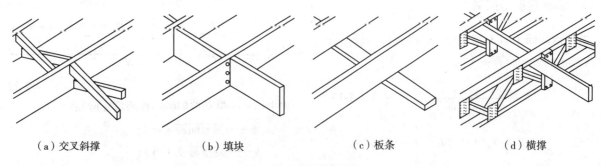

（a）交叉斜撑　　　（b）填块　　　（c）板条　　　（d）横撑

图 3-3　常用的侧向支撑

表 3-11　有侧向支撑时搁栅跨度增加的比例

类型	跨度增加	侧向支撑安装要求
采用不小于 40mm×150mm（2"×6"）的横撑时	10%	按桁架生产商要求
采用不小于 40mm×40mm（2"×2"）的交叉斜撑时	4%	在斜撑两端至少一颗 64mm 长的螺纹钉
采用不小于 20mm×90mm（1"×4"）的板条时	5%	板条与搁栅底部至少两颗 64mm 长的螺纹钉
采用与搁栅高度相同的不小于 40mm 厚的填块时	8%	与规格材搁栅至少三颗 64mm 长的螺纹钉连接，与木工字梁至少四颗 64mm 长的螺纹钉连接
同时采用不小于 40mm×40mm 的交叉斜撑，以及不小于 20mm×90mm 的板条时	8%	—
同时采用不小于 20mm×90mm 的板条，以及与搁栅高度相同的不小于 40mm 厚的填块时	10%	—

表 3-13　骨架构件材料树种的调整系数 k_2

序号	树种名称	调整系数 k_2
1	兴安落叶松、花旗松 – 落叶松类、南方松、欧洲赤松、欧洲落叶松、欧洲云杉	1.0
2	铁 – 冷杉类、欧洲道格拉斯松	0.9
3	杉木、云杉 – 松 – 冷杉类、新西兰辐射松	0.8
4	其他北美树种	0.7

楼盖、屋盖平行于荷载方向的有效宽度 B_e 应根据楼盖、屋盖平面开口位置和尺寸按设计文件与构造要求确定，楼盖、屋盖有效宽度如图 3-4 所示。

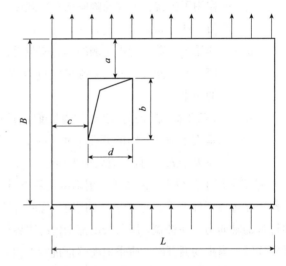

a—平行于荷载方向的孔洞边距；b—平行于荷载方向的开孔尺寸；
c—垂直于荷载方向的孔洞边距；d—垂直于荷载方向的开孔尺寸

图 3-4　楼盖、屋盖有效宽度计算简图

3.2.2　楼盖、屋盖整体设计

轻型木结构的楼盖、屋盖受剪承载力设计值应按式（3-22）计算：

$$V_d = f_{vd} k_1 k_2 B_e \qquad (3-22)$$

式中：f_{vd}——采用木结构结构板材的楼盖、屋盖抗剪强度设计值（kN/m）；

k_1——木基结构板材含水率调整系数，应按表 3-12 的规定取值；

k_2——骨架构件材料树种的调整系数，应按表 3-13 的规定取值；

B_e——楼盖、屋盖平行于荷载方向的有效宽度（m）。

当 $c < 610$mm 时，取 $B_e = B - b$；其中，B 为平行于荷载方向的楼盖、屋盖宽度（m），b 为平行于荷载方向的开孔尺寸（m）；b 不应大于 $B/2$，且不应大于 3.5m；

当 $c \geqslant 610$mm 时，取 $B_e = B$。

垂直于荷载方向的楼盖、屋盖的边界杆件及其连接件的轴向力 N 应按式（3-23）计算：

$$N = \frac{M_1}{B_0} \pm \frac{M_2}{a} \qquad (3-23)$$

均布荷载作用时，简支楼盖、屋盖弯矩设计值 M_1 和 M_2 应分别按下列公式计算：

表 3-12　木基结构板材含水率调整系数 k_1

木基结构板材的含水率 w	$w < 16\%$	$16\% \leqslant w < 19\%$
含水率调整系数 k_1	1.0	0.8

$$M_1 = \frac{qL^2}{8} \tag{3-24}$$

$$M_2 = \frac{q_e l^2}{12} \tag{3-25}$$

式中：M_1——楼盖、屋盖平面内的弯矩设计值
（kN·m）；

　　　B_0——垂直于荷载方向的楼盖、屋盖边界杆件
中心距（m）；

　　　M_2——楼盖、屋盖开孔长度内的弯矩设计值
（kN·m）；

　　　a——垂直于荷载方向的开孔边缘到楼盖、屋
盖边界杆件的距离，$a \geq 0.6$m；

　　　q——作用于楼盖、屋盖的侧向均布荷载设计
值（kN·m）；

　　　q_e——作用于楼盖、屋盖单侧的侧向荷载设计
值（kN·m），一般取侧向均布荷载 q
的一半；

　　　L——垂直于荷载方向的楼盖、屋盖长度（m）；

　　　l——垂直于荷载方向的开孔尺寸（m），l 不
应大于 $B/2$，且不应大于 3.5m。

对于平行于荷载方向的楼盖、屋盖的边界杆件，
当作用在边界杆件上下的剪力分布不同时，应验算边
界杆件的轴向力。在楼盖、屋盖长度范围内的边界杆
件宜连续；当中间断开时，应采取能够抵抗所承担轴
向力的加固连接措施。楼盖、屋盖的屋面板不应作为
边界杆件的连接板。

当楼盖、屋盖边界杆件同时承受轴向力和楼盖、
屋盖传递的竖向力时，杆件应按压弯构件或拉弯构件
设计。

3.2.2.1　拉弯构件

拉弯构件的承载能力应式（3-26）验算：

$$\frac{N}{A_n f_t} + \frac{M}{W_n f_m} \leq 1 \tag{3-26}$$

式中：N、M——轴向拉力设计值（N），弯矩设计值
（N·mm）；

　　　A_n、W_n——受拉构件的净截面面积（mm²）、净
截面抵抗矩（mm³），计算 A_n 时应扣

除分布在 150mm 长度上的缺孔投影
面积。

　　　f_t、f_m——构件材料的顺纹抗拉强度设计值、抗
弯强度设计值（N/mm²）。

3.2.2.2　压弯构件

压弯构件的承载能力分为强度和稳定性两个部
分，而稳定性又分为平面内稳定和平面外稳定。

强度验算：

$$\frac{N}{A_c f_c} + \frac{M_0 + N e_0}{W_n f_m} \leq 1 \tag{3-27}$$

平面内稳定性验算：

$$\frac{N}{\varphi \varphi_m A_0} \leq f_c \tag{3-28}$$

$$\varphi_m = (1-k)^2 (1-k_0) \tag{3-29}$$

$$k = \frac{N e_0 + M_0}{W f_m \left(1 + \sqrt{\frac{N}{A f_c}}\right)} \tag{3-30}$$

$$k_0 = \frac{N e_0}{W f_m \left(1 + \sqrt{\frac{N}{A f_c}}\right)} \tag{3-31}$$

式中：φ——轴心受压构件的稳定系数；

　　　A_0——计算面积；

　　　φ_m——考虑轴向力和初始弯矩共同作用的折减
系数；

　　　N——轴向压力设计值（N）；

　　　M_0——横向荷载作用下跨中最大初始弯矩设计
值（N·mm）；

　　　e_0——构件轴向压力的初始偏心距（mm），当
不能确定时，可按 0.05 倍构件截面高度
采用；

　　　f_c、f_m——考虑调整系数后的构件材料的顺纹抗
压强度设计值、抗弯强度设计值（N/
mm²）；

　　　W——构件全截面抵抗矩（mm³）。

平面外侧向稳定性验算：

$$\frac{N}{\varphi_y A_0 f_c} + \left(\frac{M}{\varphi_l W f_m}\right)^2 \leq 1 \qquad (3\text{-}32)$$

式中：φ_y——轴心压杆在垂直于弯矩作用平面 $y\text{-}y$
方向按长细比 λ_y 确定的轴心压杆稳定
系数；

φ_l——受弯构件的侧向稳定系数，按式（3-3）~
式（3-6）计算；

N、M——轴向压力设计值（N）、弯曲平面内的弯
矩设计值（N·mm）；

W——构件全截面抵抗矩（mm³）。

3.2.3 构造要求

3.2.3.1 楼盖

楼盖应采用间距不大于 610mm 的楼盖搁栅、木
基结构板的楼面结构层，以及木基结构板或石膏板铺
设的吊顶组成。楼盖搁栅可采用规格材或工程木产
品，截面尺寸由计算确定。

楼盖搁栅在支座上的搁置长度不应小于 40mm。
在靠近支座部位的搁栅底部宜采用连续木底撑、搁栅
横撑或剪刀撑，如图 3-5 所示。木底撑、搁栅横撑或
剪刀撑在搁栅跨度方向的间距不应大于 2.1m。当搁
栅与木板条或吊顶板直接固定在一起时，搁栅间可不
设置支撑。

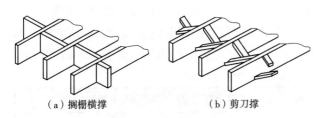

（a）搁栅横撑　　　（b）剪刀撑

图 3-5　搁栅间支撑

当楼盖需要开孔时，应符合以下规定，楼盖洞
口构造如图 3-6 所示：

①对于开孔周围与搁栅垂直的封头搁栅，当长
度大于 1.2m 时，封头搁栅应采用两根；当长度超过
3.2m 时，封头搁栅的尺寸应由计算确定。

②对于开孔周围与搁栅平行的封边搁栅，当封
头搁栅长度超过 800mm 时，封边格栅应采用两根；

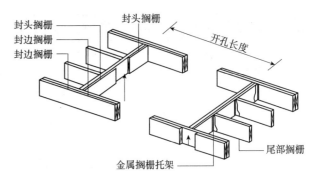

图 3-6　楼盖框架开洞

当封头搁栅长度超过 2.0m 时，封边搁栅的截面尺寸
应有计算确定。

③对于开孔周围的封头搁栅以及被开孔切断的
搁栅，当依靠楼盖搁栅支承时，应选用合适的金属搁
栅托架或采用正确的钉连接方式。

当楼盖搁栅支承墙体时，应符合下列规定：

①平行于搁栅的非承重墙，应位于搁栅或搁栅
间的横撑上，横撑可用截面不小于 40mm×90mm 的
规格材，横撑间距不应大于 1.2m；

②平行于搁栅的承重内墙，不应支承于搁栅上，
应支承于梁或墙上；

③垂直于搁栅或与搁栅相交的角度接近垂直的
非承重内墙，其位置可设置在搁栅上任何位置；

④垂直于搁栅的承重内墙，距搁栅支座不应大
于 610mm，否则搁栅尺寸应有计算确定。

带悬挑的楼盖搁栅，当其截面尺寸为
40mm×185mm 时，悬挑长度不应大于 400mm；当
其截面尺寸不小于 40mm×235mm 时，悬挑长度不
应大于 610mm。未作计算的搁栅悬挑部分不应承受
其他荷载。

当悬挑搁栅与主搁栅垂直时，未悬挑部分长度
不应小于其悬挑部分长度的 6 倍，其端部应根据连接
构造要求与两根边框梁用钉连接。

楼盖覆面板的厚度应由楼面活荷载和楼盖搁栅
的中心距离确定，见表 3-14 所列。楼面板的尺寸不
应小于 1.2m×2.4m，在楼盖边界或开孔处，允许使
用宽度不小于 300mm 的窄板，但不应多于两块；当
结构板的宽度小于 300mm 时，应加设填块固定。铺
设木基结构板时，板材长度方向应与搁栅垂直，宽

表 3-14　楼面板厚度及允许楼面活荷载标准值 Q_k

最大搁栅间距 /mm	木基结构板的最小厚度 / mm	
	$Q_k \leq 2.5 \text{kN/m}^2$	$2.5 \text{kN/m}^2 < Q_k < 5.0 \text{kN/m}^2$
410	15	15
500	15	18
610	18	22

度方向的接缝应与搁栅平行，并应相互错开不少于两根搁栅的距离，且楼面板的接缝应连接在同一搁栅上。

3.2.3.2　屋盖

屋盖可采用由规格材制作的，间距不大于610mm 的轻型桁架构成；当跨度较小时，也可直接由屋脊板或屋脊梁、椽条和顶棚搁栅等构成。桁架、椽条和顶棚搁栅的截面应由计算确定，并应有可靠的锚固和支撑。

屋盖系统的椽条或搁栅应符合下列规定：

①椽条或搁栅沿长度方向应连续，但可用连接板在竖向支座上连接。

②椽条或搁栅在边支座上的搁置长度不应小于40mm。

③屋谷和屋脊椽条的截面高度应比其他处椽条的截面高度大 50mm。

④椽条或搁栅在屋脊处可由承重墙或支承长度不小于 90mm 的屋脊梁支承。椽条的顶端在屋脊两侧应采用连接板或按钉连接的构造要求相互连接。

⑤当椽条连杆跨度大于 2.4mm 时，应在连杆中部加设通长纵向水平系杆。系杆截面尺寸不应小于 20mm×90mm，椽条连杆与系杆构造如图 3-7 所示。

⑥当椽条连杆的截面尺寸不小于 40mm×90mm 时，对于屋面坡度大于 1∶3 的屋盖，可将椽条连杆作为椽条的中间支座。

⑦当屋面坡度大于 1∶3 时，且屋脊两侧的椽条与顶棚搁栅的钉连接符合表 3-15 的规定时，屋脊板可不设置支座。

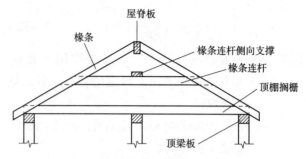

图 3-7　椽条连杆加设通长纵向水平系杆

表 3-15　椽条与顶棚搁栅钉连接要求（屋脊板无支承）

屋面坡度	椽条间距 /mm	椽条与每根顶棚搁栅连接处的最少钉数 / 颗	
		钉长≥80mm，钉直径 $d \geq 2.8$mm	
		房屋宽度为 8m	房屋宽度为 9.8m
1∶3	400	4	5
	610	6	8
1∶2.4	400	4	6
	610	5	7
1∶2	400	4	4
	610	4	5
1∶1.71	400	4	4
	610	4	5
1∶1.33	400	4	4
	610	4	4
1∶1	400	4	4
	610	4	4

当屋面或吊顶开孔大于椽条或搁栅间距时，开孔周围的构件应按照楼盖开孔的规定进行加强。

上人屋顶的屋面板厚度要求与楼面板相同（表 3-14），不上人屋顶的屋面板应符合表 3-16 的规定。

表 3-16　屋面板厚度及允许屋面荷载标准值

支承板的间距 / mm	木基结构板的最小厚度 / mm	
	$G_k \leq 0.3 \text{kN/m}^2$　$S_k \leq 2.0 \text{kN/m}^2$	$0.3 \text{kN/m}^2 < G_k \leq 1.3 \text{kN/m}^2$　$S_k \leq 2.0 \text{kN/m}^2$
410	9	11
500	9	11
610	12	12

注：当恒荷载标准值 $G_k > 1.3 \text{kN/m}^2$ 或雪荷载标准值 $S_k > 2.0 \text{kN/m}^2$ 时，轻型木结构的构件及连接不能按构造设计，而应通过计算进行设计。

屋面板的尺寸不应小于 1.2m × 2.4m，在屋盖边界或开孔处，允许使用宽度不小于 300mm 的窄板，但不应多于两块；当屋面板的宽度小于 300mm 时，应加设填块固定。铺设木基结构板时，板材长度方向应与椽条或木桁架垂直，宽度方向的接缝应与椽条或木桁架平行，并应相互错开不少于两根椽条或木桁架的距离。屋面板接缝应连接在同一椽条或木桁架上，板与板之间应留有不小于 3mm 的空隙。

3.3　墙体

3.3.1　墙骨柱

墙骨柱应按两端铰接的受压构件设计，构件在平面外的计算长度应为墙骨柱长度。当墙骨柱两侧布置木基结构板或石膏板等覆面板时，平面内仅可进行强度验算。

当墙骨柱轴心受力时，应按轴心受压构件计算，分为按强度验算和按稳定性验算两个部分。

（1）按强度验算时，应按式（3-33）计算：

$$\frac{N}{A_n} \leq f_c \qquad (3\text{-}33)$$

（2）按稳定验算时，应按式（3-34）计算：

$$\frac{N}{\varphi A_0} \leq f_c \qquad (3\text{-}34)$$

式中：f_c——构件材料的顺纹抗压强度设计值（N/mm²）；

N——轴心受压构件压力设计值（N）；

A_n——受压构件的净截面面积（mm²）；

A_0——受压构件截面的计算面积（mm²）；

φ——轴心受压构件稳定系数。

当按稳定验算时，受压构件截面的计算面积应按下列规定采用：

①无缺口时，取 $A_0 = A$，A 为受压构件的全截面面积；

②缺口不在边缘时［图 3-8（a）］，取 $A_0 = 0.9A$；

③缺口在边缘且为对称时［图 3-8（b）］，取 $A_0 = A_n$；

④缺口在边缘但不对称时［图 3-8（c）］，取 $A_0 = A_n$，且应按偏心受压构件计算；

⑤验算稳定时，螺栓孔可不作为缺口考虑；

⑥对于原木应取平均直径计算面积。

轴心受压构件的稳定系数 φ 的取值应按下列公式确定：

$$\lambda_c = c_c \sqrt{\frac{\beta E_k}{f_{ck}}} \qquad (3\text{-}35)$$

$$\lambda = \frac{l_0}{i} \qquad (3\text{-}36)$$

当 $\lambda > \lambda_c$ 时

$$\varphi = \frac{a_c \pi^2 \beta E_k}{\lambda^2 f_{ck}} \qquad (3\text{-}37)$$

当 $\lambda \leq \lambda_c$ 时

$$\varphi = \frac{1}{1 + \dfrac{\lambda^2 f_{ck}}{b_c \pi^2 \beta E_k}} \qquad (3\text{-}38)$$

式中：λ——受压构件长细比；

i——构件截面的回转半径（mm）；

l_0——受压构件的计算长度（mm）；

f_{ck}——受压构件材料的抗压强度标准值（N/mm²）；

E_k——构件材料的弹性模量标准值（N/mm²）；

a_c、b_c、c_c——材料相关系数，按表 3-17 的规定取值；

β——材料剪切变形系数，按表 3-17 的规定取值。

表 3-17　相关系数的取值

构件材料		a_c	b_c	c_c	β	E_k/f_{ck}
方木 原木	TC15、TC17、 TB20	0.92	1.96	4.13	1.00	330
	TC11、TC13、 TB11、TB13、 TB15、TB17	0.95	1.43	5.28	1.00	300
规格材、进口方木和 进口结构材		0.88	2.44	3.68	1.03	按承重结构 用材的强度 标准值和弹 性模量标准 值选取
胶合木		0.91	3.69	3.45	1.05	

式（3-36）中受压构件的计算长度应按下式确定：

$$l_0 = k_l l \qquad (3\text{-}39)$$

式中：l_0——计算长度；

l——构件实际长度；

k_l——长度计算系数，按表 3-18 的规定取值。

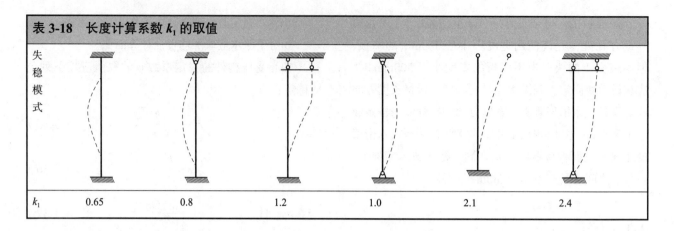

表 3-18　长度计算系数 k_1 的取值

失稳模式						
k_1	0.65	0.8	1.2	1.0	2.1	2.4

当墙骨柱为变截面受压时，回转半径应取构件截面每边的有效边长 b_n 进行计算。有效边长 b_n 应按下列规定确定：

①变截面矩形构件的有效边长 b_n 应按式（3-40）计算：

$$b_n = b_{min} + (b_{max} - b_{min}) \left[a - 0.15 \left(1 - \frac{b_{min}}{b_{max}} \right) \right] \quad (3-40)$$

式中：b_{min}——受压构件计算边的最小边长；

b_{max}——受压构件计算边的最大边长；

a——支座条件计算系数，应按表 3-19 的规定取值。

②当构件制作条件不符合表 3-19 的规定时，截面有效边长 b_n 可按式（3-41）计算：

$$b_n = b_{min} + \frac{b_{max} - b_{min}}{3} \quad (3-41)$$

表 3-19　计算系数 a 的取值

构件支座条件	a 值
截面较大端为固定，较小端为自由或铰接	0.7
截面较小端为固定，较大端为自由或铰接	0.3
两端铰接，构件尺寸朝一端缩小	0.5
两端铰接，构件尺寸朝两端缩小	0.7

当作用在墙骨柱上的竖向荷载存在偏心时，墙骨柱应按偏心受压构件计算（3.2.2.2 节中的规定）。

外墙墙骨柱应考虑风荷载效应组合，并按两端铰接的压弯构件设计（3.2.2.2 节）。当外墙维护材料采用砖石等较重材料时，应考虑维护材料产生的墙骨柱平面外的地震作用。

3.3.2　剪力墙

轻型木结构的剪力墙墙肢的高宽比不应大于3.5，当单面采用竖向铺板或水平铺板的轻型木结构剪力墙受剪承载力设计值应按式（3-42）计算，剪力墙铺板形式如图 3-8 所示。对于双面铺板的剪力墙，无论两侧是否采用相同材料的木基结构板材，剪力墙的受剪承载力设计值 V_d 应取墙体两面受剪承载力设计值之和。

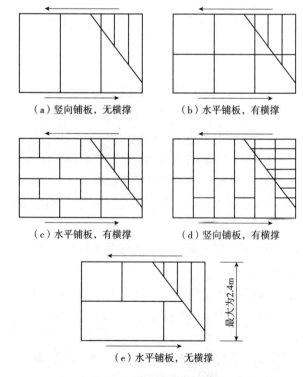

（a）竖向铺板，无横撑　　（b）水平铺板，有横撑

（c）水平铺板，有横撑　　（d）竖向铺板，有横撑

（e）水平铺板，无横撑

图 3-8　剪力墙铺板示意图

$$V_d = \sum f_{vd}k_1k_2k_3l \qquad (3-42)$$

式中：f_{vd}——单面采用木基结构板材作面板的剪力墙的抗剪强度设计值（kN/m），按表 3-20 规定取值；

l——平行于荷载方向的剪力墙墙肢长度（m）；

k_1——木基结构板材含水率调整系数，按表 3-12 规定取值；

k_2——骨架构件材料树种的调整系数，按表 3-13 规定取值；

k_3——强度调整系数；仅用于无横撑水平铺板的剪力墙，按表 3-21 规定取值。

剪力墙边界杆件在长度上宜连续，两侧边界杆件所受的轴向力应按式（3-43）计算。当杆件中间断开时，应采取能够抵抗所承担轴向力的加强连接措施。剪力墙的覆面板不应作为边界杆件的连接板。

$$N = \frac{M}{B_0} \qquad (3-43)$$

表 3-20　轻型木结构剪力墙抗剪强度设计值 f_{vd} 和抗剪刚度 K_w　　　　mm

面板最小名义厚度	钉入骨架构件的最小深度	钉直径	面板边缘钉的间距											
			150			100			75			50		
			f_{vd} /（kN/m）	K_w /（kN/mm）		f_{vd} /（kN/m）	K_w /（kN/mm）		f_{vd} /（kN/m）	K_w /（kN/mm）		f_{vd} /（kN/m）	K_w /（kN/mm）	
				OSB	PLY		OSB	PLY		OSB	PLY		OSB	PLY
9.5	31	2.84	3.5	1.9	1.5	5.4	2.6	1.9	7.0	3.5	2.3	9.1	5.6	3.0
9.5	38	3.25	3.9	3.0	2.1	5.7	4.4	2.6	7.3	5.4	3.0	9.5	7.9	3.5
11.0	38	3.25	4.3	2.6	1.9	6.2	3.9	2.5	8.0	4.9	3.0	10.5	7.4	3.7
12.5	38	3.25	4.7	2.3	1.8	6.8	3.3	2.3	8.7	4.4	2.6	11.4	6.8	3.5
12.5	41	3.66	5.5	3.9	2.5	8.2	5.3	3.0	10.7	6.5	3.3	13.7	9.1	4.0
15.5	41	3.66	6.0	3.3	2.3	9.1	4.6	2.8	11.9	5.8	3.2	15.6	8.4	3.9

注：1. 表中 OSB 为定向木片板；PLY 为结构胶合板；
　　2. 表中抗剪强度和刚度为钉连接的木基结构板材的面板，在干燥使用条件下，标准荷载持续时间的值；当考虑风荷载和地震作用时，表中抗剪强度和刚度应乘以调整系数 1.25；
　　3. 当钉的间距小于 50mm 时，位于面板拼缝处的骨架构件的宽度不应小于 64mm，钉应错开布置；可采用两根 40mm 宽的构件组合在一起传递剪力；
　　4. 当直径为 3.66mm 的钉的间距小于 75mm 或钉入骨架构件的深度小于 41mm 时，位于面板拼缝处的骨架构件的宽度不应小于 64mm，钉应错开布置；可采用二根 4mm 宽的构件组合在一起传递剪力；
　　5. 当剪力墙面板采用射钉或非标准钉连接时，表中抗剪强度和刚度应乘以折算系数 $(d_1/d_2)^2$；其中，d_1 为非标准钉的直径，d_2 为表中标准钉的直径。

表 3-21　无横撑水平铺设面板的剪力墙强度调整系数 k_3　　　　mm

边支座上钉距	中间支座上钉间距	墙骨柱间距			
		300	400	500	600
150	150	1.0	0.8	0.6	0.5
150	300	0.8	0.6	0.5	0.4

注：墙骨柱柱间无横撑剪力墙的抗剪强度可将有横撑剪力墙的抗剪强度乘以抗剪调整系数。有横撑剪力墙的面板边支座上钉的间距为 150mm，中间支座上钉的间距为 300mm。

式中：N——剪力墙边界杆件的拉力或压力设计值（kN）；

M——侧向荷载在剪力墙平面内产生的弯矩（kN·m）；

B_0——剪力墙两侧边界构件的中心距（m）。

当进行抗侧力设计时，剪力墙墙肢应进行抗倾覆验算。墙体与基础应采用金属连接件进行连接。钉连接的单面覆板剪力墙顶部的水平位移应按式（3-44）验算。

$$\Delta = \frac{VH_w^3}{3EI} + \frac{MH_w^2}{2EI} + \frac{VH_w}{LK_w} + \frac{H_w d_a}{L} + \theta_i \cdot H_w \quad (3\text{-}44)$$

式中：Δ——剪力墙顶部位移总和（mm）；

V——剪力墙顶部最大剪力设计值（N）；

M——剪力墙顶部最大弯矩设计值（N·mm）；

H_w——剪力墙高度（mm）；

I——剪力墙转换惯性矩（mm⁴）；

E——墙体构件弹性模量（N/mm²）；

K_w——剪力墙剪切刚度（N/mm），包括木基结构板剪切变形和钉的滑移变形，按表3-20规定取值；

d_a——墙体紧固件由剪力和弯矩引起的竖向伸长变形，包括抗拔紧固件的滑移、抗拔紧固件的伸长、连接板压坏等；

θ_i——第 i 层剪力墙的转角，为该层及以下各层转角的累加。

3.3.3 构造要求

3.3.3.1 墙骨柱

墙骨柱在竖向荷载作用下的承载力与墙骨柱本身的截面高度、墙骨柱之间的间距以及层高有关。竖向荷载作用下墙骨柱的侧向弯曲和墙骨柱截面宽度和高度的比值有关。如果截面高度方向与墙面垂直，则墙体覆面板约束了墙骨柱侧向弯曲，同截面高度方向与墙面平行的布置方式相比，承载力大了许多。所以除了在荷载很小的情况下，如在阁楼的山墙面，墙骨柱可按截面高度方向与墙面平行的方式放置，否则墙骨柱截面的高度必须与墙面垂直。在地下室中，

当墙体无覆面板时，墙骨柱之间应加横撑以防止墙骨柱侧向失稳。

①墙骨柱材质等级要求：轻型木结构中所用的规格材按目测法分7个等级，承重墙的墙骨柱应采用材质等级为 IV_{c1} 级及其以上的规格材；非承重墙的墙骨柱可采用任何材质等级的规格材。

②墙骨柱的连续性要求：墙骨柱在层高内应连续，允许图采用结构胶指接连接（图3-9），但不得采用连接板连接。

③墙骨柱规格和间距：墙骨柱中心间距不得大于600mm（+10mm 容差）（图3-10），承重墙的墙骨柱截面尺寸应由计算确定。

④墙体转角处墙骨柱：墙骨柱在墙体转角及交

图3-9 规格材的指接连接

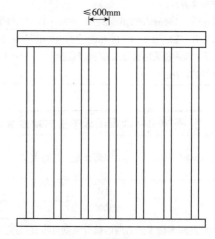

图3-10 墙骨柱布置

接处应加强，转角处墙骨柱数量不得少于 2 根。一般转角处墙骨柱采用有 2 根或 3 根，转角位置墙骨柱布置形式如图 3-11 所示。

⑤墙体开孔处墙骨柱：墙体开孔两侧的墙骨柱应采用双柱（开孔处墙骨柱布置如图 3-12），以保证孔边墙骨柱具有足够的传递荷载的能力；但对于开孔宽度小于或等于墙骨柱之间净距、且孔位于两墙骨柱之间时，开孔两侧可采用单根墙骨柱。

3.3.3.2　墙体梁板

墙体顶部平放的规格材称为顶梁板，墙体底部平放的规格材称为底梁板，位于基础顶部、用于搁置底层楼面板搁栅、平放的规格材称为地梁。顶梁板和底梁板既有承受和传递荷载的作用，又可用于固定内外墙板，且起到层间防火隔断的作用；地梁板起到木墙板与基础的连接作用。

①地梁板和底梁板：任何情况下墙体底部应设置底梁板或地梁板；底梁板或地梁板在支座上突出的尺寸不得大于墙体厚度的 1/3；底梁板和地梁板的宽度不得小于墙骨柱的截面高度。

②顶梁板：墙体应设置顶梁板，其宽度不得小于墙骨柱的截面高度。承重墙的顶梁板宜不少于二层，但当来自屋盖、楼盖或天花板的集中荷载与墙骨柱的中心距不大于 50mm 时，可采用单层顶梁板，非承重墙的顶梁板可为单层。

③顶梁板接缝：多层顶梁板上下层的接缝至少错开一个墙骨柱间距，接缝位置应在墙骨柱上，如图 3-13（a）；在墙体转角和交接处，上下层顶梁板的接缝应错开，如图 3-13（b）；单层顶梁板的接缝应位于墙骨柱上，并在接缝处的顶面大采用镀锌薄钢带以钉连接，如图 3-13（c）。

3.3.3.3　墙体框架及覆面板

①承重墙的开孔：当承重墙上开孔宽度大于相邻墙骨柱的净间距时，孔顶应设置过梁来承担和传递开孔上方的荷载，过梁尺寸由计算确定。

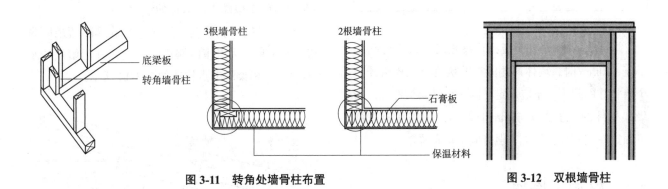

图 3-11　转角处墙骨柱布置　　　　　　　　　　图 3-12　双根墙骨柱

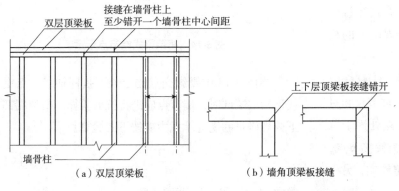
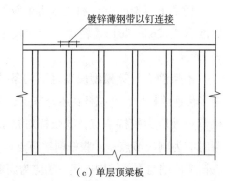

图 3-13　顶梁板的连接

②非承重墙上开孔：非承重墙开孔周围可用截面高度与墙骨柱截面高度相等的规格材与相邻墙骨柱连接。非承重墙的门洞，当墙体有耐火极限要求时，其洞口两侧至少用两根截面高度与底梁板截面高度相同的规格材加强。

墙体覆面板厚度根据面板材料和墙骨中心距离确定，见表3-22。墙面板相邻面板之间的接缝应位于骨架构件上，面板可水平或竖向铺设，面板之间应留有不小于3mm的缝隙。墙面板的尺寸不应小于1.2m×2.4m，在墙面边界或开孔处，可使用宽度不小于300mm的窄板，但不应多于两块；当墙面板的宽度小于300mm时，应加设用于固定墙面板的填块。

表 3-22　墙体覆面板厚度		mm
墙骨柱中心距离	木基结构板材	石膏板
400	9	9
600	11	12

当墙体两侧均有面板，且每侧面板边缘钉间距小于150mm时，墙体两侧面板的接缝应互相错开一个墙骨柱的间距，不应固定在同一根骨架构件上；当骨架构件的宽度大于65mm时，墙体两侧面板拼缝可固定在同一根构件上，但钉应交错布置。

3.4　轻型木桁架

轻型木桁架的设计和构造要求应符合现行行业标准 JGJ/T265—2012《轻型木桁架技术规范》的相关规定。

桁架静力计算模型应满足下列条件：①弦杆应为多跨连续杆件；②弦杆在屋脊节点、变坡节点和对接节点处应为铰接节点；③弦杆对接节点处用于抗弯时应为刚接节点；④腹杆两端节点应为铰接节点；⑤桁架两端与下部结构连接一端应为固定铰支，另一端应为活动铰支。

桁架构件设计时各杆件的轴力与弯矩值的取值应符合下列规定：①杆件的轴力应取杆件两端轴力的平均值；②弦杆节间弯矩应取该节间所承受的最大弯矩；③对拉弯或压弯杆件，轴力应取杆件两端轴力的平均值，弯矩应取杆件跨中弯矩与两端弯矩中较大者。

验算桁架受压构件的稳定时，其计算长度 l_0 应符合下列规定：①平面内，应取节点中心间距的0.8倍；②平面外，屋架上弦应取上弦与相邻檩条连接点之间的距离，腹杆应取节点中心距离，若下弦受压时，其计算长度应取侧向支撑点之间的距离。

当相同桁架数量大于或等于3榀且桁架之间的间距不大于610mm，并且所有桁架均与楼面板或屋面板有可靠连接时，桁架弦杆的抗弯强度设计值 f_m 可乘以1.15的共同作用系数。金属齿板节点设计时，作用于节点上的力应取与该节点相连杆件的杆端内力。当木桁架端部采用梁式端节点时（图3-14），在支座内侧支承点上的下弦杆截面高度不应小于1/2原下弦杆截面高度或100mm两者中的较大值，并应按下列规定验算该端支座节点的承载力：

端节点抗弯验算时，用于抗弯验算的弯矩应为支座反力乘以从支座内侧边缘到上弦杆起始点的水平距离 L，桁架端节点构造如图3-14所示。

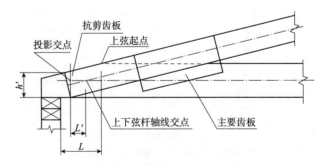

图3-14　桁架梁式端节点示意

当图3-14中投影交点比上、下弦杆轴线交点更接近桁架端部时，端节点应进行抗剪验算。桁架端部下弦规格材的受剪承载力应按下式验算：

$$\frac{1.5V}{nbh'} \le f_v \qquad (3-45)$$

式中：b——规格材截面宽度（mm）；

f_v——规格材顺纹抗剪强度设计值（N/mm²）；

V——梁端支座总反力（N）；

n——当由多榀相同尺寸的规格材木桁架形成组合桁架时，n 为形成组合桁架的桁架榀数；

h'——下弦杆在投影交点处的截面计算高度（mm）。

当桁架端部下弦规格材的受剪承载力不满足公式（3-45）时，梁端应设置抗剪齿板。抗剪齿板的尺寸应覆盖上下弦杆轴线交点与投影交点之间的距离 L'，且强度应符合下列规定：①下弦杆轴线上、下方的齿板截面受剪承载力均应能抵抗梁端节点净剪力 V_1；②沿着下弦杆轴线的齿板截面受剪承载力应能抵抗梁端节点净剪力 V_1；③梁端节点净剪力应按下式计算：

$$V_1 = \left(\frac{1.5V}{nh'} \leqslant b f_v\right) L' \qquad (3\text{-}46)$$

式中：L'——上下弦杆轴线交点与投影交点之间的距离（mm）。

对于由多桁架组成的组合桁架作用于组合桁架的荷载应由每桁架均匀承担。当多榀桁架之间采用钉连接时，钉的承载力应按下式验算：

$$q\left(\frac{n-1}{n}\right)\left(\frac{s}{n_r}\right) \leqslant N_v \qquad (3\text{-}47)$$

式中：N_v——钉连接的受剪承载力设计值（N）；

n——组成组合桁架的桁架榀数；

s——钉连接的间距（mm）；

n_r——钉列数；

q——作用于组合桁架的均布线荷载（N/mm）。

木屋架与下部结构的连接应符合下列规定：①当木桁架不承受上拔作用力时，木屋架与下部结构应采用钉连接，钉的数量不应少于 3 枚，钉长度不应小于 80mm。屋盖端部以及洞口两侧的木桁架宜采用金属连接件连接，间距不应大于 2.4m。②当木屋架端部承受上拔作用力时，每间隔不大于 2.4m 的距离，应有一榀木屋架与下部结构之间采用金属抗拔连接件进行连接。

3.5　拼合截面梁、拼合柱、基础

梁在支座上的搁置长度不应小于 90mm，支座表面应平整，梁与支座应紧密接触，梁在支座上的搁置形式如图 3-15 所示。

（1）拼合截面梁

拼合截面梁是由两根或两根以上的规格材用钉或螺栓组合在一起形成的梁，如图 3-16 所示，可作为楼面、屋面梁。在应用拼合截面梁时应符合下列规定：

①拼合截面梁中单根规格材的对接位置应位于梁的支座处。

②拼合截面梁为连续梁时，梁中单根规格材的

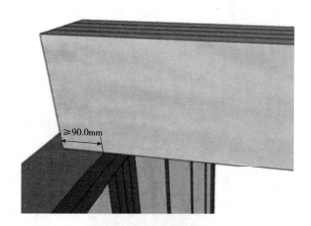

图 3-15　梁搁置在支座上

图 3-16　楼盖中的组合梁

对接位置应位于距支座 1/4 梁净跨 150mm 的范围内；相邻的单根规格材不应在同一位置上对接；在同一截面上对接的规格材数量不应超过拼合梁规格材总数的一半；任一根规格材在同一跨内不应有两个或两个以上的接头，并在有接头的相邻一跨内不应再次对接；边跨内不应对接。组合梁中规格材的拼接形式如图 3-17 所示。

③当拼合截面梁采用 40mm 宽的规格材组成时，规格材之间应沿梁高采用等分布置的两排钉连接，钉长不应小于 90mm，钉的间距不应大于 450mm，钉的端距为 100~150mm，组合梁中钉连接形式如图 3-18 所示。

④当拼合截面梁采用 40mm 宽的规格材以螺栓连接时，螺栓直径不应小于 12mm，螺栓中距不应大于 1.2m，螺栓端距不应大于 600mm。组合梁中螺栓连接形式如图 3-19 所示。

（2）拼合柱

规格材组成的拼合柱应符合下列规定：

当拼合柱采用钉连接时，拼合柱的连接应符合下列规定：

①沿柱长度方向的钉间距不应大于单根规格材厚度的 6 倍，且不应小于 20 倍钉的直径 d，钉的端距应大于 15d，且应小于 18d；

②钉应贯穿拼合柱的所有规格材，且钉入最后一根规格材的深度不应小于规格材厚度的

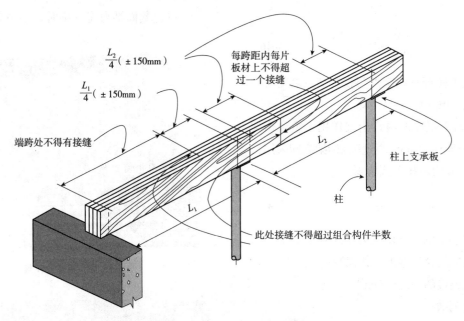

图 3-17　组合梁中规格材的拼接

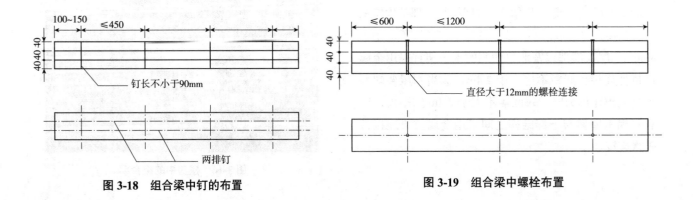

图 3-18　组合梁中钉的布置　　　　图 3-19　组合梁中螺栓布置

3/4，相邻钉应分别在柱的两侧沿柱长度方向交错打入；

③当拼合柱中单根规格材的宽度大于其厚度的 3 倍时，在宽度方向应至少布置两排钉；

④当在柱宽度方向布置两排及两排以上的钉时，钉的行距不应小于 10d，且不应大于 20d；边距不应小于 5d；且不应大于 20d；

⑤当拼合柱仅有一排钉时，相邻的钉应错开钉入，当超过两排钉时，相邻列的钉应错开钉入。

当拼合柱采用螺栓连接时，拼合柱的连接应符合下列规定：

①规格材与螺母之间应采用金属垫片，螺母拧紧后，规格材之间应紧密接触；

②沿柱长度方向的螺栓间距不应大于单根规格材厚度的 6 倍，且不应小于 4 倍螺栓直径，螺栓的端距应大于 7d，且应小于 8.5d；

③当拼合柱中单根规格材的宽度大于其厚度的 3 倍时，在宽度方向应至少布置两排螺栓；

④当在柱宽度方向布置两排及两排以上的螺栓时，螺栓的行距不应小于 1.5d，且不应大于 10d，边距不应小于 1.5d，且不应大于 10d。

（3）基础

建筑物室内外地坪高差不得小于 300mm，如图 3-20 所示；无地下室的底层木楼板必须架空，并应有通风防潮措施，架空层构造如图 3-21 所示。在易遭虫害的地方，应采用经防虫处理的木材作结构与基础顶面连接的地梁板应采用直径不小于 12mm 的锚栓与基础锚固，间距不应大于 2.0m 锚栓埋入基础深度不应小于 300mm，每根地梁板两端应各有一根锚栓，端距应为 100mm~300mm，地梁板与基础的锚固见图 3-22。

当底层楼板搁栅直接置于混凝土基础上时，构件端部应作防腐防虫处理［图 3-23（a）］；如搁栅搁置在混凝土或砌体基础的预留槽内，除构件端部应作防腐、防虫处理外尚应在构件端部两侧留出不小于 20mm 的空隙，且空隙中不得填充保温或防潮材料［图 3-23（b）］。

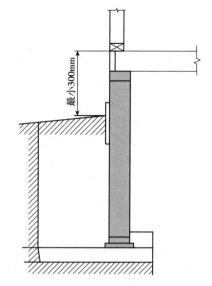

图 3-20　室内外高差

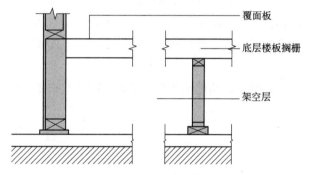

图 3-21　架空层

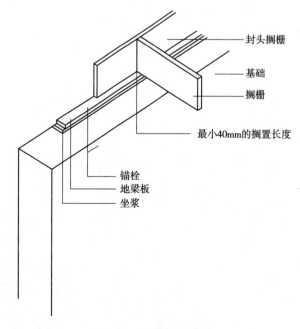

图 3-22　地梁板的锚固

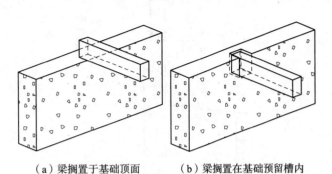

（a）梁搁置于基础顶面   （b）梁搁置在基础预留槽内

图 3-23   梁的搁置

　　当轻型木结构构件底部距架空层下地坪的净距小于 150mm 时，构件应采用经过防腐、防虫处理的木材，或在地坪上铺设防潮层。当地梁板承受楼面荷载时，其截面不得小于 40mm×90mm。当地梁板直接放置在条形基础的顶面时，在地梁板和基础顶面的缝隙间应填充密封材料，如图 3-24 用泡沫或砂浆垫层。

　　轻型木结构的墙体应支承在混凝土基础或砌体

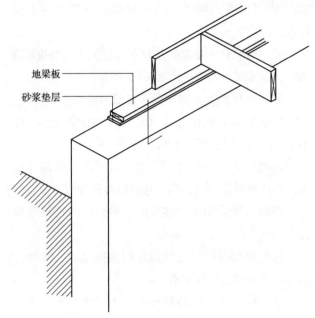

地梁板

砂浆垫层

图 3-24   地梁板放置

基础顶面的混凝土圈梁上，混凝土基础或圈梁顶面砂浆应平整，倾斜度不应大于 0.2%。

第 4 章

工程实践部署与安全培训

为了使轻型木结构建筑工程实践收到良好的效果，在工程实践过程中应尽可能按照工程实际施工情况来组织进行。为了保证工程实践的安全顺利进行，必须对参加工程的实践人员进行充分的工程实践部署和安全培训。

4.1   工程实践部署及保证措施

为了保证轻型木结构建筑工程的质量和施工安全，必须安排施工经验丰富且有高度责任心的工程实践指导教师负责现场施工与工作协调。根据工程实践目标，负责现场指导的教师要制订出工程实践施工总进度计划，提交给工程实践指导教师组，各部门根据进度计划做好施工配合工作。负责现场工程实践指导的教师按工程实践程序，每天晚上必须召开工作班会，总结当日工作，根据天气情况和材料的到位情况安排次日工作，并及时反馈现场急需解决的问题。所有施工人员在施工期间必须严格遵守工程实践指导手册的每一项管理规定。

4.1.1   工程实践部署与准备

（1）图纸会审

工程实践正式开始前，应由工程实践指导教师组及其他相关工程实践保障人员组织召开"工程实践开工启动会议"，详细研究轻型木结构建筑工程实践的工程概况及质量要求，对施工图纸进行会审，并开始编制施工组织方案，为顺利施工做好充分准备。

（2）现场施工用电准备

轻型木结构建筑施工过程中会用到多种电动设备，必须提前做好电源的连接与安全保护工作。

①根据实际用电情况，可以申请在施工现场安装一台变压器，以保证整个现场用电。

②如果没有变压器，或在变压器没有安装好之前，根据施工现场附近已有的配电箱提供的电量，可以从该配电箱再引出一台配电箱至施工现场并做好接地。

③根据需要及场地情况可以引出一个二级分电箱，一路为动力用电，采用三相四线铜芯电缆，用钢管做支撑架空通往施工场所，然后再引出一个三级电箱以供各用电点使用；另一路为照明用电，供其他照明用电使用。

（3）用电管理措施

①每个配电箱里都必须安装漏电保护器。

②安排专业电工负责现场电路的维护与更改。

③配电箱必须坚固、完整、严密并加锁，箱内不能有杂物。放置配电箱的场地应平整，防止水淹、土埋。

④对涉及用电的工程实践施工人员应进行必要的安全用电教育。

（4）现场用水准备

木结构建筑工程的用水主要包括生活用水、基础混凝土养护用水、施工场地的清洁用水等。根据甲方提供的用水接口，用 DN50 的镀锌管引水即可满足使用。在使用过程中要节约用水，同时要防止水对木材性能造成影响，另外对废水要按相关规定进行处理。

（5）搭建临时工棚

根据实际情况，如有需要可以在划分的施工现场附近搭建一座临时工棚，用于存放周转材料和小件工具。临时工棚的墙骨架可以用钢管，屋面安装石棉瓦，地面上铺一层碎石并夯实。

（6）材料堆放及进场

根据现场条件，同时也为了便于使用，基础以上的材料要等到基础全部做好，准备安装主体时再进场。

主体规格材及木基结构板材在购买后可以先放置在仓库内，统一堆放在一起。卸车时采用起重机统一吊卸，不得将其直接放置在地面上，要设置托架支撑，根据实际情况可采用砖石或木方作为支撑架。木材码放的高度要低于 500mm，并按规格分层堆放。在使用之前不得拆除木材的外包装膜，外包装膜具有防水和透气的功能，对木材是一个很好的保护。遇到下雨时，用塑料布或其他防水布料从外面包裹起来，上面用废旧短料压住，以防刮风将防水布掀开。

尽量将仓库设置在离工地较近的地方，最好做到当天用的材料当天发运，这样就可以减少板材在露天堆放的时间。每天晚上下班后必须用塑料布等防水材料把没有用完的材料盖好。

铁钉、胶水等小件材料可以放在临时工棚内，现场用多少，领取多少。当天使用不完的，下班后要及时退回原处。

水电预埋和装修材料要等主体封顶后才能进场，且必须分类放在仓库内。仓库须安排专人管理。

施工用的周转材料比如模板、钢管、扣件等材料使用前应堆放整齐，使用完后应及时运走。

（7）施工工具配置

轻型木结构建筑在施工中可能用到的工具很多，包括手锯、台锯、锤子、钉枪、螺丝刀等，具体可参考第 5 章"工程实践工具"的内容。每种工具需要配备的数量则需根据实际工程量来决定。工具统一放置在仓库内专门的位置，每天开工前领取，收工后务必放回原处，且要摆放整齐。

4.1.2　现场管理人员分工及岗位职责

为了使工程实践课程达到更好的教学效果，可以在工程实践开始前制订相应的工程实践目标，并在班级中公布，督促全体同学为实现目标而努力。例如：

①质量目标：保证各项工程合格率为 100%，施工工程质量验收合格。

②工期目标：在保证完成工程实践各项任务的前提下，按时完工。

③理论目标：了解、掌握木结构施工的基本流程及注意事项等。

④文明施工：施工安全、文明、有序进行。

⑤消防保卫：遵守消防、保卫等安全规定，坚决杜绝火灾、重大伤亡事故。

为了保证现场施工安全有序进行，同时也为了尽可能模拟工程的实际施工情况，可以按照实际工程项目人员的组织结构，安排指导教师和参与工程实践的同学担任不同岗位的现场管理人员。

（1）工地负责人（项目经理）

①全面负责现场施工管理以及材料保障工作。

②及时与全体工程实践人员进行交流、沟通，做好施工过程中各个环节的协调工作，保证施工顺利进行。

③每天组织召开班组长会议，及时解决具体问题，保证按计划施工。

（2）现场负责人

受项目经理委托，全面负责现场施工管理。

（3）技术负责人

①组织编制和实施工程进度计划、施工组织设计和技术交底文件等，确保施工管理有科学先进的依据。

②组织工程质量检查等综合评定工作，确保完成的工程符合施工与验收标准。

③保管好工程实施全过程中的质量文件，对交工资料的完整性、准确性、真实性负责。

（4）质量督察员

①负责工程质量的现场监督检查和分部分项工程的质量验收与核定。

②监督已完工成品工程的保护工作，发现问题及时解决。

③协助工地负责人做好施工过程中的质量管理工作，杜绝工程质量和人身安全事故的发生。

（5）安全员

①对施工全过程的安全进行监督与提醒，负责排除安全隐患。

②负责纠正违反安全程序的作业。

③组织安全教育，提高施工人员的安全意识。

④监督劳保用品的质量和正确使用。

⑤当发生安全事故时，负责保护现场，立即上报事故情况并参与事故调查处理。

（6）材料管理员

①制定现场材料使用计划，做好工地后勤保障工作。

②负责采购满足施工需要的各种必需用品。

③协助工地负责人做好其他管理工作。

（7）材料保障专员

①按规定存放进场的工程材料、施工工具，并做好保管和防护工作。

②做好各种机具的维修、保养工作，确保机具正常运转并且满足施工需要。

③对进场的各种材料及物品必须按发货单验收数量、质量，做到账、物相符。

④负责出库材料及物品的登记工作，随时掌握库存数量，及时填写采购单等。

（8）值班长

①值班当日是执行长的主管领导。

②认真细致地在工地进行巡视，发现问题，做好记录，需立即解决的要当场解决；需汇报与通报的，要在当天晚上的工作班会上汇报与通报。

③天气变化异常的季节，巡视次数需增多，做到每次有天气变化的预兆时就提前巡视一次。

④需检查的工作有：施工安全，材料防火、防雨、防潮及其他，窗及门的关闭及通风情况，水、电及安全，其他异常情况，统计出勤人数及安排休息人数，在工地《施工责任书》上签字。

（9）执行长

①严格按操作规程、企业标准以及验收规范等要求进行施工，执行质量自检制度。

②对自己所辖班组的工人的施工安全及施工修养有管理权，有义务就重大问题立即向上级汇报。

③对不及时自检和不及时反映问题造成的质量问题负责。

④对自己班组完成的各项工作进行记录工作。

⑤对场容、场貌的干净卫生、整洁有序负责。

4.1.3　工程实践管理及保证措施

4.1.3.1　施工质量保证措施

为了保证工程实践的施工质量达到合格以上等级，要求现场施工人员认真学习、深刻领会和严格执行轻型木结构施工标准、操作规程和验收标准的内容

与要求。要求现场管理人员严格管理，在施工全过程中将各项工作从根本做起，从细节严抓。

（1）施工准备阶段

开工前，邀请指导教师组、参与工程实践的学生及相关施工保障人员在工地现场进行设计交底与有关的变更说明。指导教师和技术负责人组织工程实践施工人员进行图纸会审和技术交底，要求所有人员对图纸的每个细节进行认真解读，全面领会设计意图和所有工序的具体做法。质量监督人员须熟记质量监督细则。

（2）施工进行阶段

①按照建筑总平面图、水准引测点及黄海高程，利用全站仪、水准仪等仪器做好工程轴线控制网、控制点的布置。测量定位点确定好后，及时预约测绘部门有关人员来验收，验收结果符合设计要求后方可进行下道工序的施工；如果验收结果大于偏差范围，必须进行复测，直至符合要求。

②所有施工材料发现有损坏现象和不合格的，坚决杜绝使用。

③项目管理人员以及各工种带班人必须坚持每晚召开班组长会议，总结当天工作，安排次日工作内容，协商解决施工中遇到的问题。

④在每道工序施工前，施工人员必须将操作规程认真学习一遍。

⑤在每道工序完成后，各领班实行质量自检，发现问题现场解决或向上级汇报。

⑥自检合格后，质量督察员再根据检查规则进行全面检查，并做好记录。

⑦隐蔽工程、分项工程未经检验或检验不合格的，严禁进入下道工序。

（3）竣工验收阶段

整理施工记录，编制工程竣工文件，按竣工验收程序做好各项工作。详情请参看第7章"轻型木结构建筑施工质量验收"中的相关内容。

4.1.3.2　工程实践组织保证措施

根据施工现场管理体系组织，加强岗位责任制，

认真执行企业标准和验收规范。

实行放线定位复验制，地基联合验槽制，关键和特殊过程跟踪检验制，分部、分项工程质量评定制及竣工交验制。做到层层把关，不漏检，不留隐患，严格按照施工图纸进行施工及检查，对工程中出现的质量问题以及不符合程序的做法及时分析、现场解决，总之要保证施工质量和安全处于可控状态。

4.1.3.3　技术保证措施

（1）把好图纸关

认真学习、解读图纸，做好图纸预审、会审工作。这样一方面使工程实践施工人员熟悉、了解工程特点、设计意图和掌握关键部位的工程质量要求，更好地做到按图施工；另一方面通过对图纸审查，能及时发现存在的问题和矛盾，提出修改意见，提高设计质量，避免产生技术问题。

（2）编制施工组织计划

高质量的工程和有效的质量管理体系需经过精心策划和周密计划。施工组织设计就是对施工的各项活动作出全面的构思和安排，指导施工准备和施工全过程，使工程施工建立在科学合理的基础上，以保证工程顺利竣工。

（3）技术交底

分批、分阶段对管理人员、技术人员和操作人员进行不同深度的技术性交代和说明，使参与项目施工的所有人员对工程的设计情况、结构特点、技术要求、施工工艺、质量标准和技术安全措施等方面都有较详细的了解，做到心中有数，以便科学合理地安排工序，避免发生技术错误或操作失误。

4.1.3.4　检查、检验复核保证措施

（1）主体结构

①质检员要对每批进场的结构材料的质量、规格、数量进行验收，并报监理查看。

②质检员每天都要对材料的堆放与管理进行巡

查，看其情况是否符合规定。

③主体安装过程中，质检员要根据质量监督细则对安装质量进行严格、全面的验收，验收方法参见相关标准。

（2）装饰、装修工程

①质检员要对进场材料的品种、颜色、规格进行查验。

②质检员要严格检查每道工序的做法是否符合操作规程的要求。

③施工质量要符合相关标准的要求，观感质量以样板房的观感质量为依据。

（3）室内水电

①室内水管及用水器具安装完毕后，质检员、安装人员要一起进行管道通水和试压检测，检测器具用手压泵。

②室内照明线路及电气设备安装完成后，安装人员、质检员要对其进行调试，设备试运转一段时间并确保一切正常后方可移交。

4.2　安全培训与安全管理

4.2.1　安全组织机构与管理制度

为了确保施工的顺利进行，在工程实践期间，需要建立相应的安全组织机构与安全管理制度，明确个人所负的安全责任。

（1）项目经理

项目经理是施工现场安全工作的第一负责人。在保证安全的前提下，合理组织施工。对本公司及分包单位安全管理的落实情况进行检查和评估。

（2）项目工程师

从工艺、技术上确保工程进展符合安全施工和劳动条件。确保现场机械设备以及所有劳动工具有专业性的管理。负责对全体员工进行安全施工技能和安全知识培训。

（3）专职安全员

对安全施工的各项制度的落实情况进行监督检查，确保安全设施的采购、保管等工作按制度进行。

（4）施工员

认真、细致地巡视工地，发现问题，做好记录，需立即解决的，当场解决；需汇报与通报的及时汇报。

（5）各执行长

每天上班前，要对本班员工进行安全提醒，下班后要仔细检查施工现场，不能留下隐患。

（6）仓管员

对所有材料的安全负责，要尽职尽责做好防盗、防雨、防火、防潮工作。

（7）保安员

要认真负责，查看进出人员的工牌，不得放非施工人员、车辆进入施工现场；经过允许进入的人员，要监督其在参观现场时配戴安全帽，并有专人陪同。门卫实行24h值班制度。

4.2.2　安全教育培训制度

（1）培训方式

①工程实践开始前，召集全部工程实践施工参与人员，对工程实践中可能出现的危险情况及各种安全注意事项进行集中学习培训。

②每晚工作班会上将安全作为一个议题，查看值班长的安全巡视记录，分析安全隐患，讨论解决可能要出现的安全问题并制定相应的应对措施。

（2）培训内容

现场作业人员与施工安全最为紧密，针对不同工种的作业人员，指导教师需要确定不同的安全教育内容。主要从以下几个方面加以培训：

①总则："道路千万条，安全第一条"。如有任何危急情况发生时，请奉行"生命第一"的原则。

②服饰安全：进入施工场地后，必须强制所有人员配戴安全帽。尤其在作业的上方有施工状态，或有未完工的作业时，这两种状态随时都可能会对工作人员的生命安全构成威胁，特别要提防意外物品下坠时对头部构成的危险。另外如果工程实践时天气炎热，则要做好防晒、防暑的准备。

③脚手架及高空作业：施工中发现高处的安全防护设施有缺陷或隐患时，必须及时解决；危及人身安全时，必须停止作业；高处作业中所用的物料均应堆放平稳。工具应随手放入工具袋。在高处作业时不得任意乱置或向下丢弃东西，传递物件时禁止抛掷。屋面上操作的人员必须穿防滑鞋，并系好安全带。

④施工设备与工具安全：严禁在设备带有隐患时继续作业。所有设备与工具（包括手动工具和电动工具）必须严格按照操作规程进行操作，参与工程实践的学生在操作设备与工具之前必须经过培训，在得到现场指导教师许可后方可进行操作。

⑤用电安全：临时电线及一切施工用电的线路都必须由专业电工实施操作，坚决禁止带电作业。

（3）安全检查制度

安全管理工作检查的目的在于发现并消除施工过程中存在的不安全因素，纠正不符合安全施工的做法。施工工地中可以采取以下几种检查方法：

①日常性检查：项目经理组织全体安全管理人员在每天施工前至少对施工现场全方位检查一次。班组长每天下班前一小时必须抽出时间在自己管辖班组的各个岗位上进行检查，发现问题应当场解决。专职安全员每天要对安全制度的执行情况和安全物资的到位情况进行检查，并做好记录。

②专业性检查：项目总工组织安全管理人员在各主要分项工程施工前进行安全检查与指导。

③季节性检查：如果在冬季施工，在防火方面要加强管理；如果在夏季施工，要注意收听天气预报，有风雨时要做好预防措施，夏天气温高，在防暑降温方面也要采取措施。

④不定期检查：根据其他工地上的安全管理经验和事故教训，项目部要组织人员对工地进行不定期检

查，对类似的安全问题及早采取预防措施。

4.2.3　现场安全管理措施

（1）现场保卫及防护措施

为了加强施工现场的保卫工作，确保工程施工的顺利进行，结合施工工程的实际情况，为预防各类破坏事件的发生，可以制定施工工程的保卫工作方案。

①工程的项目经理作为保卫组组长，全面负责内部人员的管理和与当地派出所的联络工作。

②工地四周围应设立围墙，实行全封闭式施工，设门卫值班室，安排保安员昼夜轮流值班，白天对外来人员和进出车辆及所有物资进行登记，夜间值班巡逻护场。巡逻重点是仓库、工棚、办公室、材料堆放地以及生活区。值班保安人员在值班时间内不得睡觉、喝酒、擅自离岗。

③加强人员管理，掌握每个人的思想动态，发现可疑问题应及时采取措施，把事故消灭在萌芽状态。非施工人员未经允许不得进入施工现场。

④定期召开学习例会，对工作人员进行安全教育。

⑤严禁赌博、酗酒和打架斗殴。

⑥施工现场发生各类案件事故，应立即报告有关部门并保护好现场，配合公安人员的工作。

（2）临时用电管理措施

①加强施工用电管理，对施工人员进行安全用电教育。

②现场各种电气设备未经检查不准使用，使用中的电气设备应保持正常的工作状态，严禁带故障运行。

③露天使用的电气设备需搭设防雨罩，凡被雨淋、水淹的电气设备应进行必要的干燥处理。

④配电箱必须坚固、完整、严密并加锁，箱门上加上危险标志，箱内不能有杂物。

⑤施工现场的线路采取分路控制和分开设置的方式，办公室和仓库等地方的照明灯设开关，灯泡距

地面至少 2.5m。

⑥凡使用或操作电动机械的专业人员，必须接受安全用电的技术教育，了解电气常识，懂得机械性能，掌握正确的操作方法。

⑦必须安排身体健康、精神正常、责任心强的人员从事用电操作。

⑧使用电气设备前，先由电工进行接线运转，运转正常后交给操作人员使用。

⑨工作结束或停工 1h 以上时要将开关箱断电，并保护好电源线和工具。

⑩各种电动工具的电源线必须绝缘良好，电线不得与金属物绑扎在一起，使用电动工具的过程中遇有临时停电或停工休息时，必须切断电源。电动工具的主要性能不完整时必须立即更换，绝对不允许使用有故障的电动工具。

（3）场容管理措施

①施工现场的临时设施应按工程实践施工要求搭设，材质符合要求。

②施工区的卫生责任到人，确保施工区整洁、文明、有序。

③每天施工结束后的零散碎料与建筑垃圾需及时清理。

④对易损坏部位和成品、半成品采取必要的保护手段，确保成品完好。

4.2.4　安全事故应急措施

①购买保险：工程实践开始之前，务必为所有参与工程实践的人员购买人身意外伤害保险，同时充分考虑工程实践的具体情况来决定是否需要购买建筑施工工程相关保险。

②成立安全防护领导小组：安全生产、文明施工是企业生存和发展的前提条件，是达到无重大伤亡事故的必然保障。为此项目经理应成立安全防护小组。具体分工如下：安全组长：项目经理——负责各方面的协调工作。安全副组长：项目技术负责人——负责技术总部署；安全施工长——负责现场安全施工总指挥。组员：安全员、值班长、执行长——具体落

实安全保证措施的实施。

③工地仓库、临时工棚、施工现场等场所应配备灭火器,工程实践前应检查其有效程度。

④施工现场设置医药包等,负责轻伤的防护与简单治疗。

⑤各位有职务人员的手机,尽量保证每天24 h开机。工地电话用表应及时更新,以保证信息互通。

⑥加强工地值班与每日巡查力度,发现问题立即向上级主管人员汇报,主管人员能解决的在最短时间内作出决定,不能做主的立即与相关单位、人员取得联系,征求各方面的合理建议,共同解决不可预见的问题。

⑦一旦发生了较大的安全事故,在处理时首先应发扬救死扶伤的人道主义精神,其次是保护现场,向上级汇报,情况紧急时向有关单位汇报,等待救援。

⑧处理安全事故时,所有人员必须停止手头工作,全力以赴听从指挥,按程序解决事故,严禁出现混乱的现场状态。

4.2.5 防火、消防方案

(1)分析消防重点部位

根据施工现场情况和工程施工特点,预计施工工地消防重点部位有以下几处:

①临时仓库:搭建在工地附近的临时仓库里堆放有施工用的小件材料,虽然有许多不是易燃材料,但有的是用纸箱包装的,加之领取材料的人员比较多,领取频率比较高,所以有可能发生火灾。

②主体规格材堆放处:主体结构使用的规格材是集中在仓库堆放的,用塑料布包裹起来用于防雨,塑料布是可燃物,所以这个地方需要引起高度重视,重点防护。

(2)建立消防保卫机构

现场成立以项目经理为组长、专职安全员为副组长的防火安全管理领导小组,负责施工现场的消防保卫工作。在消防工作上各分包单位要接受总包单位的管理和监督检查。

同时将防火安全管理领导小组及其联系方式张贴在施工现场,便于联系。

(3)明确岗位主要责任

施工现场坚持"预防为主,防消结合"的工作方针,各责任人认真执行防火制度,落实消防措施,做到人人重视消防工作。

①组长:消防保卫工作的主要负责人,必须把消防管理工作纳入生产管理议事日程,要与生产同计划、同布置、同落实。

②副组长:消防工作落实的具体实施人,根据消防方案、防火制度检查,督办安全防火工作的完成情况。

③协调指挥:协助组长、副组长做好防火消防的协助工作。

④火情联络员:日常巡视,发现火灾隐患或火灾情况后立即向组长等汇报,然后按规定与外界援助人员取得联系,以最短时间内控制火情以及造成的危害。

⑤成员:现场消防保卫人员有权制止一切违反规定的行为,对违反治安消防规定的人员,有权给予批评教育和上报处理。遇到火情立即投入到抢救工作中,直至妥善解决。

(4)做好消防保卫措施

①配电箱周围不准堆放任何易燃物品。

②现场架设的照明线路,安装各种电气设备,必须由正式电工操作。

③如果在冬季施工,施工现场严禁使用电炉取暖、烧水。

④现场内禁止吸烟,每天的废旧碎料及时清理运走。

⑤安排保安人员在工程实践人员离开施工现场后对场地周围进行巡查。

⑥电动工具处于通电状态时,人员不能离开操作岗位。

⑦工地平时留出入口一处,保证围墙良好,外来人员不得随意进入。出入口保安人员要对出入车辆及人员进行严格检查,施工现场内不准住人。

⑧对现场处理不了的有关治安问题，要及时向上级有关部门请示报告。

⑨仓库内照明灯具不应超过 100W，禁止在木料上接灯具。

⑩施工现场配备若干瓶干粉灭火器。

⑪灭火器分放在各防火点周围，标识清新，严禁移位、覆盖、阻挡。

⑫配备消防抽水泵 1 台，水龙带 1 卷，水枪 1 枝。

（5）制定防火制度

①全体施工人员必须加强治安、防火意识，执行工程实践指导组制定的治安、防火管理制度，协同保安部门认真做好施工现场的治安、防火工作。

②各岗位人员必须严守岗位责任，发生事故或发现可疑情况，应迅速处理上报，并负责保持好现场。

③未经主管批准，外来人员（包括参观人员等）禁止进入施工现场等区域，经批准进入的人员必须办好登记手续，由值班人员负责监督。

④夜间值班保安人员负责整个施工现场的安全巡逻检查，如发现不安全因素，及时进行处理。

⑤各种工具、设备及材料要由专人管理，每天下班后必须认真检查，确保无火种后方能离开。

⑥不得随意挪动消防设施，发现消防设施损坏或泄漏应及时告知主管。

⑦发现火警应及时向上级报告，尽力和消防队员一道扑灭火灾。一旦发生火灾，首要任务是保证水、电供应，以确保消防设备正常运行，并组织重要设备的保护、疏散工作。

⑧在施工现场及仓库醒目的地方张贴安全须知。

第 5 章

工程实践工具

　　轻型木结构建筑在建造过程中会用到很多工具，主要包括紧固件、紧固工具、测量工具、切割工具及其他一些辅助工具等。

5.1　紧固件

轻型木结构建筑上会用到多种紧固件，如钉、螺钉与螺栓。通常使用钉将较薄的构件固定到较厚的构件上，所用工具为锤子；螺钉的用法相同，但所用工具为手动螺丝刀或者电动螺丝刀；使用螺栓时，需提前钻孔，同时需搭配螺帽和垫片等配件。

5.1.1　钉

根据用途不同，制造钉的金属材料也不同，钢是最常用的材料。在易生锈的地方（如房顶、栅栏、露台）使用的钢钉需经镀锌处理（电镀锌或者热镀锌）。相比之下，热镀锌的钢钉比电镀锌更耐腐蚀。不锈钢钉则可以用于将木构件固定到地面上或土壤中。制造钉的其他金属材料有铝、黄铜以及铜，用这些钉固定金属或木结构构件，可以避免它们在潮湿环境下，不同金属构件因相互接触而产生的电解电镀反应。

普通钉是从长金属丝卷中切割而来的，通常称为圆光钉，如图 5-1。其钉头中等、钉杆光滑、末端带尖，但其与木材之间的咬合力较低，容易被拔出。

轻型木结构建筑连接中另一种常用的钉是螺纹钉，如图 5-2。螺纹钉的钉身有螺纹，有咬合力大、固定性强的特点。除此之外，还有其他一些类型的钉：装饰钉比普通钉细，钉头小，能深入木头里面，因此钉入后可以进行装潢；包装圆钉的钉头为圆锥形，能沉入木材里层；屋面钉有镀层，钉头比普通钉大很多，可用来固定沥青瓦；硬化钢制造的水泥钉，末端有圆锥形尖；还有固定性强且易拔除的双头钉；需要推送器推射的装饰用角钉。除上述外，还有用于固定外挂板、石膏板、地板垫层、硬木地板以及天沟的特殊钉和固定木料的长尖钉。除了用锤子敲击外，还可以使用气动钉枪或无线钉枪发射钉。采用钉枪发射的钉通常制作成排或卷，便于用钉枪发射，如图 5-3 和图 5-4。

5.1.2　螺钉

螺钉是一种比钉咬合力更强且更易拆除的紧固件。螺钉的类型繁多，可根据不同的制造材料、规格、螺帽与螺钉头凹槽等分为不同的类型。木结构建筑中应用较多的是木螺钉，如图 5-5。木螺钉为平头，螺钉头既可露在材料外面也可沉入材料里面。圆头或盘头螺钉的螺钉头通常露在材料外面；椭圆头螺钉的螺

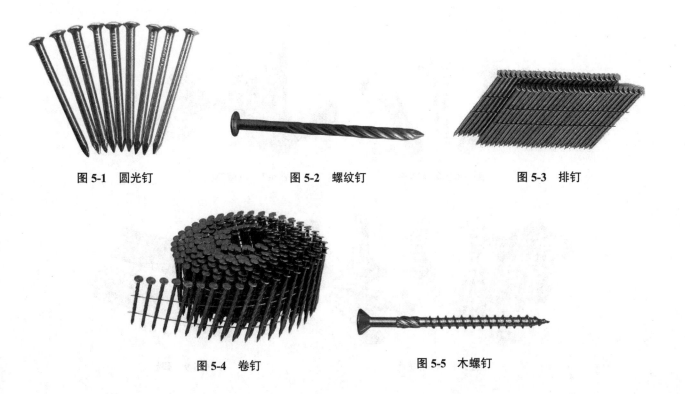

图 5-1　圆光钉　　　　　图 5-2　螺纹钉　　　　　图 5-3　排钉

图 5-4　卷钉　　　　　图 5-5　木螺钉

钉头可部分沉入材料里，部分外露。木螺钉的直径一般为 6～25mm，长度可达 300mm，有外四角和外六角两种螺钉头。螺钉的型号用数字表示，数字越小的螺钉直径越小。

木螺钉的螺杆有一部分是光滑无螺纹的，而钣金件螺钉的螺杆则全部有较深的螺纹，用来固定薄金属构件。建筑中常用到两种螺钉：自攻螺钉和自钻螺钉。自攻螺钉主要用来加固薄钢制品，如钢制墙骨，使用电动螺丝刀高速转动自攻螺钉，利用尖锐钉尖穿过钢材。如果是加厚钢材，则可用电钻将自钻螺钉旋入其中。

5.1.3　螺栓

螺栓与螺钉最主要的区别是螺栓需配合螺帽使用，以与螺栓头共同作用夹紧中间的构件。带有平垫片或锁紧垫片的螺栓可以防止螺帽或螺钉头嵌入木材。螺栓通常由钢制成，外层镀锌。如果在钢中掺入不低于 10% 的铬，可制成不锈钢螺栓。木结构建筑上常用的螺栓有：车身螺栓、机械螺栓与炉用螺栓。

车身螺栓头部光滑，头部下方有方形凸缘，如图 5-6。使用时，将螺栓置于预先钻好的孔中，拧紧螺帽，将凸缘旋入木材中，这样可防止螺栓发生转动。车身螺栓紧固时无须旋拧头部。当装潢构件需要光滑

且不凸出的螺栓帽时，即可使用车身螺栓。加固时须注意螺帽与螺栓的长度匹配。

机械螺栓有外四角头或外六角形两种螺栓头，如图 5-7。机械螺栓常与金属板共同使用，作为胶合木梁柱之间的连接。拧紧螺帽时，常用扳手固定其头部以防止其旋转。

炉用螺栓有圆头或扁平头两种螺栓投，且头部有凹槽，螺杆带螺纹，如图 5-8。在一些尺寸较小的轻部件上可采用这种螺栓进行连接。

螺栓的尺寸包括直径与长度两部分。车身螺栓与机械螺栓的直径为 5～19mm，长度从 19～500mm。炉用螺栓尺寸比前两者都小，直径为 3～9.5mm，长度可达 100mm。

使用螺栓时需要提前钻导孔，外加平垫片可分散抓力，防止螺帽与螺钉头嵌入木材。如果接合部位有位移或者振动，可外加锁紧垫片。

5.1.4　码钉

码钉呈 U 形，可以通过手动、气动或电动码钉枪驱动，如图 5-9。手动码钉枪常用于固定轻质材料，如塑料薄膜与防潮纸；而加大码钉则由电动或气动码钉枪发射，用以在胶黏剂固化之前临时固定面板和夹柜部件。

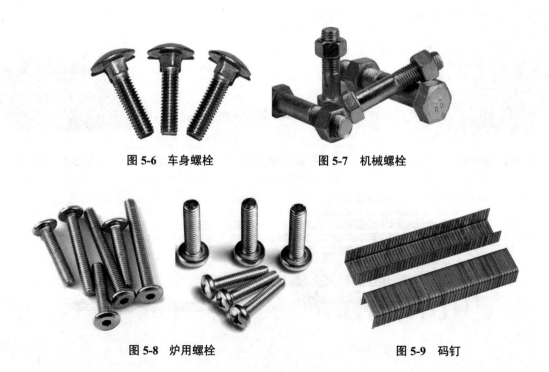

图 5-6　车身螺栓　　　　　　图 5-7　机械螺栓

图 5-8　炉用螺栓　　　　　　图 5-9　码钉

5.2　紧固工具

紧固工具主要用来安装固定钉、螺钉、螺栓、码钉等紧固件。

5.2.1　锤子

轻型木结构建筑施工员常使用两种锤子：第一种为弯角羊角锤，如图 5-10，其锤击面平滑，用途广泛，锤头重量通常在 200～500g，锤子的型号直接由锤头重量表示。最常见的锤头质量为 454g（1lb）。第二种锤子为直角羊角锤，如图 5-11，多用于轻型木结构建筑的主体结构的施工中，其锤头的羊角仅略有弯曲，锤击面通常为网状粗糙面。通常直角羊角锤锤头比弯角羊角锤更重，其质量在 550～900g。

锤子的锤柄可由多种材料制成，如钢、木、玻璃纤维、石墨以及塑料复合材料，且有多种长度。有些锤柄还覆盖有柔韧且具缓冲功能的材料，它可吸收由钉子传至手臂的振动。柄长且重的直角羊角锤可造成手腕、手肘和肩部的重复性劳损。目前，一些厂商已开始采用钛金属制作锤头，这不仅大幅度降低了锤头的重量，而且还保证了与钢锤头相同的击打力。一个 400g 的钛金属锤头与一个 600g 的钢锤头的击打力相同，但却大幅度降低了使用锤子时对关节的损伤。此外，使用带弧形的长木柄也能有效降低锤子对手腕的冲击力。

使用羊角锤的注意事项：

①使用羊角锤时，必须注意自己的前后、左右、上下，在锤头运动范围内严禁站人，不许用大锤与小锤互打。

②羊角锤的锤头不准淬火，不准有裂纹和毛刺，发现锤头有飞边、卷刺应及时修整。

③用羊角锤敲击钉子时，锤头应平击钉帽，使钉子垂直进入木材；起拔钉子时，宜在羊角处垫上木块，增强起拔力，不应把羊角锤当撬具使用。应注意锤击面的平整完好，以防钉子飞出或锤子滑脱伤人。

5.2.2　码钉枪

码钉可用于安装轻薄材料，如防潮纸等。手动码钉枪有多种类型：有靠手压的手压式码钉枪，如图 5-12；也有像锤子一样挥动使用的锤击式码钉枪，如图 5-13。码钉在接触到材料时即被击发，安装速度很快；还有敲击式码钉枪，其需要使用锤子敲击才能击发码钉，该类码钉枪通常用于较厚材料的安装，如 6mm 厚的楼板覆面卷材；此外，还有气动码钉枪，它可有效减缓手部疲劳。

5.2.3　螺丝刀

螺丝刀的名称一般按照与其匹配的螺钉的头部的凹槽类型来命名。内四角（Robertson）螺钉头由加拿

图 5-10　弯角羊角锤

图 5-11　直角羊角锤

图 5-12　手压式码钉枪

图 5-13　锤击式码钉枪

大人发明，是加拿大建筑市场最常见的螺钉头。其匹配的螺丝刀由小到大按颜色编号，分别是黄色（#0）、绿色（#1）、红色（#2）与黑色（#3）。而螺钉的尺寸则由小到大按数字表示。螺钉的长度与凹槽类型应依据使用环境而定。常见的螺钉头部凹槽形状如图5-14，常见的手动螺丝刀如图5-15。

5.2.4　电动螺丝刀

目前，在轻型木结构建筑施工中，手动螺丝刀的使用已经越来越少了，取而代之的是电动螺丝刀。几乎所有的电钻都可以作为电动螺丝刀使用，但最常用的是便携式无线电动螺丝刀，如图5-16。虽然市场上仍有使用镍镉电池的无线工具，但如今最好的电池是锂电池。锂电池的电压从7.2~36V，它们按可供运转的安时数（AH）来分类。电压及安时数越高的工具，越适合在建筑施工中使用。无线工具最大的优势是便携性。由于其没有电线，施工人员能轻松地在脚手架与屋顶上工作。如果配有几块备用电池，施工人员即可全天使用该类工具。

无线冲击螺丝刀正在迅速取代普通无线螺丝刀，它可以边旋转边冲击，用很强的动力将螺钉旋入木材中。相比电钻，它们更轻便，而且表现更好。一些大型工具公司最近开发了无刷式电机与更高效的锂电池，这种锂电池提升了40%的运转时间、20%的运

转速度、20%的扭矩与50%的蓄电量。如果使用这种电池，几乎所有电动工具都可以作出无线型号。

无线工具与电池的维护非常重要，需要让他们远离高温环境。无线工具的电池处理事关环保问题，废弃的电池应按相关规定进行处理。

5.2.5　气钉枪

钉子除了可以用锤子敲击外，还可用气动钉枪或无线钉枪发射。轻型木结构建筑在建造过程中可用到结构钉枪、屋面钉枪、装饰钉枪与码钉枪。结构钉枪有排钉枪和卷钉枪两种类型，如图5-17和图5-18。钉子的长度为50~90mm，并镀膜以防生锈。卷钉也为麻花钉，可以提供更好的抗拔力，可用于结构构件与覆面板的安装。屋面钉枪用来固定沥青瓦，通常也称为卷钉枪。配套的屋面钉的钉头大而扁，钉身经过电镀锌处理以防生锈。装饰钉枪和码钉枪用来做室内细木工，如安装橱柜与家具等。

也有采用瓦斯作为驱动力的便携式钉枪，称为瓦斯钉枪。瓦斯钉枪后部不需要连接空压机的气管，携带非常方便。

5.2.6　扳手

扳手主要用来固定或旋松螺栓和螺母，如图5-19。除了不同尺寸的扳手外，还有多种工具可用于夹紧或

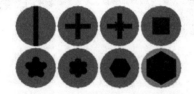

图 5-14　常见的螺钉头部凹槽形状

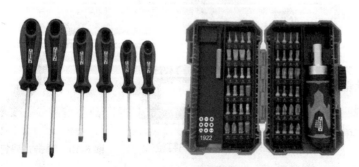

图 5-15　常见的手动螺丝刀

图 5-16　无线电动螺丝刀

（a）排钉枪的外观　　　　　　　　（b）排钉枪的钉子

图 5-17　排钉枪

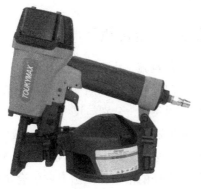

（a）卷钉枪的外观　　　　　　　　（b）卷钉枪的钉子

图 5-18　卷钉枪

图 5-19　扳手　　　　图 5-20　活动扳手

图 5-21　可调手钳　　　图 5-22　大力钳

者拧松螺母。活动扳手可以调节多种尺寸,如图 5-20,通常扳手越长,其扳手嘴也越大。可调手钳也可用于拧紧或旋松螺母,如图 5-21。大力钳也具有同样的功能,如图 5-22。

5.3　测量工具

测量工具可以在施工前用于对材料进行长度、角度等尺寸的测量;在施工中和施工后用于对木结构施工的质量进行校核,包括检查是否铅直、水平等。

5.3.1　直尺

直尺是最简单的测量工具之一,通常由塑料或金属制作，如图 5-23。直尺上有刻度，以毫米为最小的刻度单位，其后依次为厘米与米。施工人员可使用直尺绘制直线及测量长度。直尺的长度有限，故多用于工作台上的工作。

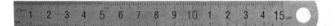

图 5-23　钢直尺

5.3.2　卷尺

卷尺也是施工人员的常用工具，其易于在手中握持且携带方便。卷尺可精确测量 8m 甚至更长的长度，其内置弹簧，故拉伸后能自动回缩。因卷尺头易受损，从而影响其精确度，故做工精湛的卷尺尺头通常由铆钉与尺条连接，背部配有加强衬条。铆钉周围留有尺头厚度的可活动空隙，以保证在测量时，从尺头内侧或外侧测量同样精确。

木结构建筑施工中通常采用公英双制的卷尺，如图 5-24。这种卷尺在每英寸（in）、英尺（ft）的刻度位置处都有标记，这些标记便于施工人员在拼装主体结构构件（如楼盖搁栅、墙骨柱、屋顶椽条或桁架）时划线。此外，这种卷尺比普通卷尺更长且更宽（通常为 20～30mm）。由于其用厚规格钢制造，即便是拉伸至 2m 也能保持笔直。

手动卷尺测量距离可达 30m，包括钢卷尺（由钢制作）和皮卷尺（由 PVC 塑料纤维制作）两种类型，如图 5-25。其尺带扁平且收放便捷，尺头带钩或圆

环，可固定于钉头或者钉杆。卷尺应保持干燥与清洁，否则易生锈或卡带。钢卷尺遇热会略微膨胀，而皮卷尺长时间使用后会被拉长，故有必要定时检验其精度。

5.3.3　直角尺

施工人员可使用多种角尺在材料上画直角线或斜线，其中许多直角尺也可做测量工具。直角尺由角尺尺柄（由木或钢制作）与垂直嵌入尺柄的钢尺组成，如图 5-26，常用来检验木料的边和面是否垂直，也可用于台式电刨机的竖向靠栅与台锯的竖向锯片的安装。

5.3.4　组合角尺

建筑施工中也常用到组合角尺。组合角尺由一个钢制尺杆与一个可滑动尺柄组成，如图 5-27。尺柄有两条边，分别与尺杆成 90° 和 45°，以方便施工人员划线。由于尺柄可滑动，故可将其用作滑动扣来测量材料长度并划线；也可用来测量槽榫或搭口榫等接合处的槽口深度。有些组合角尺还配有不同功能的配件，因此也可用作量角规来测量与标记角度，或用作材料转角顶点位置的中线定位工具。

5.3.5　快速三角尺

快速三角尺是由铝或塑料制作的带有单侧靠边的等腰直角三角形角尺，如图 5-28。由于使用它可方便地进行 90° 和 45° 的测量与划线，并且能被便

（a）卷尺尺身

（b）卷尺

图 5-24　公英双制卷尺

图 5-25　手动卷尺

图 5-26　直角尺

图 5-27　组合角尺

图 5-28　快速三角尺

捷地装进施工人员的工具包,因此它被广泛地应用于木结构建筑行业。利用它的角度与坡度刻度,可以进行屋顶椽条的划线与切割,此外,它还可作为电圆锯的直线切割辅助工具。

5.3.6　T 型可调角尺

T 型可调角尺(活动角尺)是可调节角度的角尺,如图 5-29。调整到所需角度后,可用来划线、调整电动工具的角度或辅助 90° 的切割。滑动槽中的滑扣由蝶形螺母固定。角尺的尖端可以收拢到手柄中以避免伤到使用人员。

5.3.7　水平尺

水平尺(图 5-30)的用途为检测建筑构件的水平度。施工时常用铅锤(线坠)来检测建筑构件的铅垂度,但大部分水平尺在其两端都配有水准泡,因此也可用其检测建筑构件的铅垂度。

建筑用水平尺的长度为 600～1800mm,其长度越长,精度越高。有些水平尺可拉伸至 2～3.5m。应注意:在运输和施工中,水平尺可能因剧烈振动而造成水准泡破裂。调校墙体的铅垂度时,最佳做法是在

顶梁板与底梁板上各装一块挡块,随后用水平尺靠在挡块上进行调校。直接用水平尺靠在墙骨柱上调校是不精确的,因为这种情况下是假定墙骨柱是完全笔直的。存放水平尺时需注意保持其干燥与清洁。

5.3.8　铅锤(线坠)

铅锤(线坠)是测量铅垂度最精确的工具,如图 5-31。铅锤由较重的金属制作,一端是尖头,另一端配有圆环以使线可从中穿过。使用铅锤校准墙面时,可将其从墙顶悬垂至楼面,如铅锤拉线与墙体的距离在顶部与底部完全一致,则说明墙体是铅垂的。使用较重的铅锤可使其在风中摆动的幅度更小,测量精度也就更好。

5.3.9　粉斗

粉斗属于手持弹线工具,如图 5-32。粉斗内放有线卷与彩色粉末或墨水,线末端配有钩或针,线卷可由外侧摇柄控制。使用时,先用线末端的钩子勾住钉子或板边等位置,随后拉动粉斗,线被拉出时即会沾满粉或墨;随后将线拉紧后压实一端,再垂直向上拉起线的中间部分,松手后即可在构件上

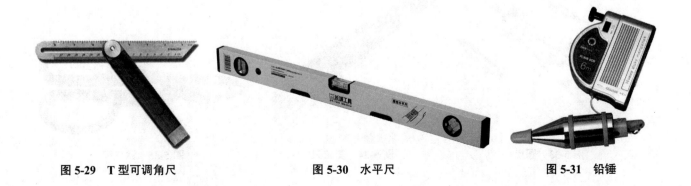

图 5-29　T 型可调角尺　　　　　图 5-30　水平尺　　　　　图 5-31　铅锤

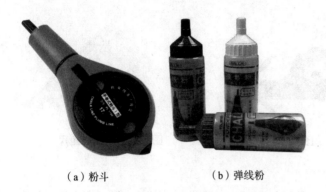

（a）粉斗　　　　　　（b）弹线粉

图 5-32　粉斗与弹线粉

弹出一条直线。弹线长度超过 2m 时，最好先压住线中间一点，再在该点的两侧各弹一次，如此弹出的线更加笔直。

5.3.10　圆规

圆规常在建筑施工中用于划线，如图 5-33，如安装一片材料使其紧密贴合在一个不规则的表面上。使用时，设定好其两脚间距之后，将金属脚紧靠在不规则的表面上滑动，另一脚上的铅笔即可在材料上划线。

5.4　切割工具

5.4.1　美工刀

建筑施工中最常用的刀具是美工刀，如图 5-34。美工刀有两种类型：一种使用单片短刀片，刀片两端都有尖刃；另一种使用长刀片，刀片带有折线，用钝的部分可以被折断而出现新的刀刃。两种类型均可在刀柄中装入备用刀片，但使用长刀片的优势在于其能切割保温棉。与很多工具类似，美工刀有轻型与重型之分，在建筑施工中最好使用后者。

5.4.2　铁皮剪

铁皮剪可用来剪切薄金属片材料，如图 5-35。建筑施工中常用于剪切金属制作的屋面瓦、泛水板、封檐板与望板，此外也可用于剪切壁炉与新风机安装后的金属管道。手柄更长、杠杆效果更大的重型铁皮剪可剪切较厚的金属材料。

5.4.3　航空剪

航空剪是用来弧形剪切的，如图 5-36。其上有色标，绿色表示剪切弧线向右（R 头），红色表示弧线向左（L 头），而黄色表示剪切方向笔直（S 头）。航空剪的剪切力不及铁皮剪，但在工地上使用较为便捷，且新近研发出的航空剪已可向任一方向剪切。

5.4.4　手锯

（1）推锯

欧美地区使用的锯主要为推锯，推锯分两种：横截锯与纵剖锯。横截锯（图 5-37）的锯片有一排左右错开的锯齿，沿木材横纹方向切割时，锯齿会切断木材纤维，同时切出锯缝以使锯条能够继续向

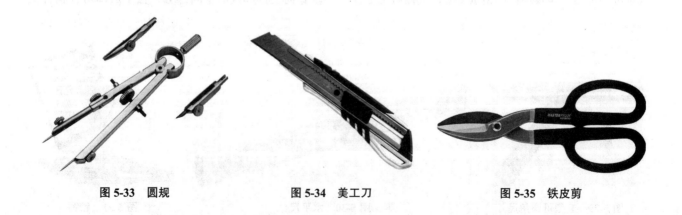

图 5-33　圆规　　　　　　　　图 5-34　美工刀　　　　　　　　图 5-35　铁皮剪

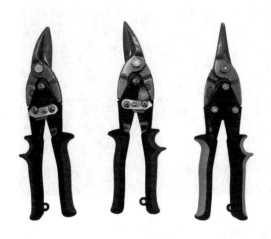

图 5-36　航空剪

图 5-37　横截手锯

前运动。使用横截锯时，手持锯与地面约呈 45° 角；材料将要锯断时动作应放轻放缓，以防止木料自行折断。

　　横截锯根据锯片上每英寸的锯齿数做了分级，8 点表示锯片上每英寸有 8 个锯齿。锯齿越密，则锯切后的切割面越光滑，但需要推动锯的次数越多。

　　纵切锯的锯齿断面为方形，其可沿木材顺纹方向"凿"开木材。新近研发的锯齿可以兼具横纹与纵纹的切割功能，因此纵切锯已较少使用。

　　此外，还有多种类型的专用锯：鸡尾锯的锯片狭窄，可在材料上锯出急转的形状，如图 5-38，使用时通常需先用电钻钻孔。石膏板锯与鸡尾锯类似，但锯片强度更好，且顶部有锋利的刃口使锯片能刺透石膏板以进行切割，如图 5-39。

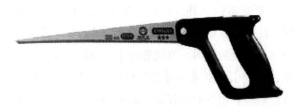

图 5-38　鸡尾锯

图 5-39　石膏板锯

（2）拉锯

　　拉锯又称为日式拉锯，如图 5-40，是相对于欧美推锯而言的。其锯齿锋利，在向回拉动的方向上切割材料。其锯条灵活，因此可用于切割门套。

5.4.5　电圆锯

　　木工最常用的电锯是电圆锯，如图 5-41。其锯片由电机直接驱动或通过蜗轮驱动，使用时可伸缩护罩会适时覆盖锯片，以保护操作者。电圆锯威力强大，因此在使用的时候需加倍小心，且施工人员在切割前

图 5-40　日式拉锯

（a）电圆锯的外观

（b）电圆锯的操作

图 5-41　电圆锯及其操作

需确保工件稳定，并佩戴护目镜。

　　使用时，应先将电圆锯底部前端搁置在工件上，锯齿不要触碰到工件。然后，按下扳机开关以发动电机（注意：有些类型的电圆锯需先打开安全开关）。待到锯片全速运转时，方能进行工件切割。安全的做法是找一个引导器来引导电锯移动，比如快速角尺、夹条或靠栅。引导器不仅能让锯子切割出直线，还能避免锯片被卡住或锯子发生回弹。大多数电圆锯都有辅助手柄，操作者可用双手操作。必须时刻保持锯片锋利以防止其卡住或回弹。一旦电圆锯离开待切工件，锯片保护罩会立刻弹回安全位置以盖住旋转的锯片。等到锯片停止旋转之后，再把锯子放在地面或稳固的平台上。

　　电圆锯可以切割出直切口、材料端部的斜切口、材料两侧的斜切口以及复合角度的斜切口，如图 5-42。

　　切割斜切口时，使用引导器来引导锯子底座非常重要。现在也有可调节的专用引导器，可使电圆锯切出任何角度的切口。电圆锯的锯片是由下向上进行切割的，因此应让工件美观的一面朝下。

　　更换锯片前，首先必须切断电圆锯的电源，然后使用配套扳手往锯片旋转的方向拧转螺母。用一个按钮或锁片锁住锯轴，用力按住锁片并用手转动锯片，直到锯轴被锁紧，然后取下螺母和垫片。随后，清洁锯子、更换锯片、更换垫片并拧紧螺帽。当锯片旋转时，务必使螺帽保持紧固。

　　比较安全的做法是让锯片深度高出待切工件 6mm，如此可减少锯片的摩擦力并降低锯片被卡住的可能性。如果工件放置的位置不正确，圆锯的切割深度会不够。尽管锯片直径的范围为 114～406mm，但是使用最普遍的圆锯的直径为 184mm。锋利又耐久的锯片都有碳素

（a）沿划线切割斜线

（b）配合辅助工具切割斜线

图 5-42　用电圆锯切割斜线

钢锯齿，锯齿可以用胶粘合，也可以焊接。锯片的锯齿越多，用其切割的表面就越平滑。有特殊涂层处理的薄路锯片，可用来做顺纹切割或切割防腐木。

当需要进行非常精细的切割时，如制作两侧贴面的空心门，可先用刀子划出切割线；随后在门上夹住一个引条，使其到切割线的距离正好等于锯片齿尖到底座边缘的距离；再使用多锯齿锯片小心地沿引导条移动切割。如此，工件的切口会很平整。另外一种做法是在切割线上贴一根护条，这样可以保持木纤维的黏合度。

电圆锯有两种类型：直接驱动电圆锯与蜗轮传动电圆锯。直接驱动电圆锯的锯片可以位于马达的左侧或右侧，蜗轮传动电圆锯（图 5-43）的锯片通常位于马达左侧；直接驱动电圆锯的手柄靠近锯子的后上方，而蜗轮传动电圆锯的手柄在锯子的后方，这就形成了不同的使用方法。蜗轮传动电圆锯更重，使用时先将锯子用力甩起使其坐在工件上，当锯片达

图 5-43　蜗轮传动式电圆锯

到最高转速后，再向前推动圆锯切割工件。直接驱动电圆锯在使用时是被提至工件上，使其底座坐在工件上。待锯片达到最高转速后，一边向前推动，一边从上方引导，使锯子切割过工件。在使用这两种电圆锯切割斜向切口或从上方直接切入材料时，都需要手动扳回部分锯片保护罩。从上方直接切入时，应把电圆锯的底座的前端牢牢地固定在工件表面，扳动扳机，启动锯片使其达到最高转速，然后缓慢地放下圆锯，直到其整个底座坐在工件上，再沿划线切割。停止使用时，应先松开扳机，待锯片停止转动再移开锯子。切口其他的几个边可用相同的方法切割，最终的切口可用手锯或曲线锯处理。

5.4.6　曲线锯

曲线锯主要用来切割曲线或切除木材的一部分，如图 5-44。其锯片沿上下方向移动。锯片的冲程与马达的电流强度决定了其不同的用途。曲线锯的冲程为 12～25mm，冲程越长，使用越便捷。为了更好地进行切割，一些曲线锯可以调整成轨道或圆形切割模式。锯片的选择必须根据待切割材料的种类与切口形式来确定，但必须使用锋利的锯片。如今的曲线锯大多都配有转速调节器，这就使得曲线锯能够方便地调节切割速度。曲线锯的锯片和手锯锯片一样，锯齿排列越密，切口就越平滑。有特殊的钢锯条可用来切割金属。大多数锯片的冲程是向上的，但也有特殊的锯片的冲程是向下的，用以切割塑料复合台面的水槽开

（a）曲线锯的外观

（b）曲线锯的操作

图 5-44　曲线锯

孔。通常曲线锯是切割复合地板的最佳工具。切割时，工件要稳固，并应在工件上先划好清晰的线以引导操作者切割。操作者须始终佩戴护目镜，并握紧曲线锯。从工件日后不需要展示或使用的一侧下锯，以合适的速度把曲线锯送入工件，避免锯片被卡住。曲线锯能切割出曲线，但是在急弯处可能需要用到钢丝锯条。曲线锯不允许上下振动，为了避免这种情况，曲线锯向前移动时，需将其向下紧压。

5.4.7　往复锯

往复锯（图 5-45）锯片来回进出的运动模式与曲线锯类似，但往复锯体形与功率都比曲线锯大，通常用于翻修工程中，装饰工程中则很少用得到。往复锯可以切断钉子以拆除墙骨柱，在墙体梁板上开口来放置水管或线管，或在楼面板上开口以放置暖通管道。往复锯通过扣动扳机来启动马达，且对大多数往复锯来说，扣动扳机的力度越重，锯片往复运动得越快。可以根据实际切割情况来决定锯片的安装方向。

由于往复锯用途广泛，因此锯片类型较多。锯片

图 5-45　往复锯

图 5-46　电钻

长度为 100～305mm，制作材料包括多种类型的合金材料，锯齿也有较多类型。锯齿越少的锯片切割能力越强，有些特殊的锯片可用于切割树枝或水泥板。

5.4.8　电钻

在木材上钻孔主要用电钻来完成，如图 5-46。电钻的尺寸是根据适合夹头（电钻前端夹住钻头的机件）的最大钻杆直径来设计的。最常用的 3 种电钻尺寸为 1/4in（6mm）、3/8in（9mm）和 1/2in（12mm）。口径越大的电钻其扭矩越大、转速越慢和功率越大。电钻通常配有一个主握把与一个辅助手柄以便操作者能牢固握持。较大的电钻需要用配套的扳手紧固夹头，较小的电钻则不需要。

所有的电钻都是用扳机启动的，并且有不同的转速，通常有 2 挡或 3 挡转速。应根据待加工材料与钻头类型选择不同的转速挡位。高速挡位通常用于在木材或软金属上钻小孔，而慢速挡位则用于在木材或软金属上钻大孔或在砌体与钢材上钻孔。大多数电钻都带有反转功能，此功能对钻头卡住的情况非常有效。有些电钻还带有锤击功能，可以辅助其钻开砖石和混凝土。

钻头有多种样式、尺寸可选，如图 5-47。高速旋转的钢制钻头或钛合金钻头非常适合在木材、金属或复合材料上钻小孔。如需在木材上钻出大孔，则可使用木工扁钻头。为了钻出更精密的大孔，可使用中心带螺纹的三刃钻头。有些钻头可以在木头或复合材料里钻出平底的孔。在使用该类钻头时，需配合使用安全夹或固定钻床。另外还有能够在木材中钻出深孔

图 5-47　不同样式、尺寸的木工钻头

的螺旋钻头。

不但钻头有很多选择，电钻还有很多配件。对于很大的孔洞，如门把手的孔洞，可以使用多种工具来加工，如钻洞机、圆盘刀、铣刀、钢丝刷、油漆搅拌器和锉刀等。在瓷砖、玻璃和砖石上钻孔，也有专门的钻头。

5.4.9　螺钉枪

螺钉枪是对石膏板电动起子的通用叫法，它除了能固定石膏板之外，还能为地板打螺钉。其外观类似电钻，有不同的夹头用以夹住螺钉钻头，如图 5-48。螺钉枪有一个预设深度，可将螺钉打在石膏板的表面以下但又刚好不破坏纸面。大多数螺钉枪都能高速旋转，且扳机可以被锁住。操作者专注

图 5-48　螺钉枪

于单手将螺钉喂给带有磁力的钻头，同时将枪垂直压向石膏板表面。通常用拇指和食指来握住枪的顶部，再用手掌施加压力。压力促使离合器运转，螺钉从而被拧入。

5.4.10　电木铣与修边机

电木铣与修边机原本都是专为精细木工及家具制造设计的便携式电动工具，该类工具可大幅降低木工的工作强度。电木铣开启时刀头会高速旋转，它可以为家具修边，或为构件开榫眼以作出精确的接头，如图 5-49。轻型木结构建筑施工中，在木基结构板上加工出门窗的洞口，在墙体上将多出的木基结构板边缘部分裁掉，都需采用电木铣，而不是电圆锯。因为电木铣采用修边刀进行加工时，可以保证只裁掉木基结构板，而不会破坏与之相连接的规格材。

修边机（图 5-50）是电木铣的一种小型版本，通常用单手操作，它主要来为材料修边。电木铣与修边机上常用的刀具有直刃切刀和带滚轮的修边刀，如图 5-51 和图 5-52。

5.4.11　砂纸机

砂纸机（图 5-53）有多种规格，可配合不同型号与颗粒目数的砂纸使用。砂纸的目数表示其颗粒的疏密程度，也表示其能达到的打磨效果。粗糙砂纸的

（a）电木铣的外观

（b）电木铣的操作

图 5-49　电木铣

图 5-50　修边机

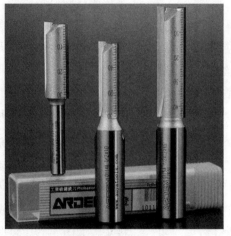

图 5-51　直刃切刀

图 5-52　带滚轮的修边刀

图 5-53　砂纸机

目数较小（50 目、60 目、80 目）；中等砂纸的目数居中（100 目、120 目、150 目）；而精细砂纸的目数较大（180 目、220 目、280 目）；非常精细的砂纸目数会超过 300 目。小型砂纸机（使用 1/4 张砂纸）按轨道运动，但是会留下划痕；抛光砂纸机（使用 1/2 或 1 张砂纸）以直线来回运动；带式砂纸机一边快速旋转，一边打磨；盘式轨道砂纸机可向各个方向随机运动，其砂纸装在一个圆盘上快速转动，打磨后的工件完成面非常平滑。圆盘搭扣在砂纸机的底部，其上带有孔洞可将尘屑导向集尘袋。

5.4.12　台锯

　　建筑工地上最常见到的工具就是台锯，也被称作移动台锯。其有 3 种基本规格：小规格桌面台锯（轻巧紧凑，但是需要一定高度的台面来放置它）；台面

较大的中规格台锯，其锯切宽度为 600mm，带有一体式可折叠滚轮，如图 5-54；大规格台锯，体形最大，其台面宽阔且装有稳妥放置台锯的滚轮或可移动的底座，同时还拥有可伸展的护栏，锯切宽度达到 900mm，如图 5-55。

　　为了人身安全和良好的切割质量，选择合适的台锯非常重要。规格较小的两种台锯会限制待切割工件的尺寸，同时也会影响切割的安全性和精确度。虽然可以通过建造工作台面来克服该局限，但是出于安全性与精确度的考量，最好还是使用大规格的台锯。但即使使用大规格台锯，操作员在切割时仍需一位同伴来扶住工件，或者建造一个扩展工作台面来放稳工件。台锯的规格越大，其配备的锯片护罩、滑轨与靠栅就越完善。

　　台锯应放置在开阔的场地，且周围应有足够的空间以保证操作人员能安全地移动最大尺寸的待切工件。台锯四周的地面应平整坚固，便于台锯的搬运。切割前，应确保台锯的水平和稳固。施工人员如果在转动的锯片周围滑倒，极易产生伤害事故。在工地上，台锯的锯片护罩应时刻罩住锯片。以下是台锯的一些使用规则：

　　①穿着紧身的衣服，不要佩戴首饰；

　　②穿戴必要的个人防护装备；

　　③锯片不能高出待切工件 6mm；

　　④锯片后面要放置一个防反弹齿；

图 5-54　中规格（移动式）台锯

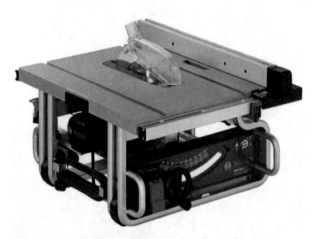

图 5-55　大规格（固定式）台锯

⑤靠栅或角度尺需二选一（严禁用手）；

⑥如用手推动工件穿过锯片和靠栅之间，则工件的最小尺寸应为宽 125mm，长 250mm；

⑦待切割工件越窄，越需要使用推把；

⑧严禁越过锯片上方取东西；

⑨当需要用锯片切割斜面时，锯片的倾斜方向应为远离靠栅的方向；

⑩不要同时使用角度尺与靠栅；

⑪应用一片垫板来确保工件的稳定性，工件与台面、靠栅要紧密接触；

⑫横切小工件时，应使用双槽的横切辅助靠栅；

⑬应使用限位块来辅助重复切割同一尺寸的工件；

⑭切割较大的板材时，应有同伴来确保切割过程中工件始终贴紧靠栅。

5.4.13　斜切锯

电动斜切锯给木结构建筑行业带来了巨大的变化。原本它是为了细木工而设计的，但现在已属于整个木工行业的标配工具。它有两种基本类型：锯片向下正切或斜切的复合斜切锯、能够滑动切割的滑动复合斜切锯。

复合斜切锯的规格根据其锯片的直径来划分，包括 216mm、254mm 与 305mm 3 种规格；如今还有一些无线的复合斜切锯，其锯片尺寸为 90mm。复合斜切锯的最大的锯片可以正切一根 40mm×185mm 或 90mm×140mm 的规格材，或 45°角斜切一根 40mm×140mm 或 90mm×90mm 的规格材。它可以向左右两侧倾斜，并斜切出利落的切口。此外，复合斜切锯配套的滑动靠栅可为大规格材料，如大尺寸顶角线提供良好的支撑。

滑动复合斜切锯（图 5-56）拥有强大的切割能力，它能沿 90°角切割一根 40mm×380mm 的规格材，或沿 45°角切割一根 40mm×285mm 的规格材。其正确的操作顺序如下：

①将工件向背部的靠栅紧压；

②把锯片完全抬起；

③按下开关启动锯片；

④稍作等待，等待锯片达到最大转速；

⑤压低锯片；

⑥向靠栅方向推动锯子，并切割工件。

为了切出利落的切口，可先把锯片降低到工件表面切出 3mm 的浅痕，然后再一切到底。保证斜切锯良好运转的要点包括：保持锯片锋利、活动部件足够润滑、锯片护罩正常工作以及工件有良好的支撑。斜切锯通常会带有厂家配套的工作台，但很多施工人员都使用自制的工作台。有些施工人员喜欢将斜切锯放在地上操作，但是使用工作台的切割效率与精确度更高。

图 5-56　滑动复合斜切锯

图 5-57　带夹具的工作台

较好的做法是将作业的高度调到使操作者不需弯腰的位置，如此即可减少操作者的疲劳感，从而提高工作效率。

新型号的斜切锯还带有工件夹具和激光切割定位装置等配件。

5.5　其他工具

5.5.1　工作台

工作台上通常安装有夹具，用于固定工件，如图 5-57。工作台可以为木材加工带来极大的便利，同时也可以提高加工精度。对于一些大尺寸的工件，则可以用两个以上工作台进行支撑，或在工作台两侧用木材临时搭个支架进行支撑。

5.5.2　工具包

工具包（图 5-58）的主要作用是将常用的工具携带在操作者身边，无须多次往返取用，提高操作效率。

5.5.3　大锤

大锤（图 5-59）主要在轻型木结构建筑墙体的

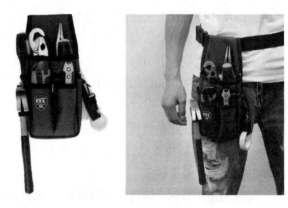

图 5-58　工具包

图 5-59　大锤

搭建和竖立的过程中，对墙体进行调整的时候用到。需要注意的是当敲击力较大时，切勿用大锤直接敲击木材，可以在被敲击木材上垫一块木材起到保护作用。

5.5.4　撬棍与扁撬杠

撬棍（图 5-60）可用于将长钉拔出木头，或撬开用钉子连接的木构件。撬棍一端呈楔形，另一端有 U 形弯曲并呈叉状，可用来卡住并拔出钉子。U 形弯曲的设计使撬棍的支点随着钉子的撬出而不断调整。

扁撬杠（起钉器）与撬棍具有类似的作用。如果要拔出深入木材的钉子，则需要使用扁撬杠，如图 5-60。起钉时，需先用锤子敲击扁撬杠，使其羊角部分进入木材并卡住钉帽。扁撬杠羊角外侧有弧形设计，最初的敲击使其向下移动并插入钉帽周围的木材；继续敲击则可使其向上翻起，卡住钉子并将其带出稍许；随后再加力将钉子拔出。钉子只要被起出至钉帽离开木头表面，即可使用多种工具将其拔出。

图 5-60　撬棍与扁撬杠

5.5.5　宽嘴钳

宽嘴钳（图 5-61）主要用于夹弯薄金属板，如在木结构建筑施工中用来夹弯屋檐处金属泛水板等部件。

5.5.6　空气压缩机

在轻型木结构建筑施工中会用到很多气动工具，此时则需要配备空压机，如图 5-62。空气压缩机（空压机）是一种常见的动力设备，主要用来提供气源动力，它是气动系统的核心设备，将原动机（通常是电动机或柴油机）的机械能转换成气体压力能，是压缩空气的气压发生装置。

空压机具有一定的危险性，使用时应注意以下事项：

①空压机应停放在远离蒸汽和粉尘飞扬的地方，进气管应装有过滤装置。空压机就位后，应用进行固定，防止滑动。

②应经常保持贮存罐外部的清洁。禁止在贮气罐附近进行焊接或热加工。贮气罐每年应作水压试验一次，试验压力应为工作压力 1.5 倍。气压表、安全阀应每年作一次检验。

③操作人员应经过专门培训，必须全面了解空

图 5-61　宽嘴钳

图 5-62　空压机

压机及附属设备的构造、性能和作用，熟悉运转操作和维护保养规程。

④操作人员应穿好工作服，不得进行与操作机器无关的事情，不得擅自离开工作岗位，不得擅自决定非本机操作人员代替工作。

⑤空压机起动前，应按规定做好检查和准备工作，打开贮气罐的所有阀门。柴油机启动后必须施行低速、中速、额定转速的加热运转，注意各仪表读数是否正常后，方可带负荷运转。空压机应逐渐增加负荷启动，各部分正常后才可全负荷运转。

⑥空压机运转过程中，随时注意仪表读数（特别是气压表的读数），倾听各部位的声响，如发现异常情况，应立即停机检查。贮气罐内最大气压不允许超过铭牌规定的压力。每工作2~4h，应开启中间冷却器和贮气罐的冷凝油水排放阀门1~2次。做好机器的清洁工作，空压机长期运转后，应等待其自然冷却，禁止用冷水冲洗。

⑦空压机停机时应逐渐开启贮气罐的排气阀，缓慢降压，并相应降低柴油机转速，使空压机在无负荷，低转速下运转5~10s。空压机停转后，柴油机在低转速下继续运转5s再停机。冬季温度低于5℃时，停机后应放尽未掺加防冻液的冷却水。

⑧在清扫散热片时，不得用燃烧方法清除管道油污。清洗、紧固等保养工作必须在停机后进行。用压缩空气吹洗零件时，严禁将风口对准人体或其他设备，以防伤人毁物。

⑨定期对贮气罐安全阀进行手动排气试验，保证安全阀的安全有效性。

⑩空压机运转时的噪音较大，要做好防噪降噪。

第 *6* 章

轻型木结构建筑施工案例

　　在前面理论介绍的基础上，本章主要介绍轻型木结构建筑的施工流程与建造过程中的注意事项。以较为常见的单层双坡面轻型木结构建筑为案例，按照施工流程，从材料准备、各构件制作与安装等方面，依次介绍了基础与楼盖、墙体结构、屋盖结构、墙体外围护结构、屋面围护结构、室内装修这六大部分的具体施工要求。本章旨在为轻型木结构建筑的建造过程提供指导。

本章以较为常见的单层双坡面轻型木结构建筑为案例来介绍轻型木结构的施工流程，该案例建筑体量较小，方便移动，可作为保安岗亭、售卖部、卫生间等使用。建筑外部设计尺寸为 4.29m（长）×2.47m（宽）×3.43m（高），其外形及部分结构如图 6-1 所示。轻型木结构建筑的施工流程必须严格按照设计图纸进行，设计时进行精确的结构计算（参见第 3 章内容），其施工流程主要分为三大部分，即主体结构施工、围护结构施工和室内装修施工。施工流程如图 6-2 所示。

图 6-1　建筑外形及部分结构示意图

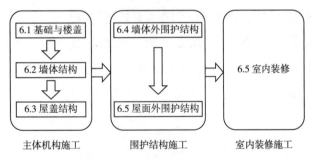

图 6-2　施工流程图

6.1　基础与楼盖

基础结构是木结构建筑整体的一部分，必须能够承受自重及其上部结构传递下来的荷载。由于木结构建筑自重较混凝土和钢结构轻，并且高度限制在 3 层以内，所以其基础一般较小。但是在白蚁或腐朽菌危害较大的地区，规划时需要考虑微生物和昆虫入侵对基础和基础材料的危害，以延长木结构的使用寿命。

轻型木结构的基础一般为混凝土基础，通常在地面以下。在本章木结构施工案例中，由于建筑的总体尺寸和体量较小，同时为了方便竣工后的运输，本案例选择可移动的型钢基础。具体施工方法如下。

6.1.1　材料准备

所需材料：型钢板材，螺栓，螺母，聚乙烯防潮薄膜，2in×6in 和 2in×8in（名义尺寸，1in=2.54cm）SPF 规格材，OSB 板，垫块。

6.1.2　基础铺设

（1）铺设型钢底座

根据图纸焊接型钢板材，型钢底座基础的外围尺寸是 4267mm（长）×2440mm（宽）。在焊接完框架后，需要在预留位置打孔并焊接螺钉。焊接后用水平尺找平，确保整个框架在一个平面内，不平的地方可以使用垫块找平（图 6-3）。

图 6-3　型钢基础焊接与找平

（2）铺设防潮薄膜

在型钢板材的上表面铺设 3 层聚乙烯防潮薄膜，防止地面潮气通过地梁板渗透进木结构内部（图 6-4）。铺设前，首先根据型钢框架尺寸裁剪薄膜，每条薄膜上需要根据螺钉的位置预留相应大小的孔洞，然后将薄膜铺设在钢板基础上。铺设时防潮薄膜要平整，不要出现褶皱的情况。

（3）固定地梁板

为了保证基础的防水防潮性能，地梁板应使用

图 6-4　防潮层铺设与地梁板的固定

防腐木或防腐处理材。根据图纸要求，将地梁板锯切至规定的尺寸。铺设前，需要在地梁板上预先画出螺栓孔洞位置，并用钻头对木材进行开孔。开孔时，应确保孔径比预埋螺栓大 1~3mm。铺设后，使用螺母将地梁板和型钢基础固定在一起，同时使用水平尺进行找平校准（图 6-4）。

（4）防护处理

基础铺设完成后，地梁板与基础防潮层之间的缝隙应用发泡剂填充，确保基础的气密性。

6.1.3　楼盖搁栅的制作

（1）准备材料

一般楼盖体系结构如图 6-5 所示。本次工程中，选用 2in × 8in SPF 规格材作为搁栅材料，并根据图纸锯切搁栅构件，包括楼盖搁栅 12 根、封头搁栅 2 根、封边搁栅 2 根、中部横撑 11 根（包括隔墙下的横撑 3 根）、端部横撑 6 根。

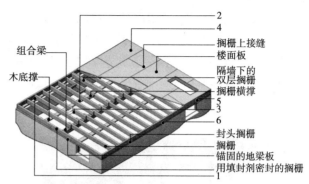

1—楼盖搁栅与地梁板和梁为斜向钉连接
2—木底撑与楼盖搁栅下侧用钉连接
3—剪刀撑与楼盖搁栅用钉连接
4—楼面板与楼盖搁栅用钉连接或螺栓连接而且也可能用胶连接
5—封头搁栅与搁栅末端垂直钉连接
6—封头搁栅和搁栅端部与地梁板斜向钉连接

图 6-5　典型楼盖体系剖视图

（图片来源：加拿大木材委员会）

（2）拼装楼盖搁栅

根据图纸要求，在楼盖搁栅的封头搁栅和封边搁栅上进行测量并画线定位，便于之后搁栅和搁栅横撑的架设。具体步骤如下：

①在封边搁栅上画线定位：为保证画线位置的一致性，通常将对称的两条封边搁栅钉在一起，然后统一进行画线，如图 6-6 所示。拼装时注意搁栅上画线的位置要一一对应，不可颠倒。画线工作最好仅由一人负责完成，根据图纸位置，从一侧向另一侧画，以减少误差。画线时，需要注意画线的标志，应运用正确的符号标注出连接位置。

②安装四周封头搁栅：用气钉枪将四周的封头搁栅钉合在一起，每端面使用 3 颗钉子固定，钉子之间的间距应尽量保持一致。

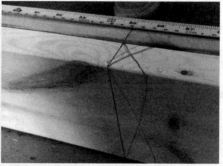

图 6-6　封边搁栅的画线定位

③安装楼盖搁栅：如图 6-7 所示，在组合安装楼盖搁栅时，应将木材构件表面质量较好的一侧朝上放置，或将翘曲外凸的一侧朝上。安装时，根据画线位置，从一侧向另一侧依次安装格栅，以减少施工误差。

④定位并安装横撑：安装横撑前需要进行定位，可以使用墨斗在搁栅上表面进行弹线以标记出中心位置（图 6-8）。在使用墨斗时，首先固定住线的两端点，绷紧线后，再垂直拉开线进行弹线，确保墨痕清晰笔直。

（3）固定楼盖搁栅

将以上组装好的部件移至型钢基础附近，准备进行固定工作。固定时，可使用气钉枪和 80mm 的圆钉，将封头搁栅和封边搁栅固定到地梁板上。使用气钉枪时，需要把握好气钉枪的入射角度，将钉子斜向下钉入搁栅和地梁板，将二者连接在一起（图 6-9）。

固定完毕后，按照画线位置，使用气枪钉将其他搁栅和两边的搁栅横撑固定，最后将楼盖搁栅与封头搁栅钉合（图 6-9）。

图 6-7　楼盖搁栅的组装

图 6-8　墨斗与弹好线的构件（红框中为弹线墨痕）

图 6-9　楼盖搁栅的铺设

（4）校准垂直度

对固定好的搁栅进行校准，可以用卷尺测量楼盖搁栅对角线的长度，两对角线长度相差不能超过5mm，如果超过，可以使用大锤进行校正。

6.1.4　楼面板的铺设

（1）准备板材

楼面板通常采用标准规格的 OSB 板，在本案例中，楼面板需要由 5 块 OSB 板拼接而成。其中，1~3 号为完整的 OSB 板，而 4 和 5 号 OSB 板在安装完成后需要使用电锯截去多余的部分（图 6-10）。

（2）铺设覆面板

按图 6-10 的铺设要求，将 OSB 板覆盖在楼盖搁栅上方，使用气钉枪进行固定。在封边搁栅和封头搁栅处，按照 100~150mm 的间距要求射入气钉。在中部搁栅上，按照 250~300mm 的间距要求射入气钉。

对于搁栅横撑而言，需要在横撑与中部搁栅的垂直连接处的侧面进行侧向射钉。在铺设过程中，OSB 板材长度方向与搁栅垂直，宽度方向拼缝与搁栅平行并相互错开，且应搭接在搁栅上。楼面板铺设完成效果如图 6-11 所示。

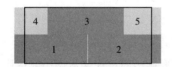

图 6-10　OSB 楼面板铺设示意图

图 6-11　楼面板铺设完成效果

（3）校准水平度和垂直度

用卷尺测量楼盖格栅对角线长度，两对角线长度相差不应超过 5mm，否则用大锤进行校正；用水平尺测量楼盖搁栅的水平度并进行校正，保证楼盖搁栅的水平。

6.2　墙体结构

墙体系统由墙骨柱、顶梁板和底梁板、门窗洞口上的过梁以及覆面板组成。各构件的尺寸和间距根据其分配和承担的荷载决定。覆面板的选择与其抵抗侧向荷载的能力及其外墙面的附着物有关。典型的墙体框架如图 6-12 所示。

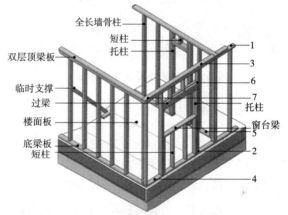

1—墙骨柱末端应钉在顶梁板和底梁板上
2—采用双墙骨柱时，以及在墙体相交和转角部位，墙骨柱应钉在一起
3—采用双顶梁板时，应将顶梁板钉在一起
4—外墙底梁板应钉在楼盖搁栅或填块上
5—内墙底梁板应钉在楼盖搁栅或填块上
6—门窗过梁（通常是钉在一起的组合规格材）两端都应钉在墙骨柱上
7—在墙相交处应将叠拼的顶梁板钉在一起

图 6-12　典型墙体框架示意图

（图片来源：加拿大木材委员会）

6.2.1　材料准备

准备材料：2in × 4in 和 2in × 6in SPF 规格材。

6.2.2　墙体结构制作

本建筑共 5 面墙体，其中 1 面为内隔墙，其他 4 面为外墙；4 面墙体留有门窗开洞处。

根据图纸尺寸要求锯切墙体构件材料（底梁板，

顶梁板，墙骨柱、门窗过梁、托柱、窗台梁、短柱及覆面板）。墙骨柱采用 2in×4in SPF 规格材，顶、底梁板采用 2in×6in SPF 规格材。

各墙体的施工方法基本相似，可参考以下主要步骤：

（1）预铺设墙体

此部分与楼盖搁栅的制作类似。根据图纸的要求，准备好搭建墙体所需的规格材构件，并按图纸要求将墙骨柱预先摆放在相应位置（图 6-13）。

图 6-13　预先放置墙骨柱位置

（2）标记墙骨柱安装位置

为了确定墙骨柱的位置，首先将顶梁板和底梁板对齐后钉在一起，然后使用木工铅笔、快速三角尺及卷尺在顶梁板和底梁板上做好标记。可以使用"×"表示墙骨柱所在位置，若有门窗开洞处，则顶梁板及底梁板的墙骨柱做不同标记，其中托柱用"J"表示，非承重用短柱用"C"表示。如图 6-14 所示。

图 6-14　墙骨柱标注示意图

（3）连接和固定构件

按照画线位置，使用气钉枪将龙骨和顶梁板钉在

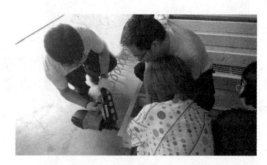

图 6-15　钉枪固定连接构件

图 6-16　组装后的墙骨柱

一起。射钉要求与搁栅制作相类似（图 6-15、图 6-16）。

根据墙体结构、所处的位置及所含构件不同，构件的具体连接方式如下：

①墙骨柱末端应钉在顶梁板和底梁板上；

②采用双墙骨柱，以及在墙体相交和转角部位，墙骨柱应钉在一起；

③采用双顶梁板时，应将顶梁板钉在一起；

④门窗过梁（通常是钉在一起的组合规格材）两端都应钉在墙骨柱上；

⑤在墙相交处应将叠拼的顶梁板钉在一起；

⑥外墙底梁板应钉在楼盖搁栅或填块上；

⑦内墙底梁板应钉在楼盖搁栅或填块上。

（4）校准垂直度

用卷尺测量墙体对角线的长度，两对角线长度相差应不超过 5mm，否则须使用大锤进行校正（图 6-17）。

6.2.3　墙面板铺设

在朝向外部的墙面上铺设 OSB 墙面板，铺设方法与楼面板的方法类似，但需要对开洞位置进行裁边。

图 6-17　校准墙体垂直度

　　在固定时，OSB 墙面板与墙骨柱需要使用 60mm 的麻花钉固定，可在墙骨柱的位置预先使用墨斗弹线，确保钉子射入的位置。固定完毕后，使用电木铣对 OSB 墙面板进行裁边，将墙体外围多余的 OSB 墙面板及门窗开洞处的 OSB 墙面板铣掉，完成墙体的制作（图 6-18）。其中，内隔墙不进行 OSB 板的铺设，后续内装时铺设石膏板。在墙体的门窗洞口处，要对 OSB 板进行相应的开口处理（图 6-19）。

图 6-18　OSB 墙面板的安装

图 6-19　OSB 墙面板的门窗开口处理

6.2.4　墙体的竖立

（1）画线定位

使用墨斗在楼盖 OSB 覆面板上弹线，确定 5 面

图 6-20　画线确定墙体所在位置

墙的安装位置，如图 6-20 所示。其中，4 号墙体为内隔墙，其余均为外墙体。

（2）竖立墙体

　　按照图 6-20 的安装顺序，首先安装第 1 面墙（图 6-20 中 1 号墙），可由几名同学将墙体预先竖起，根据画线位置摆正后，用支架斜撑进行临时固定（图 6-21）。斜撑可以使用现场的废弃木材。在实际施工过程中，每安装一面墙，墙与墙之间产生的相互作用就会使先前固定好的墙的位置发生变化。因此，在安装过程中，每一面墙都需要使用水平仪进行校正，确保墙体竖直；位置不正时，可采用大锤敲打墙体进行校正。

图 6-21　墙体的临时固定

（3）墙体的固定与连接

墙体竖立好后，使用气钉枪将墙体与楼盖连接固定在一起，固定时需要把握好气钉的射入角度，一般多采用斜钉方式（图6-22）。

按照图6-20的立墙顺序，采用同样的方法将其余几面墙固定在楼盖覆面板上。图6-23为第1和第2面墙固定完成后的效果。

6.2.5　各墙体之间的固定与连接

（1）压顶木安装

如图6-24所示，压顶木需要错缝安装，即压顶木接缝（图中实线位置）与墙体顶梁板接缝应错开（图中虚线位置），以便墙体之间具有整体抗变形的性能。

（2）外墙连接

四面外墙在转角处连接时，须采用4颗麻花钉进行固定，如图6-25所示。

（3）隔墙的安装

隔墙在与其他墙体连接时，如隔墙（4号墙）与南北墙（2号墙和5号墙）之间，也可采用类似的方法进行连接（图6-26）。在所有墙体组装完成后，须拆除临时斜撑。

图 6-22　墙体与楼盖之间的固定连接

图 6-23　第 1 和第 2 面墙体的固定与校准　　　　图 6-24　压顶木错缝安装

图 6-25　各墙体转角处的连接

图 6-26　隔墙与其他墙体之间的连接

6.2.6　墙体校正

墙体竖立完成后，同样需要进行校正。水平校正时，需要将水平仪平放在墙体上方，检验墙体在水平方向是否平直；垂直校正时，使用铅垂线，如果不正须使用大锤敲打墙体，使其回到准确位置。

6.2.7　墙体部分的钉连接

墙体部分的钉连接要求见表 6-1。

表 6-1　墙体的钉连接要求

连接构件名称	最小钉长 /mm	钉子的最小数量或最大间距
墙骨柱与墙体顶梁板、底梁板：斜向钉连接	60	4 枚
垂直钉连接	80	2 枚
开孔两侧双根墙骨柱，或在墙体交接或转角处的墙骨柱	80	750mm（中心距）
双层顶梁板	80	600mm（中心距）
墙体底梁板或地梁板与搁栅或封头块（用于外墙）	80	400mm（中心距）
内隔墙底梁板与框架或楼面板	80	600mm（中心距）
非承重墙开孔顶部的水平构件两端	80	2 枚
过梁与墙骨柱	80	每端 2 枚
组合过梁	90	2 排，450mm（中心距），距端部 100~150mm

6.3　屋盖结构

建筑物的屋盖可以保护房屋免受气候的影响。屋盖可以承受雪载和风载、排走雨水，并有助于控制房屋内外热量的流动。屋盖的强度和刚度是其具有的重要特性。建造屋盖的方法有两种，一种是在工厂预制，现场安装的屋盖桁架；另一种是将单个构件，例如椽条和搁栅，在现场组装成屋盖。后者称为传统屋盖，也是本次实习中所采用的屋盖形式。

图6-27为典型的屋盖体系，一般由椽条和搁栅组成，主要包括以下规格材构件：

①横跨外墙与屋脊梁的椽条，通常倾斜并带有中间支撑以帮助荷载传递；

②横跨墙体的顶棚搁栅，一般用连接板连接或者搭接；

③水平放置的屋脊板为椽条提供支撑，在屋脊板的连接处通常用支柱支撑；

④连接椽条的椽条连杆；

⑤椽条连杆的侧向支撑。

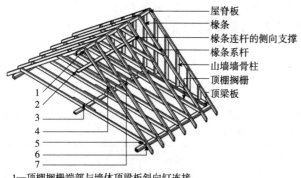

1—顶棚搁栅端部与墙体顶梁板斜向钉连接
2—椽条（或桁架）与墙体顶梁板斜向钉连接
3—椽条与顶棚搁栅钉连接
4—椽条与屋脊板斜向钉连接或垂直钉连接
5—椽条拉杆与椽条钉连接
6—椽条拉杆侧向支撑与拉杆钉连接
7—顶棚搁栅在连接板或搭接处用钉连接

图 6-27　传统双坡屋盖结构图
（图片来源：加拿大木材委员会）

6.3.1　材料准备

本轻型木结构建筑案例采用传统双坡屋盖，屋盖坡度为34°。

屋盖主要构件及其数量为：吊顶搁栅9根、脊梁1根、椽条14根、悬挑屋盖的支撑填块8根、封檐板2根、山墙封檐椽4根、山墙龙骨10根。屋面板采用OSB板材，厚度为15mm。屋盖内保温材料选用玻璃纤维保温棉，厚度为140mm。

在安装屋盖前，需要根据图纸要求，在墙体的顶梁板上进行测量及画线，以确定和标注山墙、椽条、顶棚搁栅和横撑的位置。

6.3.2　山墙制作

按照图纸要求，首先加工好山墙所需的构件，然后使用气钉枪将各构件拼接固定在一起，即完成山墙的制作（图6-28）。

图 6-28　制作完成的山墙

制作完成的山墙顶端应留有放置屋脊板的槽口，并将山墙临时固定在屋顶两侧墙面的顶梁板的中间，两边与顶梁板平齐（图6-29）。

图 6-29　山墙在顶梁板上的临时固定

6.3.3　椽条的制作

屋顶椽条使用2in×8in的SPF规格材制作。首先需要按照图纸进行计算，再使用木工铅笔、快速三角尺及卷尺等工具标记出椽条鸟嘴及椽条外边缘，采用圆锯机将椽条外边缘形状锯切出来，并使用线锯锯出鸟嘴（图6-30）。

图 6-30　椽条的制作流程

6.3.4　屋脊梁与椽条的安装

在两面山墙之间架设通直的屋脊梁并用水平尺调平，屋脊梁可使用 2in×10in 的 SPF 规格材加工制作。屋脊梁的水平度是决定屋顶椽条搭设质量与屋面板平齐安放的关键。因此，在安装时需要对其进行仔细校准。

接下来，根据脊梁上的定位线安放椽条，椽条端部斜面与屋脊梁在固定时，应使用 4 枚长度为 60mm 的圆钉链接，或者用 3 枚长度为 80mm 的钉子从屋脊梁背面钉入椽条端部。需要注意的是，椽条端部的槽口应放置在顶梁板上（图 6-31）。

图 6-31　屋脊梁与椽条的安装

6.3.5　顶棚搁栅的安装

顶棚搁栅采用尺寸为 2in×6in 的 SPF 规格材加工而成。椽条安装完成后，在靠近其底部侧端，按照设计要求摆放对应的顶棚搁栅，并将顶棚搁栅与其侧面的椽条垂直钉合，如图 6-32 所示。

椽条和顶棚搁栅应该交替安装，即每对称安装了 2 根椽条后，就要安装 1 根与其相邻的顶棚搁栅。顶棚搁栅可用 2 枚长度为 80mm 的圆钉与顶梁板斜向钉牢。当椽条与顶棚搁栅相邻时，应用 3 枚长度为 80mm 的圆钉将它们相互钉牢。

6.3.6　山墙处椽条的安装

山墙处的椽条应安装在距离山墙檐口外挑长度 2 倍的位置（图 6-33）。悬挑椽条应支承在山墙顶梁板上，并应用 2 枚长度为 80mm 的钉子将它们斜向钉合，悬挑椽条的另一端与封头椽条用 2 枚长度为 80mm 的钉子钉合。悬挑椽条与封头椽条的截面尺寸应与其他椽条截面尺寸一致。至此，屋盖结构基本安装完成（图 6-34）。

图 6-32　顶棚搁栅的安装与固定

图 6-33　山墙处的椽条

图 6-34　屋盖结构基本完成

6.3.7　屋面板的安装

在安装屋面板前，需要在顶棚搁栅间铺设保温材料，这里使用的是玻璃纤维保温棉，铺设厚度由建筑所在区域的气候条件决定，一般填充1~2层。填充完毕后，需要对屋面进行封板处理（图 6-35）。

屋面板及两侧的山墙覆面均为 OSB 板材，铺设前需要在地面上预先裁切至相应的尺寸。在铺设屋面板时，还需要在 OSB 板上标注出通风口的位置并进行开口处理。屋面板间使用 H 型夹子进行连接（图 6-36）。安装完成后，可使用墨斗在板材上弹线，以标示后续用钉位置。

固定屋面板时，可将屋面板置于椽条顶部并沿标注线以一定间距施钉，屋面板的接缝位于椽条上。若屋面板安装后长度略超出山墙封檐椽，可以使用电铣对屋面板进行手动齐边。山墙的安装方法与屋面板类似。

图 6-35　屋面板的铺设与连接

图 6-36　屋面板的安装

6.3.8　屋盖构件的钉连接

屋盖构件的钉连接要求可参见表 6-2。

表 6-2　屋盖的钉连接要求		
连接构件名称	最小钉长 /mm	钉子的最小数量 / 枚
顶棚搁栅与墙体顶梁板斜向钉连接	80	2
屋盖椽条、桁架或搁栅与墙体顶梁板斜向钉连接	80	3
椽条与顶棚搁栅	100	2
椽条与搁栅（屋脊板有支座）	80	3
椽条与搁栅（屋脊板无支座）	—	—
两侧椽条在屋脊通过连接板连接，连接板与没根椽条的连接	60	4
椽条与屋脊板斜向钉连接或垂直钉连接	80	3
椽条连杆每端与椽条	80	3
椽条连杆侧向支撑与椽条连杆	60	2
短椽条与屋脊或屋谷椽条钉连接	80	2
椽条撑杆与椽条钉连接	80	3
椽条撑杆与承重墙斜向钉连接	80	2

注：如本表没有涉及，建议进行工程计算（GB50005 第 6 章）。

6.4　墙体外围护结构

保温层、气密层和蒸汽扩散阻隔层是轻型木结构房屋建筑围护结构中，用来控制热量、空气和水蒸气流动的主要手段。这 3 种组件在木结构构件中共同发挥作用，以达到保温隔热和控制水蒸气流动的目的。围护结构采用多种设计方法和使用多种材料来控制和调节温度、湿度和空气流动。

建筑物围护结构的设计必须符合所在地的气候条件，以确保外围构造内不出现水汽冷凝及滞留。这一要求对外墙最为重要，因为外墙常常是建筑物围护结构最主要的组成部分；这一要求也同样适用于屋盖、楼板、地下室、窗户及进户门。

6.4.1　材料准备

准备材料：呼吸纸，码钉枪，乙烯基塑料外墙挂板，铝合金泛水板，自粘防水卷材，门，窗。

6.4.2　呼吸纸的铺设

外墙围护工作主要集中于外墙呼吸纸与外挂板的铺设，本案例使用单向不透水呼吸纸与乙烯基塑料外墙挂板。

乙烯基塑料外墙挂板具有耐用、安装快捷以及维修保养频次低等特点。如安装正确，可以达到防止雨水渗透的效果，从而保证墙体对水汽的阻隔。

在铺设外墙呼吸纸时，首先沿外墙下边缘开始铺设，使用码钉枪将呼吸纸固定在外墙覆面板上（图 6-37）。铺设时，相邻两层呼吸纸的横缝搭接宽度不小于 150mm，竖缝搭接宽度不小于 300 mm。铺设方向须按照先下后上的顺序进行，遇到门窗或其他开洞位置时需要断开（图 6-38）。

在墙体下层铺设呼吸纸时，由于没有挑檐搁栅的阻挡，铺设过程较为简单，但需要注意以下几点：

①呼吸纸要将地基以上的部分全部遮住，多余部分可以后期裁剪。

②呼吸纸铺设必须采用顺水搭接的方式，即上层盖住下层，且保证足够的搭接宽度。

③呼吸纸铺设时极易发生倾斜，拉展人员和定钉人员需要配合，并随时观察呼吸纸是否保持竖直。若出现重叠、歪斜等现象，须及时进行校正，否则将出现呼吸纸铺设后表面不平整等缺陷。

图 6-37　呼吸纸的固定

图 6-38　外墙呼吸纸的铺设

④在房屋转角处，可以将地基处的呼吸纸剪开。

⑤在墙体上层铺设呼吸纸时，由于屋顶及挑檐的存在，每一部分的高度不一致，需要在铺设过程中用剪刀剪掉多余的部分。

⑥窗户开洞处，需要预留一些呼吸纸，贴在门窗框上（图 6-39）。

图 6-39　窗户开洞位置呼吸纸的铺设

图 6-40　门框位置呼吸纸的铺设

⑦门框位置，同样需要多预留一部分呼吸纸，反折铺设在门框上（图 6-40）。

6.4.3　门窗的安装

窗和外门的大小、比例、类型和位置都必须考虑功能和性能要求等要素，这些要素还取决于建筑美观、用户喜好、价格、安全、地域以及国家建筑规范要求。窗和外门的功能、性能及其安装与轻型木结构建筑物的其他各方面紧密结合在一起，如节能、潮气管理、防火安全、墙体框架、保温层、气密层和蒸汽扩散阻隔层的安装。因此，本部分将门窗安装也纳入外墙的安装范畴。

在安装窗户前，还需要在窗台处铺设自粘防水卷材（图 6-41），以防止雨水渗透。此外，在直角连接部分，需要将小块的三角形自粘卷材覆盖好窗角的空隙（图 6-42）。

在安装窗户前，窗台处需要安装垫块或垫片来支撑窗户（图 6-43）。垫块须为耐久性良好的材料，如金属或者防腐材料，但首先须确保垫块足以支撑窗户的重量。

在窗户底部的安装翼上，要用金属剪或刀切出排水用的泄水孔，泄水孔至少 10mm 宽，一个窗户底部留有 2 个泄水孔。泄水孔的位置应与窗台上的垫块错开，以防止垫块阻碍泄水孔的排水效果（图 6-44）。

装入窗户并调正，再用钉子或螺钉将窗户侧翼和底翼钉入墙体。在安装翼上沿向上 12mm 钉钉子，再弯回钉子扣住安装翼，这样不但固定住窗户同时

图 6-41　窗台防水卷材铺设

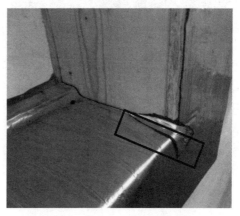

图 6-42　窗台边缘防水卷材铺设

图 6-43　用不可压缩的防腐材料制成垫块以支撑窗户

图 6-44　在安装翼下缘切出泄水口用于排水

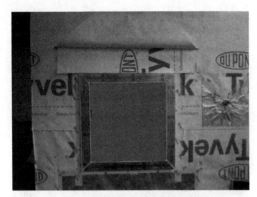

图 6-45   窗户周围加装呼吸纸

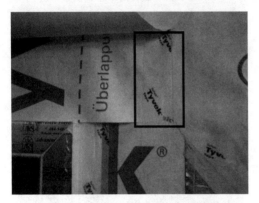

图 6-46   用呼吸纸胶带密封竖向接缝

图 6-47   安装好的窗线和泛水板

图 6-48   泛水板的挡水收边

图 6-49   窗边缝隙填充发泡材料密封

充分考虑到了建筑本身的移动和收缩。下一步，在窗上口加装一片呼吸纸，两端各超出窗户 150mm（图6-45）。加装的呼吸纸为折回的呼吸纸，能够为窗上口的泛水板提供额外的保护。此外，使用呼吸纸胶带密封竖向接缝（图 6-46）。

窗户安装完毕后，还需要在外墙侧安装窗线和泛水板（图 6-47），便于窗户上沿的排水。泛水板边缘需要使用鸭嘴钳进行收边处理（图 6-48）。

安装完成后，须使用发泡材料填充门窗与墙体间的缝隙，以防止雨水、潮气、生物入侵，并加强隔音保温效果。在填充时，要将发泡材料喷嘴深入待填缝隙，手动按压控制填充物的施加量与位置（图 6-49），待发泡材料膨胀、硬化凝固后，用小刀割去溢出缝隙多余的发泡材料。

门的安装与窗户安装类似，按顺序安装门框、合页和门。在安装过程中注意校准门的水平度和垂直度。

6.4.4   外墙挂板的安装

在呼吸纸铺设和窗户安装完成后，开始进行外墙挂板的安装。本案例选用的挂板为聚乙烯外墙挂板。在安装时，首先在墙体 4 个转角处、门窗洞口周围安装挂板收边条（图 6-50），使用电钻与螺丝钉将收边条紧固在墙体结构构件上。

如图 6-51 所示，外墙挂板采用水平安装，从位于建筑物外墙底部的定位线开始安装带防虫网的底部起始条，其安装水平线距离施工地面至少 150mm。

图 6-50　聚乙烯外墙挂板收边条和外角柱

图 6-51　聚乙烯外墙挂板的安装与完成效果

然后，从底端开始一层层向上连续铺设，直到檐底板下面，最后安装檐底板和山墙尽头的收边挂板。外挂板应覆盖住门窗上部金属泛水板在墙体上延伸出的部分。

在安装外墙挂板时，其上缘应使用螺钉固定，下缘和下层挂板咬合连接。上下层外挂板应紧密卡固，水平安装。同一层中，即水平方向，挂板间的搭接缝应与上下相邻两层的搭接缝交错，搭接缝间距离应该超过 600mm。

在安装时，还需要考虑聚乙烯挂板的热胀冷缩，因此必须留出相应的空间。紧固件应安装在挂板开口的中心（图 6-52），不应该固定得太紧，这样挂板才能在紧固件下有活动空间。

为节省螺钉用量，除开挂板端头必须用钉外，挂板中部用钉间距可在保证紧固质量的前提下设置，实际操作中相邻螺丝钉间可错开 4 ~ 5 个狭槽的距离。安装过程中也要考虑外挂板接缝的位置与美观，可按需进行灵活的切割处理。尤其在遇到门窗等开洞处，需要测量、画线、锯解得到长度、形状合适的外

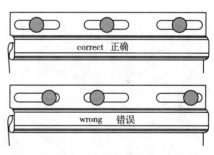

图 6-52　聚乙烯外墙挂板螺钉安装位置
（图片来源：加拿大木业协会）

挂板，以适应开洞处的要求。

6.5　屋面围护结构

屋面材料铺设必须在屋盖结构和结构屋面板施工完成之后、内部装修开始之前进行，以尽量减少内部结构暴露于雨水中的时间。这样做可为室内装修提供防风防雨的工作空间，避免装修材料受损。同时还可防止木结构材料受潮、进而引起干缩及霉变等问题。木构件表面偶尔有少量受潮或雨水，并且很快干

燥，一般没有大碍。

　　根据设计要求，应在屋面板上铺放防水卷材，并且在建筑物构件交界处以及屋檐安装泛水板。一般屋面材料包括沥青、釉面涂刷或浸渍的瓦片、黏土或混凝土以及各种新式的金属屋面材料。具体可参见第2章相关内容。

6.5.1　材料准备

　　准备材料：自粘防水卷材，三凸头沥青瓦，金属泛水板，屋顶通风扇。

6.5.2　泛水板的安装

　　与窗沿的泛水板类似，屋面板的各边缘也须安装泛水板，便于快速排泄雨水。安装前需要量好屋面覆面板的长度，切割出对应长度的泛水板，同时使用鸭嘴钳将泛水板的下部夹至翘起形成滴水槽，可以使雨水顺着滴水槽滴落到地面上，减少雨水对木材的损害。在安装时，可使用气钉枪将泛水板固定在屋面OSB板上（图6-53）。

图6-53　安装在屋面边缘的泛水板

6.5.3　防水卷材的铺设

　　为了提高屋面OSB板的防水性能，需要在板材上面粘贴一层沥青防水卷材。铺设前，需要在地面上进行准备作业，用卷尺测量屋面长度，并裁取对应长度的防水卷材（图6-54）。准备就绪后，将防水卷材对齐屋面边缘进行铺设，从屋顶一侧向另一侧慢慢铺展开，同时揭下胶带薄膜使其粘牢在屋面板上（图6-55）。在此过程中须确保防水薄膜边缘与屋面檐口边缘平齐。

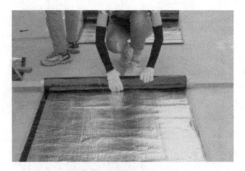

图6-54　裁剪防水卷材

图6-55　铺设防水卷材

图6-56　铺装完成后的防水卷材

　　此外，防水卷材的连接处应有搭接，竖缝搭接时，搭接长度不小于300mm。横缝搭接时，搭接长度不小于100mm，铺设完成的屋面如图6-56所示。

6.5.4　屋面沥青瓦的安装

　　本案例采用的屋面瓦类型为三凸头沥青瓦。

　　铺设时，沥青瓦按照从下往上的顺序依次铺设，保证其边缘与屋面板平齐。最下面一排沥青瓦安装时，要确保凸头朝上（图6-57）。为保证安装质量，可在防水卷材上用墨斗弹线标出每排沥青瓦的铺放位置。后面的沥青瓦都采取凸头朝下的铺设方式，1片沥青瓦用3颗圆钉固定在屋面板上。

图 6-57　沥青瓦的铺设

上下两排沥青瓦应错缝放置并搭接，上排沥青瓦的凸头应遮盖住下排沥青瓦自粘条的上部，各沥青瓦只暴露出凸头部分，层层累叠。屋顶边缘处的尺寸若不足一片沥青瓦，则用卷尺量取所需长度并按要求裁剪。屋脊处的沥青瓦采用沿槽口分割开的单凸头瓦片，沿自粘条折叠弯曲，紧密铺设在屋脊梁上。

当沥青瓦铺设到通风口位置处（图 6-58），应先将通风设备嵌于开口处，并用螺钉将其紧密固定在屋面板上，其周围的沥青瓦也需要适当剪裁以适应设备的形状。

图 6-58　屋面通风装置的安装

需要注意的是，在安装上层沥青瓦时，若施工人员够不到，可以在屋面上钉一木板，用以支撑身体，安装完成后予以拆除（图 6-59）。在一般工程中，施工人员应有脚手架和安全绳作为防护，而本案例为施工条件不满足时的变通做法。

图 6-59　安装上层沥青瓦时可用木板支撑

6.5.5　外露木构件的涂饰

对封檐板和山墙檐板等与外界环境直接接触、暴露在大气中的木构件，应进行防腐防虫清漆的涂刷处理，干透后进行油漆涂刷工作。

这里选用的为白色油漆，涂刷时注意油漆用量均匀，刷痕要有序，每根木构件至少涂刷两遍油漆以保证良好的装饰效果，在封檐板的端部应增加油漆用量，有助于防止潮气从端部侵入木材。除屋顶暴露的木组件外，窗台上端的木条及其上部泛水板也应当涂刷 2 遍油漆，以达到理想的防护效果（图 6-60）。

至此，本次轻型木结构的外装部分全部完成（图 6-61），可以拆除脚手架，进行室内装修部分的施工。

图 6-60　外露木构件的防腐处理与油漆涂饰

图 6-61　外装部分完成效果

6.6　室内装修

室内装修有助于降低房间之间的声音传递以及外部噪声。装修材料一般用以覆盖室内楼板、墙体和天花板框架的材料。在轻型木结构房屋中，墙体和天花板的主要装修材料是石膏板。地板装修主要材料木条板和瓷砖。其他材料包括地毯、弹性楼板、拼花地板和一些相对较新的复合材料。

6.6.1　材料准备

准备材料：阻燃石膏板（12mm 厚），玻璃纤维保温棉（140mm 厚），塑料卷材地板，电线，墙面插座，灯具等。

6.6.2　保温棉的铺设

在铺设保温棉之前，需要在墙体内进行布线和穿管，以便后续安装插座以屋内排水管等管线。在一般施工过程中，在木构件上的开孔处理需要严格按照设计计算的要求，确保开孔后的木构件仍可以满足强度要求。本案例做了简化处理，没有进行穿管施工，仅预埋了电线（图 6-62）。

布线完成后，对墙体内部进行保温棉的填充，可有效调节木结构房屋的保温隔热性能（图 6-63）。铺设时，将保温材料拆包、以墙骨柱间距为参考切割出一定尺寸，然后填入各内墙墙骨柱间。填充时，保温材料应密实铺放，不要留有明显的空隙，否则将

削弱保温效果。其次，也应注意不要铺设过多的保温材料，否则将超过墙骨柱间隙的容纳能力，导致材料间出现显著挤压。

图 6-62　覆面前在墙体内进行布线

图 6-63　墙体内保温棉的铺设

6.6.3　石膏板的安装

保温棉铺装完成后，在内墙表面和吊顶处安装防火石膏板。安装前，需要测量内墙覆面的尺寸，再按照尺寸切割出墙体石膏板与天花板，在墙骨柱与顶棚搁栅端部做出标记，以标注出石膏板的用钉位置，

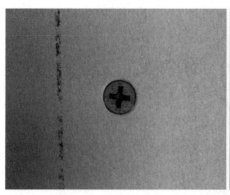

图 6-64 墙面石膏板的安装

图 6-65 墙面石膏板的涂饰

最后，用电钻将石膏板钉入骨架构件。安装细节与完成效果如图 6-64 所示。

如图 6-65 所示，安装好石膏板以后，还需要进行表面涂饰的工作。将快速自干粉与水以一定比例混合，调制出黏度合适的砂浆，使用勾缝刀等手工工具对石膏板接缝处进行填缝处理。填缝时应当保证灰浆涂抹均匀平整，涂抹量应恰好将缝隙遮盖而不宜过多，以免造成石膏板表面不平与材料的浪费。最后，对内墙石膏板的表面涂抹腻子，确保其表面光滑平整，腻子需要涂刷 2 遍。

6.6.4 塑料地板的铺设

根据室内尺寸裁剪出塑料卷材地板，平铺在 OSB 楼盖板表面，铺设时应保证卷材平整，避免出现褶皱（图 6-66）。

内装结束后，进行打扫、通风。至此，本次轻型木结构房屋建筑的施工环节结束（图 6-67），可以进行施工场地的清理工作，并准备后续的验收环节。

图 6-66 室内塑料地板的铺设　　　　**图 6-67 施工完成**

第 *7* 章

轻型木结构建筑施工质量验收

本章逐条列举了轻型木结构建筑的施工质量验收的相关规定，包括验收的主控项目与一般项目。主要内容涉及规格材与木基结构板材的种类、材质等级、力学强度；连接件的质量与数量；结构构件的构造要求以及构件安装允许的尺寸偏差等，并补充了相应的构件强度、含水率的实验测试方法。本章内容可作为轻型木结构施工质量验收的相关依据。

7.1　一般规定

本章适用于由规格材及木基结构板材为主要材料制作与安装的木结构工程施工质量验收。

轻型木结构材料、构配件的质量控制应以同一建设项目同期施工的每幢建筑面积不超过 300m² 、总建筑面积不超过 3000m² 的轻型木结构建筑为一个检验批，不足 3000m² 者应视为一个检验批，单体建筑面积超过 300m² 时，应单独视为一个检验批；轻型木结构制作安装质量控制应以一幢房屋的一层为一个检验批。

检验批及木结构分项工程质量合格，应符合下列规定：

①检验批主控项目检验结果应全部合格。

②检验批一般项目检验结果应有 80% 以上的检查点合格，且最大偏差应不超过允许偏差的 1.2 倍。

③木结构分项工程所含检验批检验结果均应合格，且应有各检验批质量验收的完整记录。

轻型木结构施工质量验收过程中涉及的主控项目与一般项目见表 7-1 所列。轻型木结构检验批质量

验收记录表见附录Ⅱ。

7.2　主控项目

7.2.1　轻型木结构构件检验

轻型木结构的承重墙（包括剪力墙）、柱、楼盖、屋盖布置、抗倾覆措施及屋盖抗掀起措施等，应符合设计文件的规定。

检查数量：检验批全数。

检验方法：实物与设计文件对照。

7.2.2　进场规格材要求

进场规格材应有产品质量合格证书和产品标识。

检查数量：检验批全数。

检验方法：实物与证书对照。

7.2.3　进场规格材抗弯强度及等级

每批次进场目测分等规格材应由有资质的专业分等人员做目测等级见证检验或做抗弯强度见证检

表 7-1　轻型木结构施工质量验收的主控项目与一般项目

主控项目		一般项目	
1. 轻型木结构的承重墙（包括剪力墙）、柱、楼盖、屋盖布置、抗倾覆措施及屋盖抗掀起措施等		1. 承重墙的构造要求	
2. 进场规格材要求		2. 楼盖构造要求	
3. 进场规格材的抗弯强度及等级		3. 齿板桁架进场验收	
4. 规格材的树种、材质等级和规格，以及覆面板的种类和规格		4. 屋盖各构件的安装质量	
5. 规格材的平均含水率			楼盖梁、柱
6. 木基结构板材			连接件
7. 进场结构复合木材和工字形木搁栅			楼、屋盖
8. 齿板桁架		5. 构件尺寸偏差	齿板连接桁架
9. 钢材、焊条、螺栓和圆钉			墙骨柱
10. 金属连接件的质量			顶梁板、底梁板
11. 金属连接件及钉连接			墙面板
12. 钉连接的质量		6. 保温措施和隔气层	

验；每批次进场机械规格材应作抗弯强度见证检验，并应符合相关规定。

检查数量：检验批中随机取样，数量根据实际情况选取。进场的每批次同一树种或树种组合、同一目测等级的规格材应作为一个检验批，每个检验批按表 7-2 规定的数目随机抽取检验样本。

检验方法：

（1）规格材目测等级见证检验

采用目测、丈量方法对规格材进行目测分等检验，并符合表 7-3 的规定。样本中不符该目测等级的规格材的根数应不大于表 7-4 规定的合格判定数。

表 7-2 每检验批规格材抽样数量 根

检验批容量	2~8	9~15	16~25	26~50	51~90
抽样数量	3	5	8	13	20
检验批容量	91~150	151~280	281~500	501~1200	1201~3200
抽样数量	32	50	80	125	200
检验批容量	3201~10 000	10 001~35 000	35 001~150 000	150 001~500 000	> 500 000
抽样数量	315	500	800	1250	2000

表 7-3 目测分等[1] 规格材材质标准

项次	缺陷名称	材质等级			
		I_c	II_c	III_c	IV_c
		最大截面高度 $h_m \leq 285mm$			
1	振裂和干裂	允许裂缝不贯通，长度不大于 610mm		贯通时，长度不超过 610mm；不贯通时，长度不大于 910mm 或 L/4	贯通时，长度不大于 L/3；不贯通时，全长；三面环裂时，长度不大于 L/6
2	漏刨	不大于 10% 的构件有轻度跳刨		轻度跳刨，其中不大于 5% 的构件有中度漏刨或有长度不超过 610mm 的重度漏刨	轻度跳刨，其中不大于 10% 的构件有全长有重度漏刨
3	劈裂	长度不大于 b		长度不大于 1.5b	长度不大于 L/6
4	斜纹	斜率不大于 1:12	斜率不大于 1:10	斜率不大于 1:8	斜率不大于 1:4
5	钝棱	不大于 h/4 和 b/4，全长；若每边钝棱不大于 h/2 或 b/3，则长度不大于 L/4		不大于 h/3 和 b/3，全长；若每边钝棱不大于 2h/3 或 b/2，则长度不大于 L/4	不超过 h/2 和 b/2，全长；若每边钝棱不大于 7h/8 或 3b/4，则长度不大于 L/4
6	针孔虫眼	以最差材面为准，按节孔的要求，每 25mm 的节孔允许等效为 48 个直径小于 1.6mm 的针孔虫眼			
7	大虫眼	以最差材面为准，按节孔的要求，每 25mm 的节孔允许等效为 12 个直径小于 6.4mm 的针孔虫眼			
8	腐朽—材心	不允许		当 h > 40mm 时不允许；否则不大于 h/3 或 b/3	不大于 1/3 截面，并不损坏钉入边
9	腐朽—白腐	不允许		不大于构件表面 1/3	不限制

（续）

项次	缺陷名称	材质等级 Ⅰc	Ⅱc	Ⅲc	Ⅳc
			最大截面高度 $h_m \leq 285mm$		
10	腐朽—蜂窝腐	不允许		仅允许 b 为 40mm 构件且不大于 $h/6$；坚实	不大于 b，坚实
11	腐朽—局部片状腐	不允许		不大于 $h/6$；当窄面有时，允许长度为节孔尺寸的二倍	不大于 1/3 截面
12	腐朽—不健全材	不允许		最大尺寸 $h/12$ 和 51mm 长，或等效的多个小尺寸	不大于 1/3 截面，长度不大于 $L/6$ 长度，并不损坏钉入边
13	扭曲、横弯和顺弯[7]	1/2 中度		轻度	中度

节子和节孔（14）：

截面高度/mm	Ⅰc 每1220mm长度内，允许的节孔尺寸/mm			Ⅱc 每910mm长度内，允许的节孔尺寸/mm			Ⅲc 每610mm长度内，允许的节孔尺寸/mm			Ⅳc 每305mm长度内，允许的节孔尺寸/mm		
	健全节、均匀分布的死节 材边	材心	死节和节孔	健全节、均匀分布的死节 材边	材心	死节和节孔	任何节子 材边	材心	节孔	任何节子 材边	材心	节孔
40	10	10	10	13	13	13	16	16	16	19	19	19
65	13	13	13	19	19	19	22	22	22	32	32	32
90	19	22	19	25	38	25	32	51	32	44	64	44
115	25	38	22	32	48	29	41	60	35	57	76	48
140	29	48	25	38	57	32	48	73	38	70	95	51
185	38	57	32	51	70	38	64	89	51	89	114	64
235	48	67	32	64	93	38	83	108	64	114	140	76
285	57	76	32	76	95	38	95	121	76	140	165	89

项次	缺陷名称	材质等级 Ⅳc1	Ⅱc1	Ⅲc1
		最大截面高度 $h_m \leq 285mm$	最大截面高度 $h_m \leq 90mm$	
1	振裂和干裂	不贯通时，全长；贯通和三面环裂时，长度不大于 $L/3$	允许裂缝不贯通，长度不大于 610mm	裂缝贯通时，长度不大于 610mm 裂缝不贯通时，长度不大于 910mm 或 $L/4$
2	漏刨	中度漏刨，其中不大于 10% 的构件宽面有重度漏刨	不大于 10% 的构件有轻度漏刨	轻度跳刨，其中不大于 5% 的构件有中度漏刨或长度不超过 610mm 的重度漏刨
3	劈裂	长度不大于 $2b$	长度不大于 b	长度不大于 $1.5b$
4	斜纹	斜率不大于 1:4	斜率不大于 1:6	斜率不大于 1:4
5	钝棱	不大于 $h/3$ 和 $b/3$，全长；若每边钝棱不大于 $h/2$ 或 $3b/4$，则长度不大于 $L/4$	不超过 $h/4$ 和 $b/4$，全长；若每边钝棱不超过 $h/2$ 或 $b/3$，则长度不大于 $L/4$	不超过 $h/3$ 和 $b/3$，全长；若每边钝棱不超过 $2h/3$ 或 $b/3$，则长度不大于 $L/4$
6	针孔虫眼	以最差材面为准，按节孔的要求，每 25mm 的节孔允许等效为 48 个直径小于 1.6mm 的针孔虫眼		
7	大虫眼	以最差材面为准，按节孔的要求，每 25mm 的节孔允许等效为 12 个直径小于 6.4mm 的针孔虫眼		

（续）

项次	缺陷名称		材质等级		
		IV$_{c1}$	II$_{c1}$	III$_{c1}$	
		最大截面高度 $h_m \leqslant 285mm$	最大截面高度 $h_m \leqslant 90mm$		
8	腐朽—材心	不大于 1/3 截面，并不损坏钉入边	不允许	不大于 $h/3$ 或 $b/3$	
9	腐朽—白腐	无限制	不允许	不大于构件表面 1/3	
10	腐朽—蜂窝腐	不大于 b，坚实	不允许	仅允许 b 为 40mm 构件，且不大于 $h/6$；坚实	
11	腐朽—局部片状腐	不大于 1/3 截面	不允许	不大于 $h/6$；当窄面有时，允许长度为节孔尺寸的二倍	
12	腐朽—不健全材	不大于 1/3 截面，长度不大于 $L/6$，并不损坏钉入边	不允许	最大尺寸 $b/12$ 和长为 51mm 或等效的多个小尺寸	
13	扭曲、横弯和顺弯	1/2 中度	1/2 中度	轻度	

项次	缺陷名称			材质等级				
14	节子和节孔	截面高度 /mm	每305mm 长度内，允许的节孔尺寸 /mm		每910mm 长度内，允许的节孔尺寸 /mm		每610mm 长度内，允许的节孔尺寸 /mm	
			任何节子		节孔	健全节，均匀分布的死节	死节和节孔	任何木节	节孔

截面高度 /mm	材边	材心	节孔	健全节，均匀分布的死节	死节和节孔	任何木节	节孔
40	19	19	19	19	16	25	19
65	32	32	32	32	19	38	25
90	44	64	38	38	25	51	32
115	57	76	44	—	—	—	—
140	70	95	51	—	—	—	—
185	89	114	64	—	—	—	—
235	114	140	76	—	—	—	—
285	140	165	89	—	—	—	—

注：1. 表中 h 为构件截面高度（宽面）；b 为构件宽度（窄面），L 为构件长度；h_m 为构件截面最大高度；
　　2. 漏刨有：轻度跳刨—深度不超过 1.6mm，长度不大于 1220mm 的一组漏刨，漏刨之间的表面刨光；中度漏刨—在部分或全部表面有深度不超过 1.6mm 的漏刨或全部糙面；重度漏刨—宽面上深度不大于 3.2mm 的漏刨；
　　3. 当钝棱长度不超过 304mm 且钝棱表面满足对漏刨的规定时，不在构件端部的钝棱容许占构件的部分或全部宽面；当钝棱的长度不超过最大节孔直径的 2 倍且钝棱的表面满足对节孔的规定时，不在构件端部的钝棱容许占据构件的部分或全部窄面；该缺陷在每根构件中允许出现一次，含有该缺陷的构件不应超过 5%；
　　4. 材心腐—沿髓心发展的局部腐朽；白腐—木材中白腐菌引起的白色或棕色的小壁孔或斑点；蜂窝腐—与白腐相似但囊孔更大；局部片状腐—指槽状或壁孔状的腐朽区域；
　　5. 节孔可全部或部分贯通构件。除非特别说明，节孔的测量方法与节子相同。

表 7-4　规格材目测检验合格判定数								根
抽样数量	2~5	8~13	20	32	50	80	125	200	> 315
合格判定数	0	1	2	3	5	7	10	14	21

（2）规格材抗弯强度见证检验

规格材抗弯强度见证检验应采用复式抽样法，试样应从每一进场批次、每一强度等级和每一规格尺寸的规格材中随机抽取，第 1 次抽取 28 根。试样长度不应小于 17h+200mm（h 为规格材截面高度）。

规格材试样应在试验地通风良好的室内静待数天，使同批次规格材试样间含水率最大偏差不大于2%。规格材试样应测定平均含水率，平均含水率应大于等于 10%，且应小于等于 23%。

规格材试样在检验荷载 P_k 作用下的三分点侧立抗弯试验，应按现行国家标准 GB/T50329—2012《木结构试验方法标准》进行，加载方式如图 7-1 所示。试样跨度不应小于 17h，安装时试样的拉、压边应随机放置，并应经 1min 等速加载至检验荷载 P_k。

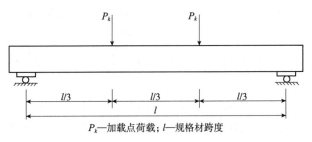

P_k—加载点荷载；l—规格材跨度

图 7-1　三分点侧立抗弯试验

规格材侧立抗弯试验的检验荷载应按式（7-1）至式（7-4）计算：

$$P_k = f_b \frac{bh^2}{2l} \qquad (7\text{-}1)$$

$$f_b = f_{bk} K_z K_l K_w \qquad (7\text{-}2)$$

$$K_l = \left(\frac{l}{l_0}\right)^{0.14} \qquad (7\text{-}3)$$

$$f_{bk} \geqslant 16.66 \text{N/mm}^2 \quad K_w = 1 + \frac{(15-w)(1-16.66/f_{bk})}{25} \qquad (7\text{-}4)$$

$$f_{bk} < 16.66 \text{N/mm}^2 \quad K_w = 1.0$$

式中：b——规格材的截面宽度；

　　　h——规格材的截面高度；

　　　l——试样的跨度；

　　　l_0——试样标准跨距，取 3.658m；

　　　f_{bk}——规格材抗弯强度检验值，按表 7-5 取值；

　　　K_z——规格材抗弯强度的截面尺寸调整系数，按表 7-6 取值；

　　　K_l——规格材抗弯强度的跨度调整系数；

　　　K_w——规格材抗弯强度的含水率调整系数；

　　　w——试验时规格材的平均含水率；

　　　P_k——加载点检验荷载；

　　　f_b——规格材抗弯强度设计值。

表 7-5	进口北美目测分等规格材抗弯强度检验值						N/mm²
等级	花旗松-落叶松（美国）	花旗松-落叶松（加拿大）	铁杉-冷杉（美国）	铁杉-冷杉（加拿大）	南方松	云杉-松-冷杉	其他北美树种
I_c	29.9	24.4	26.4	24.5	26.8	22.1	16.5
II_c	20.0	16.6	17.8	17.9	17.5	16.1	11.8
III_c	17.2	14.6	15.4	17.6	14.4	15.9	11.2
IV_c, IV_{c1}	10.0	8.4	8.9	10.2	8.3	9.2	6.5
II_{c1}	18.3	15.5	16.4	18.7	15.2	16.8	11.9
III_{c1}	10.2	8.6	9.1	10.4	8.5	9.4	6.6
注：1. 表中所列强度检验值为规格材的抗弯强度标准值。 　　2. 机械分等规格材的抗弯强度检验值应取所在等级规格材的抗弯强度特征值。							

表 7-6　规格材强度截面尺寸调整系数

等级	截面高度 /mm	截面宽度 /mm	
		40、65	90
I_c、II_c、III_c、IV_c、IV_{c1}	≤ 90	1.5	1.5
	115	1.4	1.4
	140	1.3	1.3
	185	1.2	1.2
	235	1.1	1.2
	285	1.0	1.1
II_{c1}、III_{c1}	≤ 90	1.0	1.0

规格材合格与否应按检验荷载 P_k 作用下试件发生破坏的根数判定。28 根试件中小于等于 1 根发生破坏时应为合格。试件破坏数大于 3 根时应为不合格。试件破坏数为 2 根时应另随机抽取 53 根试件进行规格材侧立抗弯试验。试件破坏数小于等于 2 根时应为合格，大于 2 根时应为不合格。试验中未发生破坏的试件，可作为相应等级的规格材继续在工程中使用。

7.2.4　各类构件用材要求

轻型木结构各类构件所用规格材的树种、材质等级和规格，以及覆面板的种类和规格，应符合设计文件的规定。

检查数量：全数检查。

检验方法：实物与设计文件对照，检查交接报告。

7.2.5　规格材平均含水率

规格材的平均含水率不应大于 20%。

检查数量：每一检验批、每一树种、每一规格等级规格材随机抽取 5 根。

检验方法：

原木、方木（含板材）和层板宜采用烘干法（重量法）测定，规格材以及层板胶合木等木构件也可采用电测法测定。

采用烘干法测定含水率时，应从每一检验批同一树种、同一规格材的树种中随机抽取 5 根木料作试材，每根试材应在距端头 200mm 处沿截面均匀地截取 5 个尺寸为 20mm × 20mm × 20mm 的试样，应按现行国家标准 GB/T1931—2009《木材含水率测定方法》的有关规定测定每个试件中的含水率。烘干法应以每根试材的 5 个试样平均值作为该试材含水率，应以 5 根试材中的含水率最大值作为该批木料的含水率。

采用电测法测定含水率时，应从每一检验批的同一树种、同一规格的规格材，层板胶合木构件或其他木构件中随机抽取 5 根为试材，应从每根试材距两端 200mm 起，沿长度均匀分布地取三个截面，对于规格材或其他木构件，每一个截面的四面中部应分别测定含水率，对于层板胶合木构件，则应在两侧测定每层层板的含水率。

电测仪器应由当地计量行政部门标定认证。测定时应严格按仪表使用要求操作，并应正确选择木材的密度和温度等参数，测定深度不应小于 20mm，且应有将其测量值调整至截面平均含水率的可靠方法。

规格材应以每根试材的 12 个测点的平均值作为每根试材的含水率，5 根试材的最大值应为检验批该树种该规格的含水率代表值。

7.2.6　木基结构板材

木基结构板材应有产品质量合格证书和产品标识，用作楼面板、屋面板的木基结构板材应有该批次干、湿态集中荷载、均布荷载及冲击荷载检验的报告，其性能不应低于表 7-7 和表 7-8 的规定。

进场木基结构板材应做静曲强度和静曲弹性模量见证检验，所测得的平均值应不低于产品说明书的规定。

检验数量：每一检验批每一树种每一规格等级随机抽取 3 张板材。

检验方法：按现行国家标准 GB/T22349—2018《木结构覆板用胶合板》的有关规定进行见证试验，检查产品质量合格证书，该批次木基结构板干、湿态集中力、均布荷载及冲击荷载下的检验合格证书。检查静曲强度和弹性模量检验报告。

表 7-7　木基结构板材在集中静载荷冲击荷载作用下的力学指标 [1]

用途	标准跨度（最大允许跨度）/mm	试验条件	冲击荷载 /N·m	最小极限荷载 [2]/kN		0.89kN 集中静载作用下的最大挠度 [3]/mm
				集中静载	冲击后集中静载	
楼面板	400（410）	干态及湿态重新干燥	102	1.78	1.78	4.8
	500（500）	干态及湿态重新干燥	102	1.78	1.78	5.6
	600（610）	干态及湿态重新干燥	102	1.78	1.78	6.4
	800（820）	干态及湿态重新干燥	122	2.45	1.78	5.3
	1200（1220）	干态及湿态重新干燥	203	2.45	1.78	8.0
屋面板	400（410）	干态及湿态	102	1.78	1.33	11.1
	500（500）	干态及湿态	102	1.78	1.33	11.9
	600（610）	干态及湿态	102	1.78	1.33	12.7
	800（820）	干态及湿态	122	1.78	1.33	12.7
	1200（1220）	干态及湿态	203	1.78	1.33	12.7

注：1. 本表为单个试验的指标。
2. 100% 的试件能承受表中规定的最小极限荷载值。
3. 至少 90% 的试件挠度不大于表中的规定值。在干态及湿态重新干燥试验条件下，木基结构板材在静载和冲击荷载后静载的挠度。对于屋面板只检查静载的挠度，对于湿态试验条件下的屋面板，不检查挠度指标。

表 7-8　木基结构板材在均布荷载作用下的力学指标

用途	标准跨度（最大允许跨度）/mm	试验条件	性能指标 [1]	
			最小极限荷载 [2]/kPa	最大挠度 [3]/mm
楼面板	400（410）	干态及湿态重新干燥	15.8	1.1
	500（500）	干态及湿态重新干燥	15.8	1.3
	600（610）	干态及湿态重新干燥	15.8	1.7
	800（820）	干态及湿态重新干燥	15.8	2.3
	1200（1220）	干态及湿态重新干燥	10.8	3.4
屋面板	400（410）	干态	7.2	1.7
	500（500）	干态	7.2	2.0
	600（610）	干态	7.2	2.5
	800（820）	干态	7.2	3.4
	1000（1020）	干态	7.2	4.4
	1200（1220）	干态	7.2	5.1

注：1. 本表为单个试验的指标。
2. 100% 的试件能承受表中规定的最小极限荷载值。
3. 每批试件的平均挠度不应大于表中的规定值。为 4.79kPa 均布荷载作用下的楼面最大挠度；或 1.68kPa 均布荷载作用下的屋面最大挠度。

7.2.7　进场结构复合木材和工字形木搁栅

进场结构复合木材和工字形木搁栅应有产品质量合格证书，并应有符合设计文件规定的平弯或侧立抗弯性能检验报告。

进场工字形木搁栅和结构复合木材受弯构件，应做荷载效应标准组合作用下的结构性能检验，在检验荷载作用下，构件不应发生开裂等损伤现象，最大挠度不应大于表 7-9 的规定，跨中挠度的平均值不应大于理论计算值的 1.13 倍。

表 7-9　荷载效应标准组合作用下受弯木构件的挠度限值

项次	构件类别		挠度限值 /m
1	檩条	$L \leqslant 3.3\text{m}$	$L/200$
		$L > 3.3\text{m}$	$L/250$
2	主梁		$L/250$

注：L 为受弯构件的跨度。

检验数量：每一检验批每一规格随机抽取 3 根
检验方法：

在进场的同一批次、同一工艺制作的同类型受弯构件中应随机抽取 3 根作试件。当同类型的构件尺寸规格不同时，试件应在受荷条件不利或跨度较大的构件中抽取。

试件的木材含水率不应大于 15%。量取每根受弯构件跨中和距两支座各 500mm 处的构件截面高度和宽度，应精确至 ±1.0mm，并应以平均截面高度和宽度计算构件截面的惯性矩；工字形木搁栅应以产品公称惯性矩为计算依据。

试件应按设计计算跨度（l_0）简支地安装在支墩上，受弯构件加载方式如图 7-2 所示。滚动铰支座滚直径不应小于 60mm，垫板宽度应与构件截面宽度一致，垫板长度应由木材局部横纹承压强度决定，垫板厚度应由钢板的受弯承载力决定，但不应小于 8mm。

当构件截面高宽比大于 3 时，应设置防止构件

发生侧向失稳的装置，支撑点应设在两支座和各加载点处，装置不应约束构件在荷载作用下的竖向变形。

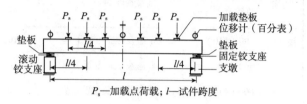

图 7-2　受弯构件试验

当构件计算跨度 $l_0 \leqslant 4\text{m}$ 时，应采用两集中力四分点加载；当 $l_0 > 4\text{m}$ 时，应采用四集中力八分点加载。两种加载方案的最大试验荷载（检验荷载）P_{smax}（含构件及设备重力）应按下列公式计算：

$$P_{smax} = \frac{4M_s}{l_0} \qquad (7-5)$$

$$P_{smax} = \frac{2M}{l_0} \qquad (7-6)$$

式中：M_s——设计规定的荷载效应标准组合（N·mm）。

荷载应分 5 个相同等级，应以相同时间间隔加载至试验荷载 P_{smax}，并应在 10min 之内完成。实际加载量应扣除构件自重和加载设备的重力作用。加载误差不应超过 ±1%。

构件在各级荷载下的跨中挠度，应通过在构件的两支座和跨中位置安装的 3 个位移计测定。当位移计为百分表时，其准确度等级应为 1 级；当采用位移传感器时，准确度不应低于 1 级，最小分度值不宜大于试件最大挠度的 1%；应快速记录位移计在各级试验荷载下的读数，或采用数据采集系统记录荷载和各位移传感器的读数；应仔细检查各级荷载作用下，构件的损伤情况。

各级荷载作用下的跨中挠度实测值，应按下式计算：

$$w_i = \sum \Delta A_{2i} - \frac{1}{2}\left(\sum \Delta A_{1i} + \sum \Delta A_{3i}\right) \qquad (7-7)$$

荷载效应标准组合作用下的跨中挠度 w_s，应按下式计算：

$$w_s = \left(w_5 + w_3 \frac{P_0}{P_3}\right)\eta \qquad (7-8)$$

式中：w_5——第五级荷载作用下的跨中挠度；

w_3——第三级荷载作用下的跨中挠度；

P_3——第三级时外加荷载的总量（每个加载点处的三级外加荷载量）；

P_0——构件自重和加载设备自重按弯矩等效原则折算至加载点处的荷载；

η——荷载形式修正系数，当设计荷载简图为均布荷载时，对两集中力加载方案 $\eta=0.91$，四集中力加载方案为 1.0，其他设计荷载简图可按材料力学以跨中弯矩等效时挠度计算公式换算。

试件在加载过程中不应有新的损伤出现，并应用 3 个试件跨中实测挠度的平均值与理论计算挠度比较，同时应用 3 个试件中跨中挠度实测值中的最大值与本规范规定的允许挠度比较，满足要求者为合格。试验跨度 l_0 未取实际构件跨度时，应以实测挠度平均值与理论计算值的比较结果作为评定依据。

受弯构件挠度理论计算值应以构件截面尺寸、所采用的试验荷载简图、外加荷载量（P_{smax} 中扣除试件及设备自重）和设计文件表明的材料弹性模量，按工程力学计算原则计算确定，实测挠度平均值应取按式（7-7）计算的挠度平均值。

7.2.8　齿板桁架

齿板桁架应由专业加工厂加工制作，并应有产品质量合格证书。

检查数量：检验批全数。

检验方法：实物与产品质量合格证书对照检查。

7.2.9　钢材、焊条、螺栓和圆钉

钢材、焊条、螺栓和圆钉应符合规范的各项规定。

（1）钢材

承重钢构件和连接所用钢材应有产品质量合格证书和化学成分的合格证书。进场钢材应见证检验其抗拉屈服强度、极限强度和延伸率，其值应满足设计文件规定的相应等级钢材的材质标准指标，且不应低于现行国家标准 GB700《碳素结构钢》有关 Q235 及以上等级钢材的规定。–30℃以下使用

的钢材不宜低于 Q235D 或相应屈服强度钢材 D 等级的冲击韧性规定。钢木屋架下弦所用圆钢，除应作抗拉屈服强度、极限强度和延伸率性能检验外，还应做冷弯检验，并应满足设计文件规定的圆钢材质标准。

检查数量：每检验批每一钢种随机抽取 2 件。

检验方法：取样方法、试样制备及拉伸试验方法应分别符合现行国家标准 GB2975《钢材力学及工艺性能试验取样规定》、GB6397《金属拉伸试验试样》和 GB/T 228《金属材料室温拉伸试验方法》的有关规定。

（2）焊条

焊条应符合现行国家标准 GB5117《碳钢焊条》和 GB5118《低合金钢焊条》的有关规定，型号应与所用钢材匹配，并应有产品质量合格证书。

检查数量：检验批全数。

检验方法：实物与产品质量合格证书对照检查。

（3）螺栓、螺帽

螺栓、螺帽应有产品质量合格证书，其性能应符合现行国家标准 GB5782《六角头螺栓》和 GB5780《六角头螺栓 -C 级》的有关规定。

检查数量：检验批全数。

检验方法：实物与产品质量合格证书对照检查。

（4）圆钉

圆钉应有产品质量合格证书，其性能应符合现行行业标准 YB/T5002《一般用途圆钢钉》的有关规定。设计文件规定钉子的抗弯屈服强度时，应做钉子抗弯强度见证检验。

检查数量：每检验批每一规格圆钉随机抽取 10 枚。

检验方法：检查产品质量合格证书、检测报告。强度见证检验方法如下所述。

钉在跨度中央受到集中荷载，产生弯曲变形，钉的加载方式如图 7-3 所示，根据荷载挠度曲线确定其弯曲屈服强度。

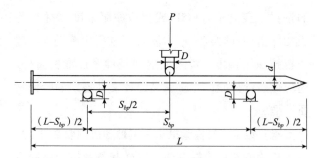

D—滚轴直径；d—钉杆直径；L—钉子长度；S_{bp}—跨度；P—施加的荷载

图 7-3　跨中加载的钉弯曲试验

表 7-10　钉的试验跨度			mm
钉的直径	$d \leqslant 4.0$	$4.0 < d \leqslant 6.5$	$d > 6.5$
试验跨度	40	65	95

钉的试验跨度应符合表 7-10 的规定。

试件放置在支座上，试件梁端应与支座等距，施加荷载时应使圆柱面压头的中心点与每个圆柱形支座的中心点等距（图 7-3）。杆身变截面的钉试验时，应将钉杆光滑部分与变截面部分之间的过渡区段靠近两个支座间的中心点。

加荷速度应不大于 6.5mm/min。挠度应从加荷开始逐级记录，直至达到最大荷载，并应绘制荷载 – 挠度曲线。

对照荷载 – 挠度曲线的直线段，沿横坐标向右平移 5% 钉的直径，绘制与其平行的直线（图 7-4），应取该直线与荷载 – 挠度曲线交点的荷载值作为钉的屈服荷载。如果该直线未与荷载 – 挠度曲线相交，则应取最大荷载作为钉的屈服荷载。

钉的抗弯屈服强度 f_y 应按下式计算：

$$f_y = \frac{3P_y S_{bp}}{2d^3} \quad (7\text{-}9)$$

式中：f_y——钉的抗弯屈服强度；

　　　d——钉的直径；

　　　P_y——屈服荷载；

　　　S_{bp}——钉的试验跨度。

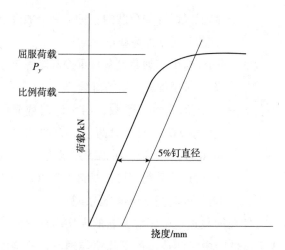

图 7-4　钉弯曲试验的荷载 – 挠度典型曲线

钉的抗弯屈服强度应取全部试件屈服强度的平均值，并不应低于设计文件的规定。

7.2.10　金属连接件的质量

金属连接件应冲压成型，并应具有产品质量合格证书和材质合格保证。镀锌防锈层厚度不应小于 275g/m²。

检查数量：检验批全数。

检验方法：实物与产品质量合格证书对照检查。

7.2.11　金属连接件及钉连接

轻型木结构各类构件间连接的金属连接件的规格、钉连接的用钉规格与数量，应符合设计文件的规定。

检查数量：检验批全数。

检验方法：目测、丈量

7.2.12　钉连接的质量

当采用构造设计时，各类构件间的钉连接不应低于表 7-11、表 7-12 的规定。

检查数量：检验批全数。

检验方法：目测、丈量。

序号	连接构件名称	最小钉长 /mm	钉的最小数量或最大间距 钉直径 $d \geqslant 2.8$mm
	表 7-11　按构造设计的轻型木结构的钉连接要求		
1	楼盖搁栅与墙体顶梁板或底梁板——斜向钉合	80	2 颗
2	边框梁或封边板与墙体顶梁板或底梁板——斜向钉合	80	150mm
3	楼盖搁栅木底撑或扁钢底撑与楼盖搁栅	60	2 颗
4	搁栅间剪刀撑和横撑	60	每端 2 颗
5	开孔周边双层封边梁或双层加强搁栅	80	2 颗或 3 颗间距 300mm
6	木梁两侧附加托木与木梁	80	每根搁栅处 2 颗
7	搁栅与搁栅连接板	80	每端 2 颗
8	被切搁栅与开孔封头搁栅（沿开孔周边垂直钉连接）	80	3 颗
9	开孔处每根封头搁栅与封边搁栅的连接（沿开孔周边垂直钉连接）	80	5 颗
10	墙骨与墙体顶梁板或底梁板，采用斜向钉合或垂直钉合	60 100	4 颗 2 颗
11	开孔两侧双根墙骨柱，或在墙体交接或转角处的墙骨处	80	610mm
12	双层顶梁板	80	610mm
13	墙体底梁板或地梁板与搁栅或封头块（用于外墙）	80	400mm
14	内隔墙与框架或楼面板	80	610mm
15	墙体底梁板或地梁板与搁栅或封头块；内隔墙与框架或楼面板（用于传递剪力墙的剪力时）	80	150mm
16	非承重墙开孔顶部水平构件	80	每端 2 颗
17	过梁与墙骨柱	80	每端 2 颗
18	顶棚搁栅与墙体顶梁板——每侧采用斜向钉连接	80	2 颗
19	屋面椽条、桁架或屋面搁栅与墙体顶梁板——斜向钉连接	80	3 颗
20	椽条板与顶棚搁栅	80	3 颗
21	椽条与搁栅（屋脊板有支座时）	80	3 颗
22	两侧椽条在屋脊通过连接板连接，连接板与每根椽条的连接	60	4 颗
23	椽条与屋脊板——斜向钉连接或垂直钉连接	80	3 颗
24	椽条拉杆每端与椽条	80	3 颗
25	椽条拉杆侧向支撑与拉杆	60	2 颗
26	屋脊椽条与屋脊或屋谷椽条	80	2 颗
27	椽条撑杆与椽条	80	3 颗
28	椽条撑杆与承重墙——斜向钉连接	80	2 颗

表 7-12	椽条与顶棚搁栅钉连接（屋脊无支承）		
屋面坡度	椽条间距/mm	椽条与每根顶棚搁栅连接处的最少钉数（颗）	
		钉长 ≥ 80mm，钉直径 d ≥ 2.8mm	
		房屋宽度为 8m	房屋宽度为 9.8m
1:3	400	4	5
	610	6	8
1:2.4	400	4	6
	610	5	7
1:2	400	4	4
	610	4	5
1:1.71	400	4	4
	610	4	5
1:1.33	400	4	4
	610	4	4
1:1	400	4	4
	610	4	4

7.3　一般项目

7.3.1　承重墙的构造要求

承重墙（含剪力墙）的下列各项应符合设计文件的规定，且不应低于现行国家标准 GB50005《木结构设计标准》有关构造的规定：

①墙骨间距。

②墙体端部、洞口两侧及墙体转角和交接处，墙骨的布置和数量。

③墙骨开槽或开孔的尺寸和位置。

④地梁板的防腐、防潮及与基础的锚固措施。

⑤墙体顶梁板规格材的层数、接头处理及在墙体转角和交接处的两层顶梁板的布置。

⑥墙体覆面板的等级、厚度及铺钉布置方式。

⑦墙体覆面板与墙骨钉连接用钉的间距。

⑧墙体与楼盖或基础间连接件的规格尺寸和布置。

检查数量：检验批全数。

检验方法：对照实物目测检查

7.3.2　楼盖构造要求

楼盖下列各项应符合设计文件的规定，且不应低于现行国家标准 GB50005《木结构设计标准》有关构造的规定：

拼合梁钉或螺栓的排列、连续拼合梁规格材接头的形式和位置。

搁栅或拼合梁的定位、间距和支承长度。

搁栅开槽或开孔的尺寸和位置。

楼盖洞口周围搁栅的布置和数量；洞口周围搁栅间的连接、连接件的规格尺寸及布置。

楼盖横撑、剪刀撑或木底撑的材质等级、规格尺寸和布置。

检查数量：检验批全数。

检验方法：目测、丈量。

7.3.3　齿板桁架进场验收要求

齿板桁架的进场验收，应符合下列规定：

规格材的树种、等级和规格应符合设计文件的规定。

齿板的规格、类型应符合设计文件的规定。

桁架的几何尺寸偏差不应超过表 7-13 的规定。

表 7-13　桁架制作允许误差		mm
项目	相同桁架间的尺寸差	与设计尺寸间的误差
桁架长度	12.5	18.5
桁架高度	6.5	12.5
注：1. 桁架长度指不包括悬挑或外伸部分的桁架总长，用于限定制作误差； 2. 桁架高度指不包括悬挑或外伸等上、下弦杆凸出部分的全榀桁架最高部分处的高度，为上弦顶面到下弦底面的总高度，用于限定制作误差。		

齿板的安装位置偏差不应超过图 7-5 所示的规定。

齿板连接的缺陷面积，当连接处的构件宽度大于 50mm 时，不应超过齿板与该构件接触面积的

20%；当构件宽度小于 50mm 时，不应超过齿板与该构件接触面积的 10%。缺陷面积应为齿板与构件接触范围内的木材表面缺陷面积与板齿倒伏面积之和。

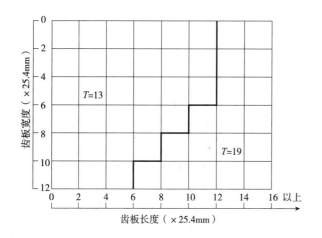

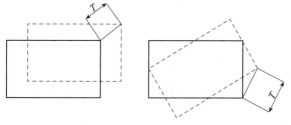

图 7-5　齿板位置偏差允许值

齿板连接处木构件的缝隙不应超过图 7-6 所示的规定，除设计文件有特殊规定外，宽度超过允许值的缝隙，均应用宽度不小于 19mm、厚度与缝隙宽度相当的金属片填实，并应用螺纹钉固定在被填塞的构件上。

检查数量：检验批全数的 20%。

检验方法：目测、量器测量。

7.3.4　屋盖各构件安装质量要求

屋盖下列各项应符合设计文件的规定，且不应低于现行国家标准 GB5005《木结构设计标准》有关构造的规定：

椽条、天棚搁栅或齿板屋架的定位、间距和支承长度；

屋洞口周围椽条与顶棚搁栅的布置和数量；洞口周围椽条与顶棚搁栅间的连接、连接件的规格尺寸及布置；

屋板铺钉方式及与搁栅连接用钉的间距。

检查数量：检验批全数。

检验方法：钢尺或卡尺测量、目测。

7.3.5　构件尺寸偏差

轻型木结构各种构件的制作与安装偏差不应大于表 7-14 的规定。

检查数量：检验批全数。

检验方法：见表 7-14。

7.3.6　保温措施和隔气层

轻型木结构的保温措施和隔气层的设置等，应符合设计文件的规定。

检查数量：检验批全数。

检验方法：对照设计文件检查。

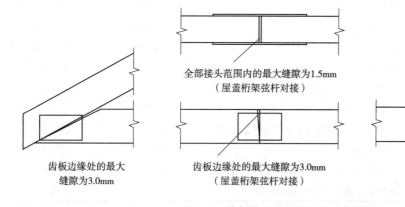

图 7-6　齿板桁架木构件间允许缝隙值

表 7-14　轻型木结构的制作安装允许偏差

项次		项目	允许偏差 /mm	检验方法
楼盖主梁、柱子及连接件	1. 楼盖主梁	截面宽度 / 高度	±6	钢板尺量
		水平度	±1/200	水平尺量
		垂直度	±3	直角尺和钢板尺量
		间距	±6	钢尺量
		拼合梁的钉间距	±30	钢尺量
		拼合梁的各构件的截面高度	±3	钢尺量
		支承长度	−6	钢尺量
	2. 柱子	截面尺寸	±3	钢尺量
		拼合柱的钉间距	+30	钢尺量
		柱子长度	±3	钢尺量
		垂直度	±1/200	靠尺量
	3. 连接件	连接件的间距	±6	钢尺量
		同一排列连接件之间的错位	±6	钢尺量
		构件上安装连接件开槽尺寸	连接件尺寸 ±3	卡尺量
		端距 / 边距	±6	钢尺量
		连接钢板的构件开槽尺寸	±6	卡尺量
楼（屋）盖施工	4. 楼（屋）盖	搁栅间距	±40	钢尺量
		楼盖整体水平度	±1/250	水平尺量
		楼盖局部水平度	±1/150	水平尺量
		搁栅截面高度	±3	钢尺量
		搁栅支承长度	−6	钢尺量
	5. 楼（屋）盖	规定的钉间距	+30	钢尺量
		钉头嵌入楼、屋面板表面的最大深度	+3	卡尺量
	6. 楼（屋）盖齿板连接桁架	桁架间距	±40	钢尺量
		桁架垂直度	±1/200	直角尺和钢尺量
		齿板安装位置	±6	钢尺量
		弦杆、腹杆、支撑	19	钢尺量
		桁架高度	13	钢尺量
墙体施工	7. 墙骨柱	墙骨间距	±40	钢尺量
		墙体垂直度	±1/200	直角尺和钢尺量
		墙体水平度	±1/150	水平尺量
		墙体角度偏差	±1/270	直角尺和钢尺量
		墙骨长度	±3	钢尺量
		单根墙骨柱的出平面偏差	±3	钢尺量
	8. 顶梁板、底梁板	顶梁板、底梁板的平直度	+1/150	水平尺量
		顶梁板作为弦杆传递荷载时的搭接长度	±12	钢尺量
	9. 墙面板	规定的钉间距	+30	钢尺量
		钉头嵌入墙面板表面的最大深度	+3	卡尺量
		木框架上墙面板之间的最大缝隙	+3	卡尺量

第 8 章

工程实践组织及管理概述

　　轻型木结构的项目实践，以巩固知识、锻炼动手能力、增加实践经验为主要目的。同时，实践过程也是一个小型项目的建造过程，在此过程中需要运用项目的组织和管理方面的知识。本章就项目组织及管理的相关知识做简要的介绍，帮助大家在实践过程中进行组织和管理工作。建设工程项目的组织和管理是一个庞大的知识体系，涉及项目管理的方方面面。但是由于本书篇幅所限，不能详细阐述。只能就实践所涉及的内容，简明扼要地提出重点，还望在实践中加以理解和运用。

8.1　工程项目及项目管理

8.1.1　工程项目

建设工程项目，简称工程项目，是以建筑物或构筑物为标的，由有起止时间且相互关联的活动所组成的特定过程。该过程要达到的最终目标应符合预定的使用要求，满足标准（或合同）所要求的质量、工期、造价和其他资源约束条件。这里的相互关联的活动，包括项目进行初期的策划、计划，项目进行中期的施工、生产，项目后期的验收、经营，以及贯穿项目始终的经济、社交、管理等方面的活动。

（1）工程项目的特点

①项目的单一性：工程项目是在特定的条件（地形、地质、水文、气象等条件）下按使用者的建设意图来进行设计和施工的，即使是同一类型的工程项目，在建设规模、使用功能和效益、材料和设备、工程所在地的自然和社会环境等方面也各不相同，设计和施工也存在较大的差异，因此工程项目具有单一性。

②资源的高投入性：工程项目由于建设规模大，结构复杂，使用材料种类多、数量大，投入的人力和完成的工程量较多，所以每一个工程项目都要投入大量的人力、物力和财力。

③建设周期长：一个项目从项目决策、工程勘测、设计、施工、交付使用到后续的项目经营，需要经历很长的时间。即使是项目的施工，从施工准备、施工到竣工验收，一般也需经历几年的时间。所以，为了缩短建设周期，更好地提升项目的投资效益，应合理地安排建设进度，加强工程项目建设的管理，使工程项目能按期或提前投入使用。

④生产的不可逆转性和使用的长期性：工程项目的施工生产只能一次性完成，不能多次重复生产，不可逆转。而且建筑使用期限长，一般都达到几十年甚至上百年，工程项目必须达到合同规定的质量要求，否则就会影响工程的正常使用，甚至在使用过程中会危及安全，造成重大损失。

⑤产品的固定性和生产要素的流动性：工程项目是在特定的地点建设的，也就是说产品的位置是固定的，是不能移动的。所以在工程项目的建设过程中，必须分阶段、分批地投入不同数量的人员、材料、机具和机械设备。在同一个工程地点，施工的人员、材料、机械是流动的，一个工种在完成其作业后，必须由另一工种接替继续施工；一个施工项目完成后，就要换到另一个项目去施工。由于工程项目的各道工序是互相紧密衔接的，上道工序如果存在质量问题，就会影响下一道工序的施工和整个工程的质量，特别是隐蔽工程的质量如果存在问题，事后很难补救。因此，必须及时地对各项工序的质量进行检查和监督。

⑥管理方式的特殊性：由于工程项目的资源投入大，而且是在自然环境下建设，受到各种自然因素的影响大，施工条件复杂，施工生产又有一次性和使用的长期性等特点，所以必须加强工程项目的管理。应对工程项目的实施过程进行严格的监督和控制，使工程项目质量形成的全过程处于受控状态，以保证工程项目的质量符合相关规定的要求。

⑦风险性：由于工程项目是在自然环境下进行建设，受到各种自然因素的影响，同时各种技术因素（如规划、决策、设计和施工等）和社会因素也将影响到工程项目的建设及其质量。所以，工程项目的建设具有一定的风险性，而且工程项目的建设周期越长，所要承担风险越大。

（2）工程项目的分类

建设工程项目可按性质、专业、等级、用途等特点进行分类，见表8-1。

（3）工程项目的生命周期

工程项目的生命周期可以等同于建设项目的生命周期，是指提出项目概念到竣工验收为止的全部周期。一般来说，可分为四个阶段：概念阶段、规划设计阶段、实施阶段和结束阶段。

表 8-1　建设工程项目分类	
分类方法	项目类别
按性质分	基本建设工程，更新改造工程
按专业分	建筑工程，土木工程，线路管道安装工程，装修工程
按等级分	一等工程，二等工程，三等工程
按用途分	生产性工程，非生产性工程
按投资主体分	国家投资工程，地方投资工程，企业投资工程，私人投资工程，联合投资工程
按行政隶属分	部委属工程，地方工程，乡镇工程
按工作阶段分	预备工程，筹建工程，实施工程，建成投产工程，收尾工程
按管理者分	建设项目，工程设计，工程监理，工程施工
按规模分	大型工程，中型工程，小型工程

　　如果针对建设工程项目的特点，将工程项目生命周期的四个阶段具体化，则可将建设工程项目的建设程序分为：项目建议书、可行性研究、设计工作、建设准备、建设实施、竣工验收交付使用六个阶段。这六个阶段里的前两个阶段是决策阶段，属于一般项目的概念阶段；设计工作属于规划设计阶段；建设准备、建设实施合起来是实施阶段；竣工验收交付使用是结束阶段。建设程序可用图 8-1 表示。

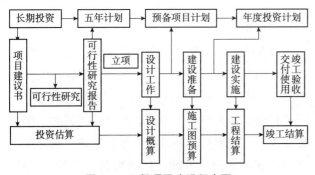

图 8-1　工程项目建设程序图

8.1.2　项目管理

　　工程项目管理是项目管理中的一个大类，是指项目管理者为了使项目取得成功，对工程项目运用系统的观念、理论和方法，进行有序、全面、科学地管理，充分发挥计划职能、组织职能、控制职能、协调职能、监督职能的作用。成功的内涵包括：在规定的时限内、

在批准的预算内，实现项目所有的功能和质量，也就是实现质量、工期、费用三个分目标。

　　（1）工程项目管理的特点

　　工程项目有其特点，工程项目的管理是针对工程项目的特点进行的管理。工程项目管理包括以下几个特点：

　　①目标明确：因为工程项目管理是紧紧围绕目标、结果进行管理的。项目整体、某个组成部分、某个阶段、都有特定的目标。除了项目本身的功能目标或者说使用目标以外，所有的过程目标都可以归结为三类，也就是进度、质量、费用。

　　②工程项目管理是系统的管理：工程项目是一个有机的整体，虽然我们为了便于工作开展而对项目进行系统分解，但是各项目子系统之间仍然存在各种关联，时空的关联，逻辑的关联，它们既互相独立，又互相联系，是一个统一的有机体，所以对其进行的管理，也是系统的管理。

　　③管理也是规范化的：作为一门科学，工程项目管理要符合建设工程项目的规律。工程项目管理的专业内容包括：工程项目的战略管理、组织管理、规划管理、目标管理、合同管理、信息管理、资源要素管理、现场管理、监督管理、风险管理等等一系列丰富的内容。

　　④独特的方法和体系：工程项目管理最主要的方法是目标管理，其核心内容是以目标指导行动，通过确定总目标，自上而下的分解目标，落实目标，制定措施，实施办法，从而自下而上的实现项目总目标。

　　（2）工程项目管理的分类

　　建设工程项目管理可按图 8-2 进行分类，通过分类，可更好地理解项目管理的内涵。

　　（3）工程项目管理的内容

　　一般来说，建设工程项目的组织和管理是一个很大的范围，包括了一个建设工程项目的方方面面。工程项目有大小之分，然而无论项目大小，其项目管理务必面面俱到。工程项目的管理基本涵盖以下 7 个主要方面：

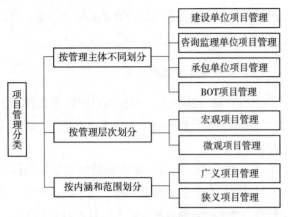

图 8-2　项目管理分类

①成本控制；

②进度控制；

③质量控制；

④职业健康安全与环境管理；

⑤合同管理；

⑥信息管理；

⑦组织与协调。

这 7 个方面无论从哪个方面来说，都是非常复杂的系统，它们内部自成体系，同时又互相联系、互相影响。比如说成本、进度、质量三者之间存在着深刻的相互作用：建设单位想要提高工程质量必然会导致成本上升和工期延长；相反，如果施工单位想要缩短工期则有可能导致成本上升和质量下降。

同时，建设工程项目的组织和管理工作还涉及不同的主体。比如在项目的决策阶段（又称立项阶段），这个阶段的参与方包括建设单位（甲方、投资方）、咨询公司、设计单位和勘察单位。项目经过决策和立项，进入实施阶段（又称建设阶段或施工阶段）。在此阶段的参与方包括建设单位、设计单位、监理单位、施工单位等。大型的建设工程项目还有总承包单位和分包单位，以及材料供货单位等。项目竣工后进入使用阶段，此时项目参与方有建设单位、使用单位、物业管理单位等。

项目管理工作的 7 个方面和项目各参与方是紧密相连的。项目各参与方在 7 个方面均有自身的工作内容和侧重点，其互相的关系既有分歧也有统一。例如，建设单位的成本控制必然是整个项目的总投资控制，而其他项目各参与方的成本控制是自身参与工

作内容的成本控制，但是，设计单位、监理单位和施工单位也要对项目总成本负有相应的责任。

本实训课程只做一个轻型木结构的项目。工程虽小，但是工作也涉及了以上 7 个方面的工作内容和相关参与主体，具有项目管理工作的广泛性、复杂性和有机性。

8.2　工程项目参与方及其工作内容

工程项目的参与方是指在项目生命周期内，所有直接或间接参与建设工程项目生产或管理的组织或个人。又称为工程项目利益相关方。其组织和个人的利益与项目整体目标一致，在项目目标实现的前提下，其组织或个人利益才能得以实现。

8.2.1　工程项目参与方

一般来说，一个建设工程项目的参与方包括投资人、建设单位、中介组织、工程项目产品使用者、研究单位、设计单位、施工单位、分包单位、生产厂商、政府建设行政主管部门、质量监督机构、质量检测机构和社会综合管理保障机构等。各方职责简要介绍如下：

（1）投资人

投资人是工程项目资金的提供者。投资人可以是项目的发起者，也可以是为项目发起者提供资金的出资方或债权人。投资人的目的是通过投入资金，将工程项目作为产品使得其获得收益或利润。作为投资人，其职责是为项目提供资金保障，同时保证项目的正确方向，批准项目的策划、规划、计划、变更，监督项目的进程、资金使用和项目质量，以及其他需要投资人决策的项目重大问题。

（2）建设单位（或项目法人）

建设单位是受投资人或权利人（如政府、机构、组织）的委托，进行工程项目建设的组织，是工程项目的管理者。建设单位有可能是项目法人，也有可能是投资人。总之，建设单位是为了投资人的利益出发，

根据既定的建设意图和现实的建设条件，对项目投资和建设方案作出决策，在项目的实施过程中履行建设单位义务，为项目的实施者创造必要条件。

（3）中介组织

建设单位需要相应的资质才能对建设项目进行管理。当建设单位不具备工程项目要求的相应资质时，或者虽然其本身具备相应资质但自身认为有必要时，或者制度、合同有相关要求时，建设单位可以聘请具有相应资质的社会服务性工程中介组织进行管理或咨询。例如，进行项目策划，编制项目建议书，进行可行性研究，编制可行性研究报告，进行设计和施工过程中的监理、造价咨询、招标代理、项目管理等工作，均可由建设单位聘请相关中介组织提供服务。此时的中介组织应作为单独的项目参与方，参与工程项目的过程，为建设单位提供相关服务。

（4）工程项目产品使用者（用户）

生产性项目（车间、厂房）或基础设施的使用者，是工程项目竣工移交后的接收者。工程项目的使用者可能是建设单位、投资者或投资企业（用户）、物业公司，也可能是国家或代表国家政府进行管理的企业、组织。总体来说，使用者担负着假设项目后期的使用和产能发挥任务，因此对项目质量和后期保修等问题，提出了较高的要求。反过来说，工程项目各参与方必须坚持"质量第一，用户至上"的质量管理原则，将使用者的评价作为评价自身项目管理绩效的依据。

（5）科研单位

工程项目的实施过程，是脑力劳动转化为社会生产力的过程，是自然科学理论转化为现实存在成果的过程，往往也是新技术、新材料、新工艺、新设备、新管理思想和办法落地应用的过程。科研单位作为工程项目的后盾，其研究成果为项目所用，为建设工程项目提供策划、决策、设计、施工、管理等社会化的、直接或间接的科学技术支持。项目各参与方均应充分重视科研单位的作用，注意相关领域的科学技术创新和应用，运用新成果，提升品质，提高效益。

（6）设计单位

设计单位以建设单位（投资方）的意图、法律法规和各项标准的要求、现实的建设条件为依据，经过设计人员在技术和经济方面的综合智力创造，最终产出可指导项目实施（施工、安装等）的设计文件。设计单位的工作联系着工程项目的决策和实施两个阶段，既是决策方案的体现，又是实施方案的依据。同时设计单位还要把工作延伸到施工过程，直至竣工验收交付使用阶段，以便处理各种技术变更和设计变更。通过参加验收确认施工中间产品和最终产品与设计文件保持一致。

（7）施工单位

施工单位承揽建设工程项目的施工任务，是工程项目产品的生产者和经营者。施工单位是项目主要参与者之一，一般通过竞争取得施工任务，签订合同，确定与建设单位的关系。然后，编制项目施工管理规划，协调组织投入人、财、物等资源进行工程施工，确保实现约定的工程项目总目标（包括功能、质量、工期、费用、资源消耗等），产出工程产品，竣工验收交付给使用方。并在保修期内承担相应保修责任。

（8）分包单位

分包方包括设计分包和施工分包。分包单位不直接与建设单位建立关系，而是与总承包单位建立关系，签订合同。双方签订合同后成为分包合同关系，分包单位从总承包方已经承揽的任务中获得部分任务，并在工程的质量、进度、造价、安全等方面对总承包方负责，服从总承包方的监督和管理。

（9）生产厂商

生产厂商包括各类建筑材料、建筑构件配件，各类机械、设备、用具用品的生产厂家和供应商。生产厂商为建设工程项目提供生产要素，是工程项目的重要参与方和利益相关者。生产厂商的交易行为、产品质量、价格、供货周期和服务体系，关系到项目的投资、进度和质量目标的实现。因此，工程项目管理者必须重视生产厂商的作用，充分利用市场优化配置资源的作用，打通供应渠道，加强资源管理，保证项目的目标得以实现。

（10）政府建设行政主管部门

政府主管部门虽然与项目管理组织没有合同关系，但是由于其特殊的地位和手中的管理权力，使其成为项目参与方中的特殊参与者。政府主管部门有贯彻相关法律法规，制定、发布、监督执行有关的规章、制度、标准、规范等行政制度，保护公众利益的职能。按照《中华人民共和国建筑法》的相关规定，负责发放施工许可证、对项目各方的资质进行认定、审批，对项目相关技术人员执业资格的认定与审批。对重点计划项目进行审批和验收。对企业行为进行监督、检查和管理。政府主管部门还有调控市场、引导企业的职能。

（11）质量监督、检测机构

质量监督机构代表政府对工程项目的质量进行监督，对设计、材料、施工、竣工验收进行质量监督，对相关单位的资质进行检查和监督，以此保证工程质量。

我国现行质量检测制度，由国家技术监督部门批准建立工程质量检测中心，工程质量检测中心分为国家级、省级、地区级三级，按照其资质依法接受委托承担有关工程质量的相关工作。

（12）社会综合管理保障机构

社会综合管理保障机构负责提供工程项目所在地的系统接口和相应配套设施。如供电供气、给水排水、消防安全、道路通信、交通运输、环保环卫、治安保卫等，项目的顺利实施与之密不可分。

总体来说，建设项目的全过程中参与方众多，作用大小不一。而且，管理主体的不同，在实施管理工作内容时的任务、目的、内容也不相同，从而构成了项目管理的不同类型。详细地说，有建设单位项目管理、咨询监理单位项目管理、承包单位项目管理、BOT 项目管理等类型。按管理主体不同对项目管理进行分类可参考图 8-2。其中建设单位项目管理是指由项目建设单位或委托人对项目建设全过程的监督

与管理。咨询监理单位项目管理是指社会监理单位或造价、技术、风险咨询公司等单位的监督、咨询、管理工作。承包单位项目管理有工程总承包单位的项目管理、勘察单位、设计单位、施工单位、供应商等的项目管理。BOT 项目管理，即特许权经营型的项目管理，也叫建设 - 经营 - 转让型的项目管理，这里的承包单位既负担有承包单位本身的施工管理工作内容，又承担有建设单位和项目使用单位的管理工作内容。

为精简过程，抓住重点，参考各项目参与方对工程项目的作用和地位，在本实训项目中，首先介绍各个项目参与方的通用工作内容及管理要点，之后重点介绍建设单位、设计单位、施工单位、监理单位的工作内容及管理要点。

8.2.2　工程项目通用工作内容及管理

既然工程项目各参与方的利益实现基于同一个前提，即工程项目总目标的实现，那么，在向同一个目标前进的过程中必然有一致的工作内容和管理要点。然而不同的参与方在工程项目的过程中扮演不同的角色，对工程项目必然有不同的期待和不同的利益所在。所以为了确保工程项目的成功，还要分析各个参与方在整个项目过程中的地位、作用、管理特点等。

项目管理是全过程、全方位的管理，我们按照工作内容的区别进行分解，可以把一个建设工程项目可能涉及的所有工作方面罗列并简要介绍。

8.2.2.1　工程项目前期工作管理

任何一个参与方在工程项目的前期的主要工作应该包括组织建设、工作范围确定和项目管理规划。工程项目的范围管理、组织管理和项目规划可参考图 8-3 加以理解。简单地说，范围管理是解决做什么，即工作内容的问题；组织管理是解决由谁来做，即责任与分工的问题；管理规划是解决怎么做，即实施方案的问题。

项目管理的组织是指实施或参与项目管理工作，且有明确职责、权限和相互关系的人员及设施的集合。包括发包人、承包人、分包人和其他有关单位为

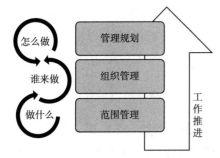

图 8-3　范围管理、组织管理和项目规划的关系

完成项目管理目标而建立的管理组织。为了更好完成项目目标，项目管理需要有一个科学合理的组织结构，建设积极高效的团队。

建设工程项目组织结构确定是由项目自身特点出发要体现项目管理要求与项目管理水平，委托方有明确要求的要符合，还要满足项目自身的资源情况，符合国家的相关法规。同时建立的组织机构要确保项目整体工作效率，确保各部分之间权责一致，跨度与层次设置合理，既有分工又有协作，灵活统一。

在工程项目管理组织结构确定的同时，要注重项目团队建设。有效的团队建设就是要使团队有共同的目标并为之共同努力；团队内有合理的分工和协作；团队有高度的凝聚力；团员间互相信任；团队内部沟通顺畅有效。

工程项目范围管理是指工程项目各过程活动的总和。范围管理的意义在于划定一条边界，确保工程必需的工作都在界内没有遗漏，非必需的工作都在界外不能画蛇添足。因此范围管理的重点划定边界，也就是定义界限，界限以内的即为必需的工作，界限以外的是为非必需的工作。

范围管理对于实现工程项目的三大目标：质量、工期、费用具有重要意义。显而易见，多余的工作将导致工期延长，费用增加，而遗漏的工作将影响产品质量。因此，范围管理是制订项目策划、计划，设计文件的依据。在项目开始阶段就应被确定。

对于工程项目总体而言，有其项目工作范围。对于项目各个参与方而言，每个项目方都有其自身的工作范围。如何确定不同参与方之间的工作范围，是重中之重。良好的范围管理有助于分清组织各方责任，调动生产积极性。

工程项目一般用 WBS（Work Breakdown Structure）法将工程项目进行结构分解。从根本上说，就是将一个大规模的项目逐步分解为越来越小的、越来越具有执行度的、越来越易于管理和风险控制的单元系统（图 8-4）。

工程项目的工作范围一旦确定，一般不可轻易改变，但是也有需要变更的情况。一般来说，工程项目的范围变更有如下几种：

①建设单位提出的变更：包括投资的变更、使用要求的变更、产品预期的变更、市场环境导致的变更、供应条件导致的变更等。

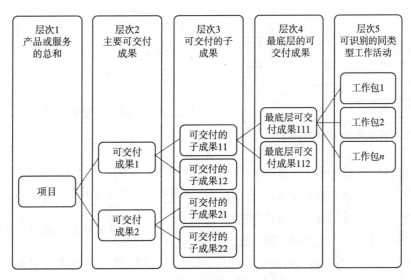

图 8-4　工作分解结构的分层分解

②设计单位提出的变更：包括改变设计、改进设计、增加设计标准、增加设计内容等。

③施工单位提出的变更：包括合同约定工程量的增减、施工时间顺序的改变、合理化建议、施工条件发生变化、材料设备的变更等。

④不可抗力导致的变更：对于工作范围变更，要严格控制。一般来说，要有相关方的审批程序和流程。这里的相关方至少包括但不限于建设方、设计方、监理方、施工方等主要参与方。考核的内容应该包括变更引起的质量、工期、费用等方面发生的变化。小规模的变化可发出设计变更文件或工程量洽商函，并由建设单位、监理单位等确认。重大变化需要签订补充合同和相关文件予以确认，之后再实施变更。

规划是综合性的、完整的、全面的总体计划。它包含目标、政策、程序、任务的分配、要采取的步骤、需要的资源以及为了完成既定目标需要的其他因素。建设工程项目有其复杂的过程、多因素的影响。因此从简单而抽象的建设意图产生到具体复杂的工程建成，期间的各个环节、过程的活动内容、方式及其预定目标，都离不开计划的指导。

对于一个复杂的工程项目而言，其项目规划贯穿工程全过程，如图8-5所示，其内涵十分广泛。

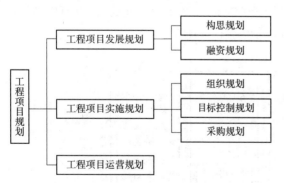

图8-5　工程项目规划的内容列举

工程项目管理规划是对工程项目全过程中的各种管理职能、各种管理方法、各种管理要素进行完整的、统一的总体计划。需要注意的是，在传统的项目管理中一般不讲项目规划或项目管理的规划，而只说项目某方面的计划，如项目的时间（进度）计划、成本计划、资源计划、质量计划等等。

不同项目参与方的工作范围不同，其管理内容也不相同，因此管理规划也不相同。各参与方的管理规划是根据其工作职能展开。

8.2.2.2　工程项目准备阶段的管理

工程准备阶段的工作包括地质勘探、设计、设备材料订购及其他的咨询工作。一般而言准备阶段的各项工作均有专业机构承担，由建设单位汇总负责。

地质勘探是勘察工程所在地及其临近区域的地质水文、地形地貌和其他相关情况，并编写和提交工程勘察报告。

设计是对拟建的建筑物、构筑物或其他设施的空间组成、各种系统和性能以及这些组成部分之间的空间和技术关系加以明确、说明和表达。设计人员利用图纸、技术要求说明书、模型等手段，详细地表达、说明和展示拟建物，以便准确地估算其资源要求和费用，使得建筑企业能够根据这些设计文件将其变为现实。

其他咨询工作还包括工程项目计划、实施方法、进度、预算、采购供应、组织等做详细的编制；设计、施工、监理、材料供应等参与方的招投标管理；各种审批手续等。

8.2.2.3　工程项目合同管理

建设工程合同约定了建设工程当事人双方的权利、责任与义务。工程建设的过程就是合同执行的过程。合同管理一般包括合同的签订、实施、控制和综合评价等工作。建设工程合同包括勘察设计合同、施工合同、材料设备采购合同、咨询合同等。

8.2.2.4　工程项目采购管理

工程项目采购是从系统外部获得相关资源和服务的采办过程。在项目执行中，工程项目采购管理是关键环节，决定了提供项目资源和服务的基础。

8.2.2.5　工程项目质量、进度、费用管理

工程项目的质量管理是从质量管理理念入手，建立项目的质量管理体系，确定工程项目质量计划，

并提供质量保证。工程项目的进度管理是在范围管理和规划的基础上，对项目进行分解，确定进度目标，确定项目工作的逻辑关系，进而计算时间参数，确定关键线路并编制进度计划，并在实际施工中执行。工程项目的费用管理包括投资方的投资管理（投资估算、实施控制、竣工决算）和承包方的工程成本管理。

建设工程项目的质量、进度、费用三者之间是互相有机、紧密联系在一起的，既对立矛盾，又和谐统一。三者的对立统一关系可用图 8-6 表示。

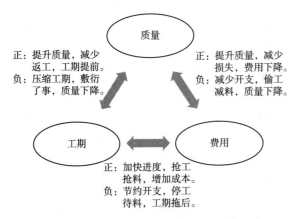

图 8-6　质量、工期、费用三者的对立统一关系

需要注意的是，工程项目的各个参与方均有与其自身工作内容和利益诉求相适应的进度、质量、费用管理侧重。

8.2.2.6　工程项目安全及职业健康管理

工程项目一般有规模大、周期长、生产单一性和复杂性等特点，因此存在许多不稳定因素。安全管理要从风险识别入手，制订管理目标、管理计划措施，落实安全培训，提升过程控制水平，构建项目安全文化，实施心理环境管理，系统地降低职业健康安全风险。

8.2.2.7　工程项目环境管理

环境管理包括污染物排放和资源节约等核心内容，围绕污染预防和资源计划的核心理念，尽量减少对项目系统外部的人、空气、土地、水、动物、植物和它们之间关系的影响。

8.2.2.8　工程项目资源管理

资源管理包括人力资源管理和物质资源管理。人力资源管理包括团队建设、绩效考核、人才培训等。物质资源管理包括材料、机械设备等的现场管理调配。

8.2.2.9　工程项目信息管理

信息管理是整个工程项目管理的神经系统，是项目管理高效运转的保证。

8.2.2.10　工程项目风险管理

工程项目管理是一项多风险事业。为了预防和战胜风险，风险管理的内容包括风险识别、风险评估、风险应对和风险监控。

8.2.2.11　工程项目沟通管理

工程项目是由多参与方共同参与完成的，因此各参与方之间的良好沟通是项目成功的关键。沟通管理包括沟通形式、沟通的依据和结果、信息交流、化解矛盾、疏解压力等内容。

以上是建设工程项目可能涉及的所有工作方面。就本次实训而言，重点是在实习过程中体验进度、质量、费用管理是如何计划、落实的，以及各个参与方之间的进度、质量、费用管理有何区别及联系。

8.2.3　建设单位工作内容及管理重点

建设单位的项目管理是指由项目建设单位或委托人对项目建设全过程的监督和管理。一般情况下，投资方的项目建议书（或可行性报告）被批准以后，投资方按一定程序成立项目法人，由项目法人出面组建项目部，聘任项目经理及其他项目部高级管理人员，行使建设单位的权利并承担相应义务。项目部在项目经理责任制的原则下开展工作，对项目建设进行全过程、全方位的管理。一般来说，也承担全部的权利和义务。

既然建设单位的工作是全过程全方位的，主要是体现在上一个部分的 11 个方面。首先是 11 个方面的全部覆盖。如个别项目参与方其关注点仅在 13 个方面中的某些方面，而建设单位则是全部关注。其次是全过程在 11 个方面中覆盖。如设计单位的工作重点主要是项目生命周期的前期阶段，而施工单位的工作重点主要是项目生命周期的实施阶段。而建设单位的工作重点从始至终，是全过程覆盖。

建设单位是以工程项目的投资人身份出现的，因此建设单位的目标是以最少的投入获得最有效、最好的使用价值。在管理方法和手段方面，建设单位的行为意义是投资行为，其身份更多倾向于一个领头人，掌握项目目标方向，激发其他参与方的活力，调动其他参与方的积极性，监督其他参与方工作成效。所以建设单位的管理与项目目标之间是间接的作用。但是建设单位的决策水平、管理水平、行为的规范性等，对一个建设项目的成功起着关键作用。

8.2.4　设计单位工作内容及管理重点

设计单位受业主委托承担工程项目的设计任务。以设计合同所界定的工作目标及其责任义务作为该项工程设计管理的对象、内容和条件。设计项目管理也就是设计单位对履行工程设计合同和实现设计单位经营方针目标而进行的设计管理。尽管其地位、作用和利益追求与项目建设单位不同，但它也是建设工程设计阶段项目管理的重要组成部分。只有通过设计合同，依靠设计方的自主项目管理才能贯彻业主的建设意图和实施设计阶段的投资、质量和进度控制。

我国的设计单位主要以各类具体行业或部门的院所为主。例如房屋建筑类有各类城市规划设计院、城市建筑设计院等。一些行业，如矿山、冶金、石油、道桥等，还有行业设计院。例如林业工程类的有林产规划设计院。

设计单位为了完成设计目标，一般须有多专业、多工种参加。一般建筑物，至少有建筑师、结构工程师、暖通工程师、水电工程师等专业人员参加。大型、特殊、复杂的建筑物，还有机械工程师、岩土工程师、地质工程师和专业领域的工艺师参加。

设计单位的主要工作包括初步设计和施工图设计两个阶段（有的大型工程或复杂工程还有技术设计阶段）。一般来说初步设计是根据建设单位或咨询单位的可行性报告、勘察单位的勘察报告和其他基础资料，阐明在规定的建设地点、工程时间和计划资金限定之内，拟建项目的技术和财务可行性。施工图设计使设计的最后阶段。设计单位根据已批准的初步设计文件和技术设计文件，将项目实现的步骤进一步定义、分解、具体化、可操作化。

设计单位也有自身的管理内容。例如设计单位的工期是为初步设计、施工图设计等阶段的完成时间。设计单位的成本管理包括对项目总成本（设计概算）的控制及自身服务成本的控制。设计单位的质量管理对象包括图纸、各类文件的技术质量，也包括其自身沟通、服务质量。

同时，除了设计单位以外，建设单位和施工单位也有其下属的设计部门。建设单位的设计所承担的主要任务是对接设计单位和施工单位，实现投资方的目标。施工单位的设计主要是对接设计单位和建设单位，将施工图设计进一步深化落实；反馈施工现场情况，协调变更洽商。

在本次实训中，已经有了较完善的图纸资料。如果是没有图纸或者是图纸需要更新的情况下，一般是由建设单位提出需求（可行性方案、规划），由设计单位进行图纸设计，由建设单位和监理单位审核后交施工单位执行。

8.2.5　施工单位工作内容及管理重点

施工单位的全称是建筑安装工程施工单位。也称承建单位或承包单位。对于大型建设工程项目还有总承包-分包以及联合承包等多种方式。施工单位是施工管理的主体和核心，对工程项目的质量负责。

一般来说施工单位应当依法取得相应等级的资质证书，并在其资质等级许可的范围内承揽工程。承揽工程的方式主要有招投标和竞争性磋商两种，以前者为主。施工单位法人通过投标、中标后，应组建施工单位项目部，确定工程项目部的项目经理和其他重要环节负责人，在项目经理责任制的原则下开展项目部的各项工作。

施工单位主要的工作内容是项目的实施者和执

行人。投资人的投资主要由施工单位来转变为利润，设计单位的图纸也需要由施工单位来变成产品。施工单位的目标是在实现投资人需要的使用价值的基础上，最大化自身的利润。

施工单位主要的管理在于施工管理。施工管理可以理解为以成本、进度、质量为核心目标的管理工作。对于不同的项目参与方，施工管理的侧重也有所不同。对于建设单位而言，三个核心是投资额大小、投资和回报周期长短、使用功能是否完备。对于施工单位而言，三个核心是产品成本及效益、工期进度、产品精度（是否满足要求）。对于监理单位而言，三个核心是自身成本、自身服务质量、如何协助投资方调整成本、进度和质量之间的关系。

8.2.6　工程项目监理

监理公司是咨询服务公司的一种，但是又比较特殊。监理是指具有相关资质的监理单位受甲方的委托，依据国家批准的工程项目建设文件、有关工程建设的法律、法规和工程建设监理合同及其他工程建设合同，代表甲方对乙方的工程建设实施监控的一种专业化服务活动。工程监理是一种有偿的工程咨询服务，是受建设单位或投资人的委托进行工作的。

监理单位的组成人员包括总监理工程师、监理工程师和监理员。其人员必须有相应的执业资质方能上岗从业。监理工程师的主要依据是法律、法规、技术标准、相关合同及文件。监理的准则是守法、诚信、公正和科学。监理目的是确保工程建设质量和安全，提高工程建设水平，充分发挥投资效益。

建设工程监理单位受建设单位委托，根据法律法规、工程建设标准、勘察设计文件及合同，在施工阶段对建设工程质量、造价、进度进行控制，对合同、信息进行管理，对工程建设相关方的关系进行协调，并履行建设工程安全生产管理法定职责的服务活动。

在订立建设工程监理合同时，建设单位将勘察、设计、保修阶段等相关服务一并委托的，应在合同中明确相关服务的工作范围、内容、服务期限和酬金等相关条款。

在本实习课程中，监理单位的作用不仅仅是控制工程质量，还包括对成本、工期进度进行管理，协助建设单位完成工程总目标。

8.2.7　项目经理责任制

项目经理是由企业法人任命的项目管理者，根据法人授权的范围、时间和内容，对项目实施全过程、全面地管理，并接受组织的监督考核。项目经理是合同履约的主要负责人，是项目计划的制订和执行人，是项目的最高指挥人，是协调项目内外关系的纽带。项目经理的职责是在授权范围内，建立健全项目组织体系和各项专业体系，对项目进行系统管理，对资源实行动态管理，进行利益分配。

一般来说，建设单位、施工单位的项目经理地位和作用较为突出。设计单位、咨询单位、供货单位等参与方也有项目经理的岗位，但由于其在项目的不同阶段参与项目工作，项目经理的岗位形式变化较多。例如设计单位通常以设计团队或设计小组的形式参与项目，其主要负责人是主任设计师或设计总监。监理单位通常由总监理工程师行使项目经理的权利和义务。

项目经理责任制是"组织制定的，以项目经理为责任主体，确保项目管理目标实现的责任制度"。项目管理工作的核心就是项目经理责任制。项目经理责任制使得项目经理以项目为对象，实行项目产品形成过程的一次性全面负责。项目经理是项目的责任主体、权利主体、利益主体，是项目管理的直接组织实施者。项目经理对项目全面负责，是第一责任人，风险承担人。

8.3　项目组织与管理在实践中的应用

8.3.1　项目实例中的组织与管理

在 8.1.1 小节关于工程项目的介绍中，在最后部分介绍了工程项目生命周期，即项目实施的四个阶段：概念阶段、规划设计阶段、实施阶段和结束阶段。在建设工程项目管理中，这四个阶段也可以按照主要工作内容称为：立项阶段、项目准备阶段、施工阶段和验收移交阶段。下面以某市体育中心项目为例，介绍建设工程项目的主要组织和管理工作。

案例 8-1　某省会城市体育中心建设工程项目简介

项目概况：某省体育中心是某省体育局所属的一座体育设施，位于我国某中部省省会城市开发新区。2005 年立项，2007 年开始施工，2009 年年初竣工并与年底交付使用。该体育场馆占地面积 5 万 m^2，建筑面积 2.4 万 m^2，可容纳观众 1 万人，总投资 2 亿元人民币。

8.3.1.1　项目立项阶段

该项目的建议书由该省体育主管部门和省会城市市政府作为主要发起人，向该省省委省政府提出建设该体育中心的建议文件。项目建议书的内容包括：

①该体育中心的建设必要性和依据。该省体育发展情况、人民身体健康发展需求。

②项目建议方案、拟建规模、建设地点的初步构想。

③投资估算和资金筹措设想。

④项目的进度安排。

⑤项目对当地的经济影响、社会影响的初步估计。初步的财务评价和国民经济评价。

由于该项目预计投资 2 亿元，经该省委省政府，上报国家发改委审核后，再报国务院审批。项目建议书经过审批后，进行可行性研究。可行性研究的具体内容如下：

①项目的投资背景、投资必要性和经济意义；可行性研究的依据和范围；

②需求预测和拟建规模；

③项目建设所需资源、材料和所在地公共设施情况；

④项目条件和选址方案；

⑤设计方案；

⑥环保方案；

⑦项目组织、劳动定员和人员培训方案及估算；

⑧实施进度建议；

⑨投资估算和资金筹措方案；

⑩社会及经济效果评价。

在可行性研究的基础上提出可行性研究报告，并按照与项目建议书相同的程序进行审批。一经审批，该体育中心项目便正式立项，该项目建议书和可行性研究报告是下阶段进行设计的依据，不得随意修改或变更。同时，该项目根据实际需要，由该省体育管理部门和省会城市市政府共同组建筹建机构，成立项目法人。

8.3.1.2　项目准备阶段

该体育中心的项目准备阶段包括设计工作和项目准备工作。

设计工作分两阶段进行：初步设计和施工图设计。其中初步设计是根据批复的项目可行性研究报告所做的具体实施方案。目的是阐明项目指定的时间、地点、投资限额内拟建项目在技术上的可行性和经济上的合理性。并做出基本技术经济规定，编制项目总概算。

施工图设计在初步设计之后。这一阶段主要通过图纸，把设计者的意图和全部设计结果表达出来，作为施工制作的依据，它是设计和施工工作的桥梁。对于该体育中心项目来说包括建设项目各分部工程的详图和零部件，结构件明细表，以用验收标准方法等。工程施工图设计应形成所有专业的设计图纸：含图纸目录，说明和必要的设备、材料表，并按照要求编制工程预算书。施工图设计文件，应满足设备材料采购，非标准设备制作和施工的需要。

初步设计经过批准后，省政府的财政预算中将该项目列为预备项目，项目筹建机构开始建设准备工作。工作内容包括：

①组建建设单位项目部；

②征地、拆迁和场地平整；

③施工现场的通水、通电、通路等工作；

④施工图设计工作；

⑤相关设备、材料订货；

⑥组织施工招投标。

当设计工作和建设准备工作完成时，该项目基本具备了开工条件。建设单位项目部应编制开工报告，并按审批流程逐层上报，经上级审批后正式组织开工。

8.3.1.3　施工阶段

该体育中心项目经批准开工建设，便进入了建设实施阶段，即施工阶段。此阶段为实现决策意图、建成并交付使用、发挥投资效益的关键环节。也是本书实践环节的中心环节。施工阶段的核心内容是施工方按照设计要求、合同条款、预算投资、实施程序、施工组织设计，在保证质量、工期、成本计划等目标实现的前提下进行生产活动，其结果达到竣工标准要求，经验收后移交使用单位。

在该阶段，施工单位的主要准备工作包括：

①组建施工单位项目部，建立管理机构，健全管理制度和相关规定；

②人员聘用及业务培训，包括管理人员和生产人员；

③确定施工生产所需的各种原材料、能源供应方案；

④确定施工生产索取的机械、设备、器具、工具的供应方案；

⑤其他需要准备的工作；

⑥施工生产的工作计划和质量、安全等风险预案。

当施工单位完成以上主要准备工作后，即可按照施工图组织设计的交底要求和施工工作计划进行施工生产。

8.3.1.4　验收移交阶段

该项目施工单位按照设计文件的要求完成全部施工工作后，建设单位组织验收。该项目进入验收移交阶段。这是建设过程的最后一个阶段，也是投资成果转入使用的阶段。在这一阶段中，建设单位的建设成果满足预期的使用要求，通过验收，移交工程项目产品。此时项目的管理权交付给使用单位，开启项目建设后的使用阶段。此时按合同约定，建设单位对项目成果仍然有相对维修义务直至保修期结束。

案例 8-1 是一个由政府投资的地方重点建设工程项目。相比之下一些商业开发项目具有类似的组织和管理工作内容，但是在具体的土地获得方式上，审批流程（包括立项规划审批、建设用地审批、项目规划设计审批等）上差别较大。

8.3.2　轻型木结构实践活动的组织模式

作为以教学和实践为核心目的的轻型木结构建设工程项目，其项目的实施过程和真实的建设项目各有侧重不同。相对于对于真实的建设项目生命周期中的四个阶段而言，本书实践的轻型木结构项目更加侧重于项目准备阶段和施工阶段的内容。下面以某高校木结构专业综合实践项目为例，介绍轻型木结构建设实践教学的具体组织和展开。

> **案例 8-2　某高校木结构专业轻型木结构实践项目简介**

项目概况：某高校木结构专业为深化教学，增强学生实践能力，开展轻型木结构实践项目。该轻型木结构位于该高校校园内部空旷处。2019 年夏季用时 1 个月完成设计及施工工作。该木结构项目施工占地面积 80m²，建筑面积 15m²，材料费用约 10 万元人民币。

8.3.2.1　项目准备阶段

该实践教学项目的发起，应该建立在学生对轻型木结构建筑相关知识的学习和掌握的基础上。相关知识包括但不限于轻型木结构的结构、材料、设计、施工等方面的内容。可以在相关课程结束后安排 1 周左右的课程设计内容，课程设计应该包括根据给出的使用要求设计出相应结构，选取相适应的规格材料。

在实践项目的准备工作中，主要包括场地准备、材料准备、工具准备等内容。这几项的准备工作应按照预期的轻型木结构项目成果和施工过程所需来进行筹备。场地应空旷、平整，面积大小与建筑面积相适应，有功能分区。提前做好场地的安全保护工作（树立围挡、警示标志等），杜绝安全事故隐患。材料进场后应有专门的摆放区域并做到分类存放。要注意原材料的保护。生产工具应按实践规模大小提前购置并由专人保管。此部分的工作内容也可列入实践考察范围，由学生自主安排设计。

如有条件的学校，可将实践项目安排在室内进

行。如安排在室外,则需考虑:

①实践项目持续时间的选取应充分考虑当地气候等因素,选择冷热适当、干燥无雨的季节进行。

②场地是否平整,面积是否充裕,施工临时用电、用水是否能安全有效解决。

以上准备工作进行的同时,可组织学生开展立项工作。实践教学类的立项工作过程较简单,需要明确的主题只有一个,即项目标的物的各项使用要求。在此项工作中要引导学生自主发挥,确保在要求的工期和成本约束下,明确项目将要满足的使用功能。该使用功能既不能过于简单,失去实践项目的开展意义;又不能过于复杂,超出了工期和成本的约束。立项的结果是形成轻型木结构实践项目可行性计划报告。

除了确定项目的使用目标外,立项工作还应包括项目参与方模式设计。在本次实践项目中,采取了四方参与的模式:由建设单位、施工单位、监理单位、设计单位四家单位作为该轻型木结构的项目参与方,各司其职,共同完成整个实践项目。每个参与方的学生按实际需要和自身对项目管理的理解,进行本参与方的组织架构设计、管理岗位责任分工、人员培训(包括岗位技能培训和安全培训)、工作计划安排等工作内容,并形成文字材料作为开工申请的依据。需要注意的是,真正的项目中,管理人员和施工人员是分别独立的,而在本教学实践项目中,每位同学既要承担一定的管理工作,又要承担一定的施工工作。

8.3.2.2　设计阶段

根据上一阶段形成的轻型木结构实践项目可行性计划报告内容,进行初步设计和施工图组织设计工作。首先根据可行性计划报告的内容,对轻型木结构的建筑面积、层数、分区、门、窗等主要使用功能进行确认,然后按照规程计算并设计出楼盖、屋盖、墙体等结构,最后进行内、外装饰设计。设计的结果是形成图纸,是一套包括总体平面图和配件图、节点做法图的完整施工图纸。该工作是设计单位在建设单位的监督下完成并报批。施工图一旦通过审批,就具有法定效力,要严格按图施工。确有错误或需要变更的,

要按照图纸变更要求的手续和流程办理图纸变更。

施工图组织设计工作是初步设计之后的工作,是通过图纸,把设计者的意图和全部设计结果表达出来,作为下一阶段施工制作的依据。在实际的建设工程项目运行中,施工图组织设计是一项十分繁琐且重要的工作。在本轻型木结构实践项目中,可以简单地理解为轻型木结构的施工方法和顺序的说明、材料数量和使用部位。

在实践的具体过程中,设计阶段可以作为一个必要的准备工作作为实践的一部分。也可以直接给出图纸,要求按图纸施工。各学校可根据自身实际情况灵活掌握。

8.3.2.3　施工阶段

施工单位按照施工图组织设计进行施工。项目各参与方按照之前准备阶段提交的项目开工报告中确定的组织模式、职责范围、工作计划开展工作,各司其职,共同致力于实践项目总目标的完成。在此阶段对于实践项目的整体控制可按时间进行,也可按工序进行。例如每天早、晚进行工程项目例会,强调工程目标,总结经验和教训。也可在每个工序开始前和完工后进行例会,布置和总结工作内容。对于重要且明显的施工质量问题或安全隐患,可及时停工指出错误,将问题返工后继续施工,直至完成整个实践项目。

以上是某高校实践项目案例。该实践项目组织模式的特点是选取了四家最重要的单位作为实践项目的参与方。这四家单位的项目管理工作和项目实施过程中的作用既有共同点又有各自的特点,可帮助学生较完整地体验项目组织和管理内容的各个方面。如果实践项目的时间较为紧张,或人员受限,也可取消设计阶段的考察,直接给予学生图纸,要求其按图纸施工。此时可采用一方参与的模式,即仅有施工单位的模式。由于工程项目本身具有广泛性和复杂性,但实践项目的工作内容和安排的岗位不可能面面俱到。所以仅有施工单位的模式可以使学生集中体验施工单位的管理工作和施工过程。以下例举出上述两种模式的角色分工及岗位职责供参考选择。在实践过程中可以根据自身情况,以法规或事实为依据,进行增

删或自行设定参与单位。

模式 1　建设单位 - 施工单位 - 监理单位 - 设计单位（四参与方模式）

本模式共设置 4 家参与方单位，学生分 4 组，每组负责一个参与方的工作。前 3 组为基础分工内容，第 4 组为设计单位或与设计单位相关的工作内容，非基础分工，视本次实习参与人数的多少而定。如学生人数较少，可只选择前 3 组参与方单位。

第 1 小组：建设单位

负责项目的全面管理，督促施工单位按图施工，在每天的工程进度和质量要求下完成相应工作量，保证人员和资源的合理配置。建议设置的具体岗位包括：

项目总监：领导建设单位的人员在其职能范围内开展工作。

甲方设计师：与设计单位沟通，保证实现投资方使用功能。与施工单位沟通，确保按图施工，进行图纸变更设计确认。

甲方工程师：施工现场监督，保证施工的进度、成本和质量。

甲方材料保管：工程所有材料的进场验收、库存保管、使用出库管理。监督施工单位的材料正确使用。

第 2 小组：施工单位

负责施工工作，是工程项目质量的第一责任者。要按图纸、工期计划及现有资源情况完成工程目标。建议设置的具体岗位包括：

项目经理：总体负责施工单位工作。

设计师：图纸深化设计（根据实际情况），指导本单位工程师按图施工。与建设单位、设计单位联系，进行图纸变更。

施工员：根据图纸及规范要求施工，确保工程结果满足工期、质量和资源的限制。

质检员：根据图纸及规范要求，对本单位的施工结果进行自查。

材料员：对施工需要的材料进行使用计划，与建设单位材料保管联系领取材料。保证材料正确使用，杜绝浪费。

安全员：对施工现场的安全进行管理。

第 3 小组：监理单位

负责协助建设单位，监督施工单位，审核设计图纸，保证工程项目的目标顺利完成。建议设置的具体岗位包括：

总监理工程师：负责监理单位的全面工作。

监理工程师：在总监理工程师的领导下，分不同区域或部分，在其岗位职责内，监督工程的进度、质量和材料使用情况。

第 4 小组：设计单位（可选参与方）

负责项目的总体图纸设计，根据建设单位的使用要求及相关法律规范的规定开展工作。建议设置的具体岗位包括：

总设计师：全面负责设计单位的工作。

专业设计师：可按外观设计、结构设计、装饰设计、水电设计、暖通设计等方面的工作分配工作内容。

模式 2　以施工单位为主的模式（一参与方模式）

本模式共设置施工单位一个参与方单位，由全体同学负责该单位的全部工作。由教师组或研究生组扮演建设单位和监理单位。在本模式中，全体学生扮演工程项目的最重要参与方：施工单位。由建设单位提出使用要求，由施工单位负责实施，由监理单位予以监督执行。

施工单位组织设计：负责施工工作，是工程项目质量的第一责任者。要按图纸、工期计划及现有资源情况完成工程目标。建议设置的具体岗位包括：

项目经理：总体负责施工单位工作。

设计组：3~5 人，图纸深化设计（根据实际情况），指导本单位施工组按图施工。与建设单位、设计单位联系，进行图纸变更。

施工组：根据图纸及规范要求施工，确保工程结果满足工期、质量和资源的限制。如有需要，可分施工组 1 和施工组 2。

质检组：3~5 人，根据图纸及规范要求，对本单位的施工结果进行自查。

材料组：3~5 人，对施工需要的材料进行使用计划，与建设单位材料保管联系领取材料。保证材料正确使用，杜绝浪费。

安全组：1~2 人，对施工现场的安全进行管理。

资料组：1~2 人，负责整个项目的所有资料保管。

往来图纸、文件的签发接收。验收文件的准备。

同时为增加实训的真实性，提高同学们的应对能力，可仿照现实中的项目管理工作为依据，增加随机事件环节。

随机事件举例1

事件描述：建设单位在某时间节点发函，要求对现有图纸某节点进行变更。

各参与方处理办法参考：建设单位应发函至设计单位（或施工单位设计部）并抄送施工单位及监理。监理单位应对该变更进行审核是否合理合法合规。设计单位或施工单位设计部接到文件后应作出图纸变更并转发施工单位（施工组），施工单位根据新图纸：①施工组按图施工，已经施工的部分按图拆改；②材料组按新图纸准备材料；③质检组按新图纸检验成品；④资料组保存设计变更作为将来竣工验收的依据；⑤项目部根据变更的实际情况考察是否有费用增加，是否有工期延长，如有，向建设单位提出变更洽商。

随机事件举例2

事件描述：根据天气预报，施工现场所在地未来几天内将有大到暴雨，施工现场位于山区，土质较疏松。

各参与方处理办法参考：此时应由建设单位或施工单位牵头，立即召开紧急安全会议。各单位、各部门、各工段班组自查。专门的安全机构组织统一检查。检查内容应包括管理检查、隐患检查、事故整改检查。组织生产人员适时停产，进行隐患整改，对原材料、半成品、成品采取保护措施，对重要施工设备、机械采取必要保护措施。在暴雨过后，对施工现场进行检查，尤其是重点部位、重点设备、重点材料需要重点检查，检查无问题后方可开工。对于暴雨带来的质量、安全问题，应及时上报建设单位及监理。对于暴雨导致的成本损失，建设单位一般不予承认，施工单位应通过保险等方式解决。对于暴雨导致的工期损失，合理部分建设单位应予以承认。

8.3.3 实践项目的评价标准

当一个建设工程项目结束时，需要对其效果进行综合评价，以检验效果，判断得失。依据现代项目管理的理念，成功的项目必须满足利益相关者（项目参与方）的需要，这是项目成功的基本前提条件。同时，还应做到以下方面：

①满足预定的使用功能要求。功能要求是在项目决策阶段就确定的，在设计阶段形成的具体实施文件，施工阶段按照设计要求进行构建。是最主要的项目目标，是项目是否成功的最主要标志。

②满足法律法规或标准要求的（合同约定的）质量要求，经验收，符合《工程施工质量验收统一标准》和《工程施工质量验收规范》的规定，由验收委员会验收合格。

③在预定的时间目标内完成，不拖延。这里的预定时间包括各阶段的时间要求和总工期要求。

④费用不超过限额。各阶段都有费用要求，工程有总造价要求，反应项目节约资源和资金的状况，应该严格控制在预算之内。尤其是业主单位，对造价高地特别重视，并用最大的精力进行控制，用费用衡量个相关单位的管理业绩。

⑤合理利用和节约资源。工程项目需要投入大量资源，合理利用和节约使用资源有重大的经济意义。项目交付使用后，也必须有节约使用资源的能力和效果，这是工程项目有利于社会和有利于可持续发展的典型体现。

⑥与环境协调，有利于环境保护。这里所指的环境包括自然环境、生态环境、社会环境、政治环境、文化环境、法律环境、人文环境、艺术环境等，均应保持协调，经过评审、检验、调查符合要求，经得住时间和历史的考验。

⑦在工程项目实施时，能按规律、按计划、按规定、有序、安全地进行，较少变更，风险损失少，没有质量和安全事故，各种协调工作有效、避免纠纷，顺利完成任务。

⑧投资效果好，使用效果好（使用者认可），项目各参与方的利益均得到满足，项目实施者和管理者得到了良好的信誉，树立了良好的形象。

在实践项目结束后，可按照建设工程项目的评价原则对学生的实训成果做出评价。建议给分标准可参考以下方面内容（总分100分）：

（1）实践项目总目标（30分）：项目总目标是

否实现，是否满足预期的使用要求。

（2）各参与方主要项目目标（30 分）：

①质量目标（10 分）。工程项目是否满足法定的或约定的质量要求。包括总体的质量要求和细节的质量要求，关键性要求和非关键要求，不同结构和材料的质量要求，施工工艺质量要求等。是否有监理方提出的质量问题，提出的质量问题是否整改，整改是否到位。

②工期目标（10 分）。工程项目是否满足原计划的工期要求，如不满足是否按规定进行了工期变更洽商等手续。

③费用目标（10 分）。工程项目的实施过程是否满足成本计划的约束。是否有材料、耗材浪费情况。如有特殊情况，是否按规定进行了费用变更或追加洽商等手续。

（3）各参与方项目运行管理目标（40 分）：

①组织管理（5 分）。各项目参与方组织架构、职责分工是否科学、合理、高效。

②范围管理（5 分）。范围管理是否周全严密，工作内容是否有多余或遗漏。

③工作规划（5 分）。所有工作是否有科学严密的总体规划和分部计划。是否将项目总目标进行了分解。

④过程管理（10 分）。各项目参与方的职能是否很好地发挥作用，实施过程是否按计划进行，是否较少变更，是否有质量和安全事故。

⑤项目协调（5 分）。各项目参与方、各部门、各工种工段的协调工作是否顺利有效，是否出现纠纷情况。

⑥环保及安全目标（5 分）。施工是否符合环保要求，是否符合绿色施工和文明施工要求。施工人员的劳保用品使用情况是否符合要求。

⑦风险及信息管理（5 分）。施工中是否存在风险，风险是否需被及时发现并整改，是否有风险预案。施工过程的信息管理是否完备。

参考文献

曹瑜，王韵璐，王正，等，2016. 国外正交胶合木建筑技术的应用与研究进展 [J]. 林产工业，43(12)：3-7.

陈光健，刘国冬，1993. 中国建设项目管理使用大全 [M]. 北京：经济管理出版社.

陈剑平，张建辉，2012. 国内外单板层积材应用现状 [J]. 林业机械与木工设备，40(8)：12-16.

陈群，林知炎，2010. 建设工程项目管理 [M]. 北京：中国电力出版社.

成虎，2000. 建筑工程合同管理与索赔 [M]. 南京：东南大学出版社.

成虎，2014. 工程项目管理 [M]. 4 版. 北京：中国建筑工业出版社.

丛培经，2006. 工程项目管理 [M]. 北京：中国建筑工业出版社.

樊承谋，王永维，潘景龙，2009. 木结构 [M]. 2 版. 北京：高等教育出版社.

樊承谋，2003. 木结构在我国建筑中应用的前景 [J]. 木材工业，17(3)：4-6.

高承勇，倪春，张家华，等，2011. 轻型木结构建筑设计：结构设计分册 [M]. 北京：中国建筑工业出版社.

高黎，郭文静，2016. 单板层积材制造工艺与研究进展 [J]. 中国人造板，(11)：15-18.

高颖，2018. 高等院校木结构及其相关专业人才培养的探索 [J]. 中国林业教育，36(5)：27-30.

郭伟，费本华，陈恩灵，等，2008. 木材规格材研究现状与展望 [J]. 世界林业研究，21(3)：38-42.

国家林业局，2008. 集成材 非结构用：LY/T 1787—2008[S]. 北京：中国标准出版社.

国家林业局，2017. 单板条层积材：LY/T LY/T 2916—2017[S]. 北京：中国标准出版社.

国家林业局，2018. 结构用木质材料术语：LY/T 3038—2018[S]. 北京：中国标准出版社.

国家林业局，2018. 正交胶合：LY/T 3039—2018[S]. 北京：中国标准出版社.

国家林业局，2010. 定向刨花板：LY/T 1580—2010[S]. 北京：中国标准出版社.

何佰洲，2000. 建设法律概论 [M]. 北京：中国建筑工业出版社.

何敏娟，倪春，2018. 多层木结构及木混合结构设计原理与工程案例 [M]. 北京：中国建筑工业出版社.

湖南大学，天津大学，同济大学，等，2011. 土木工程材料 [M]. 2 版. 北京：中国建筑工业出版社.

纪燕萍，张婀娜，王亚慧，2002. 21 世纪项目管理教程 [M]. 北京：人民邮电出版社.

建设部建筑施工安全标准化技术委员会，2013. 建筑施工用木工字梁：JG/T425—2013[S]. 北京：中国建筑工业出版社.

建设部人事教育司，政策法律司，2002. 建设法规教程 [M]. 北京：中国建筑工业出版社.

建设部政策法规司，2004. 建设法律法规 [M]. 北京：中国建筑工业出版社.

建设工程项目管理规范实施手册编写委员会，2006. 建设工程项目管理规范实施手册 [M]. 2 版，北京：中国建筑工业出版社.

雷天泉，邱增处，1996. 集成材的生产工艺及其发展前景 [J]. 甘肃林业科技 (4)：42-44.

李伟娜，马春梅，申世杰，2011. 单板层积材的研究现状与发展前景 [J]. 木材加工机械 (4)：35-39.

刘忠传，1996. 木制品生产工艺学 [M]. 2 版. 北京：中国林业出版社.

陆继圣，1998. 制材学 [M]. 北京：中国林业出版社.

陆伟东，杨会峰，刘伟庆，等，2011. 胶合木结构的发展、应用及展望 [J]. 南京工业大学学报 (自然科学版)，33(5)：105-110.

孙有福，阙泽利，2012. 木结构建筑专业人才培养模式及就业前景 [J]. 林产工业 (2)：13-16.

王飞，刘君良，吕文华，2017. 木材功能化阻燃剂研究进展 [J]. 世界林业研究，30(2)：62-66.

王建和，卫佩行，高子震，等，2017. 加拿大西部铁杉正交胶合木胶合性能与耐久性初探 [J]. 林产工业，44(4)：12-25.

王洁凝，2017. 我国木结构建筑存在问题分析与发展建议 [J]. 住宅产业 (4)：46-50.

韦亚南，2015. 室内用杨木单板层积材制备工艺及性能研究 [D]. 北京：中国林业科学研究院.

魏鸿汉，2017. 建筑材料 [M]. 5 版. 北京：中国建筑工业出版社.

吴涛，2002. 施工项目管理手册 [M]. 北京：地震出版社.

熊海贝，康加华，何敏娟，2018. 轻型木结构 [M]. 上海：同济大学出版社.

徐伟涛，2018. 木结构建筑在北美和我国的发展概况 [J]. 林产工业，45(10)：7-10.

徐有明，2006. 木材学 [M]. 北京：中国林业出版社.

张宏建，费本华，2013. 木结构建筑材料学 [M]. 北京：中国林业出版社.

张婷婷，孙巧，孙雪敏，等，2017. 正交胶合木的研究现状及国产化展望 [J]. 林业机械与木工设备，45(1)：4-7.

张维德，1986. 质量成本 [M]. 哈尔滨：黑龙江人民出版社.

张玉萍，吕斌，杨孟刚，2016. 我国与欧盟单板层积材标准比较 [J]. 中国人造板，(11)：27-31.

中国建设监理协会，2003. 建设工程投资控制 [M]. 北京：知识产权出版社.

中国建筑业协会工程项目管理委员会，2011. 中国工程项目管理知识体系 [M]. 2 版. 北京：中国建筑工业出版社.

中华人民共和国国家质量监督检验检疫总局，中国国家标准化管理委员会，2011. 结构用集成材：GB/T 26899—2011[S]. 北京：中国标准出版社.

中华人民共和国国家质量监督检验检疫总局，中国国家标准化管理委员会，2012. 木结构工程施工质量验收规范：GB/T 50206—2012[S]. 北京：中国标准出版社.

中华人民共和国国家质量监督检验检疫总局，中国国家标准化管理委员会，2015. 普通胶合板：GB/T 9846—2015[S]. 北京：中国标准出版社.

中华人民共和国国家质量监督检验检疫总局，中国国家标准化管理委员会，2017. 结构胶合板：GB/T 35216—2017[S]. 北京：中国标准出版社.

中华人民共和国国家质量监督检验检疫总局，中国国家标准化管理委员会，2018. 单板层积材：GB/T 20241—2006[S]. 北京：中国标准出版社.

中华人民共和国国家质量监督检验检疫总局，中国国家标准化管理委员会，2018. 结构用集成材生产技术规程：GB/T 36872—2018[S]. 北京：中国标准出版社.

中华人民共和国住房和城乡建设部，中华人民共和国国家质量监督检验检疫总局，2017. 建设工程项目管理规范：GB/T 50326—2017[S]. 北京：中国建筑工业出版社.

中华人民共和国住房和城乡建设部，中华人民共和国国家质量监督检验检疫总局，2017. 建设项目工程总承包管理规范：GB/T 50358—2017[S]. 北京：中国建筑工业出版社.

中华人民共和国住房和城乡建设部，2003. 木结构设计规范：GB50005—2003[S]. 北京：中国建筑工业出版社.

中华人民共和国住房和城乡建设部，2016. 装配式木结构建筑技术标准：GB/T 51233—2016[S]. 北京：中国建筑工业出版社.

中华人民共和国住房和城乡建设部，2017. 多高层木结构建筑技术标准：GB/T 51226—2017[S]. 北京：中国建筑工业出版社.

中华人民共和国住房和城乡建设部，2017. 木结构设计标准：GB 50005—2017[S]. 北京：中国建筑工业出版社.

周永东，叶克林，2010. 原木等级及径级对规格材质量及出材率的影响 [J]. 木材工业，24(1)：5-7.

朱嬿，丛培经，1994. 建筑施工组织 [M]. 北京：科学技术文献出版社.

住房和城乡建设部标准定额司研究所，2019. 正交胶合木（CLT）结构技术指南 [M]. 北京：中国建筑工业出版社.

ASTM International，2011. Standard Specification for Evaluation of Structural Composite Lumber Products：ASTM D5456 - 19[S].West Conshohocken.

Bi-national Softwood Lumber Council. Nail-Laminated Timber U.S. Design and Construction Guide V.1[DB/OL].[2020.6.10].

https：//canadawood.cn/wp-content/uploads/2018/09/reThink-Wood_Nail-Laminated_Timber_USDesignandConstructionGuide.pdf.

Brabder R，Flatscher G，Ringhofer A，et al, 2015. Cross Laminated timber (CLT)：overview and development[J]. Eur. J. Wood Prod., 74(3)：1-21.

Canadian Standards Association (CSA International), 2011. Standards on OSB and Waferboard：CSA-O437 Series-93 (R2011) [S].

Chin K L，Tahir P M，et al., 2010. Bending properties of laminated veneer lumber produced from Keruing reinforced with low density wood species[J]. Asian Journal of Scientific Research，3(2)：118-125.

European Committee for Standardization (CEN)，2006. Oriented strand boards (OSB)：Definitions，classification and specifications：EN 300-2006[S].

European Committee for Standardization (CEN)，2015. Plywood-Specifications：EN 636[S].

Ggnon S，Bilek EM，Podsto L，et al, 2012. CLT handbook：Cross-laminated timber[M]. Vancouver：FPInnovation.

Kwan Eui Marcel Hong，2014. Structural Performance of Nail-Laminated Timber-Concrete Composite Floors [D]. University of Waterloo.

Mohammad Derikvand，Nathan Kotlarewski，Michael Lee，et al，2019. Short-term and long-term bending properties of nail-laminated timber constructed of fast-grown plantation eucalypt[J]. Construction and Building Materials，(211)：952-964.

National Institute of Standards and Technology, 2004. Performance Standard for Wood-Based Structural-Use Panels：PS 2-04[S].

National Institute of Standards and Technology, 1995. Construction and industrial plywood：PS I-95[S].

National Institute of Standards and Technology, 2010. Structural Plywood：PS 1-09[S].

Schickhofer G, 1994. Rigid and flexible composite action of laminated timber structures[D]. Graz University of Technology.

The Engineered Wood Association，2018. Standard for Performance-Rated Cross Laminated Timber：ANSI/APA PRG 320-2011[S].Tacoma：APA.

附录 I

轻型木结构设计计算算例

I.1　结构总体设计

I.1.1　工程概况

某学校宿舍楼，三层轻型木结构建筑，层高 3.4m，建筑物长度 22.20m，宽度 13.27m，总建筑面积为 872.262m²。

屋面采用三角形轻型木桁架，纵向承重；二层、三层楼面为横墙承重，走廊处搁栅沿走廊宽度方向布置；竖向荷载由屋面、楼面传至墙体，再传至基础；横向荷载（包括风载和地震作用）由水平楼、屋盖体系、剪力墙承受，最后传递到基础。

图 I-1 至图 I-4 为该建筑的平面图及剖面图。

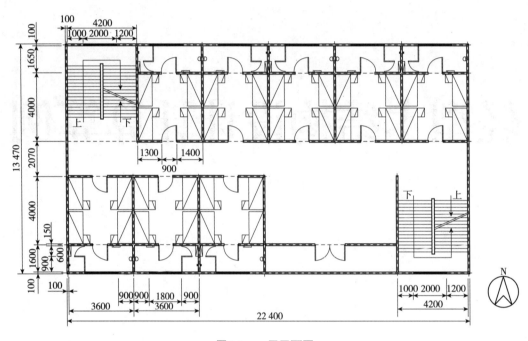

图 I-1　一层平面图

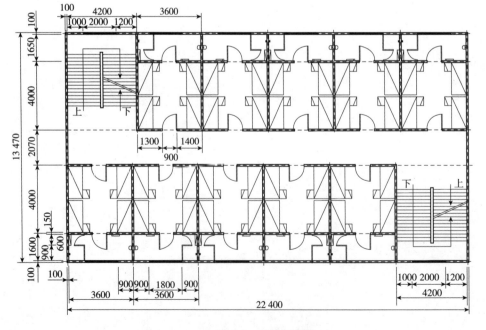

图 I-2　二层平面图

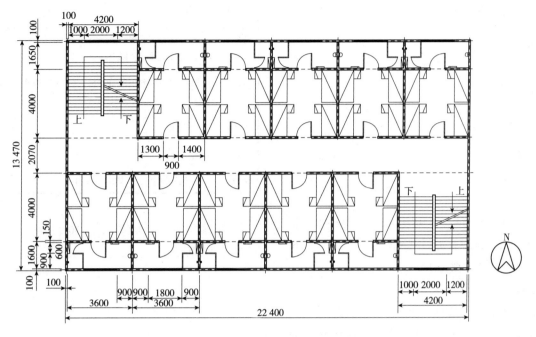

图 I-3 三层平面图

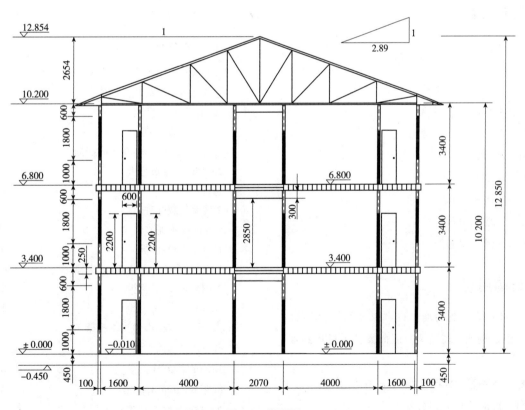

图 I-4 剖面图

I.1.2 基本荷载

（1）恒荷载：

恒荷载按照楼面、屋面及墙体实际材料计算。

（2）活荷载：

宿舍、教室、办公室、会议室、保健室、走廊、门厅、楼梯等　　　　　　　　　2.0kN/m²

体育器材室　　　　　　　　　5.0kN/m²

屋面（不上人）　　　　　　　0.5kN/m²

（3）风荷载：

建筑物所在地区 50 年基本风压 0.4kN/m²；场区地面粗糙度类别为 C 类；风振系数 β_z、体型系数 μ_s、高度系数 μ_z 按规范选取；风荷载分项系数 γ_w=1.4。

（4）地震作用：

根据国家标准 GB 18306—2015《中国地震动参数区划图》建筑物场地设防烈度为 7 度，地面加速度 0.10g，特征周期 0.55s，乙类建筑。

I.1.3 荷载组合

（1）基本组合：

1.2 恒 +1.4 活

1.2 恒 +1.4 活 +1.4×0.6 风

1.2 恒 +1.4×0.7 活 +1.4 风

1.2 恒 +1.2×0.5 活 +1.3 地震

（2）标准组合：

1.0 恒 +1.0 活

1.0 恒 +1.0 活 +0.6 风

1.0 恒 +0.7 活 +1.0 风

1.0 恒 +0.5 活 +1.0 地震

I.1.4 结构用材

①规格材：承重墙的墙骨柱木材采用Ⅲ。级及以上级材质，楼盖搁栅、窗过梁及屋面搁栅木材达到Ⅲ。以上。

②螺栓：4.8 级普通螺栓；锚栓：材料为 Q235B。

③钢材：拉条、抗拔连接件。

④钢筋：HPB235，HRB335。

材料名称	类别	含水率/%
SPF	进口云杉 - 松 - 冷杉类结构用规格材，强度等级Ⅲ。及以上	≤18
ACQ	经防腐处理后的 SPF 材，强度等级Ⅲ。及以上	≤18
Glulam	胶合木	≤15
PSL	胶合木	≤15
OSB	定向刨花板，木基结构板材	≤16

⑤基础混凝土：强度等级为 C30，基础垫层为 100mm 厚 C10 素混凝土。

I.2 结构计算

I.2.1 荷载计算

I.2.1.1 永久荷载

（1）屋面荷载标准值：　　　　　　　　　0.9kN/m²

（2）楼面荷载标准值：

①卫生间楼面荷载标准值：

50mm 厚水泥砂浆　　　　　　1.0kN/m²

15mm 厚 OSB 板　　　　　　　0.10kN/m²

38mm × 235mm@406mm 搁栅　0.12kN/m²

2×15mm 厚石膏板　　　　　　0.32kN/m²

总计：　　　　　　　　　　　1.54kN/m²

②楼面荷载标准值：

40mm 厚水泥砂浆　　　　　　1.0kN/m²

15mm 厚 OSB 板　　　　　　　0.10kN/m²

38mm × 235mm@406mm 搁栅　0.12kN/m²

2×15mm 厚石膏板　　　　　　0.32kN/m²

总计：　　　　　　　　　　　1.54kN/m²

③楼面荷载标准值（木桁架）：

40mm 厚水泥砂浆　　　　　　1.0kN/m²

15mm 厚 OSB 板　　　　　　　0.10kN/m²

间距 406mm 木桁架　　　　　0.30kN/m²

2×15mm 厚石膏板　　　　　　0.32kN/m²

总计：　　　　　　　　　　　1.72kN/m²

（3）外墙荷载标准值：

①一层外墙：

15mm 厚石膏板	0.16kN/m²
2×9mm 厚 OSB 板	0.12kN/m²
38mm×140mm@406mm 墙骨柱	0.070kN/m²
墙体的保温材料	0.030kN/m²
外挂板	0.068kN/m²
其他	0.030kN/m²
总计：	0.478kN/m²

②一层外墙（花岗石面层）：

25mm 厚砂浆	0.50kN/m²
20mm 厚花岗石	0.308kN/m²
15mm 厚石膏板	0.16kN/m²
2×9mm 厚 OSB 板	0.12kN/m²
38mm×140mm@406mm 墙骨柱	0.070kN/m²
墙体的保温材料	0.030kN/m²
外挂板	0.068kN/m²
其他	0.030kN/m²
总计：	1.286kN/m²

③二层外墙：

15mm 厚石膏板	0.16kN/m²
2×9mm 厚 OSB 板	0.12kN/m²
38mm×140mm@406mm 墙骨柱	0.070kN/m²
墙体的保温材料	0.030kN/m²
外挂板	0.0455kN/m²
其他	0.030kN/m²
总计：	0.4555kN/m²

④三层外墙：

15mm 厚石膏板	0.16kN/m²
2×9mm 厚 OSB 板	0.12kN/m²
38mm×140mm@406mm 墙骨柱	0.070kN/m²
墙体的保温材料	0.030kN/m²
其他	0.030kN/m²
总计：	0.41kN/m²

（4）内墙荷载标准值：

①内部剪力墙：

2×15mm 厚石膏板	0.32kN/m²
2×9mm 厚 OSB 板	0.12kN/m²
38mm×140mm@406mm 墙骨柱	0.070kN/m²
墙体的保温材料	0.030kN/m²
其他	0.030kN/m²
总计：	0.57kN/m²

②内部隔墙：

2×15mm 厚石膏板	0.32kN/m²
2×9mm 厚 OSB 板	0.12kN/m²
38mm×140mm@406mm 墙骨柱	0.0534kN/m²
墙体的保温材料	0.030kN/m²
其他	0.030kN/m²
总计：	0.5534kN/m²

I.2.1.2 活荷载

（1）雪荷载标准值：

$$s_k=\mu_r s_0 = 1.0×0.65 \qquad 0.65kN/m²$$

（2）屋面活荷载标准值：不上人屋面，活荷载为 0.5kN/m²

（3）楼面活荷载标准值：

宿舍、教室、办公室、会议室、保健室，走廊、门厅、楼梯等 2.0kN/m²

体育器材室 5.0kN/m²

（4）风荷载标准值：

$$\omega_k=\beta_z \mu_s \mu_z \omega_0$$

式中 ω_k——风荷载的标准值（kN/m²）；

β_z——高度 Z 处的风振系数，此处 $\beta_z=1$；

μ_s——风荷载体型系数；

μ_z——风压高度变化系数；

ω_0——基本风压（kN/m²）。

①风压高度变化系数 μ_z 的取值：

根据结构设计说明，地面的粗糙度为 C 类，建筑物屋架的最高点离地面的高度为 13.304m。根据上面的两个条件查表得 $\mu_z=0.65$。

②风荷载体型系数 μ_s 的取值（图 I-5）：

根据图中取值方法，此结构屋架的角度为 21.80°，查得 $\mu_s=-0.248$。

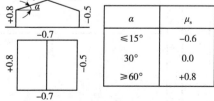

图 I-5 坡屋面风荷载体型系数

③基本风压 ω_0=0.40kN/m²：

则：$\omega_k=\beta_z\mu_s\mu_z\omega_0=1.0\times\mu_s\times0.65\times0.40=0.26\mu_s$（kPa）

屋盖处水平风荷载计算（图I-6）：

横向：F_{3-H}=[（0.208+0.13）× $\dfrac{3.4}{2}$ +（0.13–0.0645）× 2.654]×22.2=16.61kN

纵向：F_{3-Z}=[（0.208+0.13）× $\dfrac{3.4}{2}$ +（$\dfrac{2.654}{2}$）]×13.07
　　　=13.37kN

B处的水平风荷载的计算：

横向：F_{2-H}=[（0.208+0.13）× 3.4]×22.2=25.51kN

纵向：F_{2-Z}=[（0.208+0.13）× 3.4]×13.07=15.02kN

C处的水平风荷载的计算：

横向：F_{1-H}=[（0.208+0.13）× $\dfrac{3.4}{2}$ +（$\dfrac{3.85}{2}$）]×22.2
　　　=27.20kN

纵向：F_{1-Z}=[（0.208+0.13）× $\dfrac{3.4}{2}$ +（$\dfrac{3.85}{2}$）]×13.07
　　　=16.01kN

（5）地震作用（采用底部剪力法计算）（图I-7）：

各楼层取一个自由度，集中在每一层的楼面处，第三层的自由度取在坡屋面的1/2高度处。结构水平地震作用的标准值，按如下公式确定：

$$F_{EK}=\alpha_1 G_{eq}$$

$$F_i=\dfrac{G_i H_i}{\sum\limits_{j=1}^{n} G_i H_j}F_{EK}(1-\delta_n)$$

式中：α_1——相应于结构的基本自振周期的水平地震影响系数；

对于轻型木结构而言，标准规定结构的阻尼比取0.05，则地震作用影响系数曲线的阻尼调整系数 η_2 按照1.0取值，曲线下降段的衰减指数 γ 取0.9，直线下降段的下降调整系数 η_1 取0.02。结构的基本自振周期可以按照经验公式 T=0.05H$^{0.75}$进行估算，其中 H 为基础顶面到建筑物最高点的高度（m）。

结构的基本自振周期为：T=0.05H$^{0.75}$= 0.05×12.854$^{0.75}$=0.339，结构的特征周期为：T_g=0.55，场地设防烈度为7度，地面加速度0.10g，根据规范查表可得：α_{max}=0.08。

则根据地震影响系数计算方法：$\alpha_1=\eta_2\alpha_{max}$ =0.08。

G_{eq}——结构等效总重力荷载，多质点可取总重力荷载代表值的85%。

G_{eq} 的计算：
屋盖的自重：0.9×22.2×13.07=261.13kN

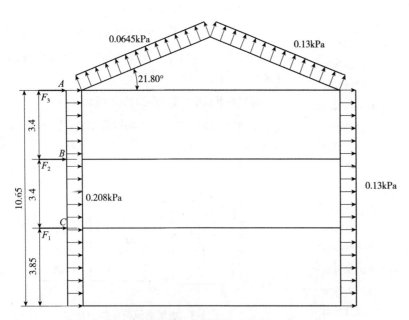

图I-6　风荷载标准值（单位：m）

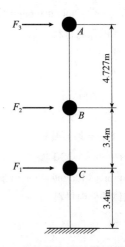

图I-7　底部剪力法计算地震荷载

楼盖的自重:$(18\times4.0+2.07\times22.2+10.8\times4.0)\times1.54+8.4\times4.0\times1.72=305.97$ kN

各层墙体自重:

三层外墙自重:$(22.2\times2+13.27\times2)\times3.15\times0.41=91.62$kN

三层内墙自重:$0.5534\times3.15\times(5.6\times2+10\times1.6)+10\times0.57\times3.15\times(4.0+1.6)+0.57\times36\times3.15\times2=277.24$kN

三层墙体自重:$G_{3\text{-wall}}=91.62+277.24=368.86$kN

二层外墙自重:$(22.2\times2+13.27\times2)\times3.15\times0.4555=101.79$kN

二层内墙自重:$0.5534\times3.15\times(5.6\times2+10\times1.6)+10\times0.57\times3.15\times(4.0+1.6)+0.57\times36\times3.15\times2=262.87$kN

二层墙体自重:$G_{2\text{-wall}}=101.79+262.87$
$=364.66$kN

一层外墙自重:$59.6\times3.15\times0.478+11.34\times3.15\times1.286=135.68$kN

一层内墙自重:$8\times0.5534\times3.15\times1.6+9\times0.57\times3.15\times(4+1.6)+0.57\times3.15\times32.4+0.57\times28.8\times3.15=216.22$kN

一层墙体自重:$G_{1\text{-wall}}=135.68+216.22$
$=351.90$kN

各质点重力荷载代表值为楼面(或屋面)自重的标准值、50%的楼面(或屋面)活荷载标准值以及上下各半层墙体自重标准值之和。

A 处质点:$261.13+0.5\times2.0\times22.2\times13.27+0.5\times368.86=740.154$kN

B 处质点:$305.97+0.5\times(368.86+364.66)+0.5\times2.0\times22.2\times13.27=967.324$kN

C 处质点:$305.97+0.5\times(364.66+351.90)+0.5\times2.0\times22.2\times13.27=958.844$kN

则,$G_{eq}=(740.154+967.324+958.844)\times85\%$
$=2266.37$ kN

$$F_3=\frac{740.154\times11.527}{740.154\times11.527+967.324\times6.8+958.844\times3.4}\times0.08\times2266.37$$
$=84.21$kN

$$F_2=\frac{967.324\times6.8}{740.154\times11.527+967.324\times6.8+958.844\times3.4}\times0.08\times2266.37$$
$=64.92$kN

建筑物的南北方向和东西方向均由地震作用控制。

I.2.2 屋架计算

I.2.2.1 屋架形式

屋架为豪威式,屋面坡度 $\alpha=19°$(1:2.89),跨度 $L=13.27$m,轻型屋面材料,离地面高度11m(3层)。桁架间距406mm。桁架各构件的轴线尺寸如图 I-8(单位:mm)。

I.2.2.2 荷载计算

轻型屋面恒荷载为 0.9kN/m^2,活荷载 0.5kN/m^2,雪荷载 0.65kN/m^2,基本风压 0.4kN/m^2。

风压按11m高度计算,风压变化系数 $\mu_z=0.74$,屋面角度为19°,风载体型系数迎风面为 $\mu_s=-0.44$,背风面为 $\mu_s=-0.5$。

将屋架上弦所受荷载转换为节点上荷载进行计算,荷载大小如图 I-9。

I.2.2.3 杆件内力

采用通用有限元程序 SAP2000 计算杆件内力,计算发现,在众多的荷载组合中,1.2恒荷载+1.4活荷载起控制作用。图 I-10 至图 I-12 为屋架的内力图。

I.2.2.4 构件验算

本案例的屋架材料主要有两种截面的规格材 38mm×89mm(2×4)和 38mm×140mm(2×6),对规格材 38mm×89mm(2×4)SPF Ⅲ$_c$,抗弯强度设计值 $f_m=9.4$N/mm^2,尺寸调整系数为1.5。顺纹抗压及承压强度设计值为 $f_c=12$N/mm^2,尺寸调整系数为1.15。顺纹抗拉强度设计值 $f_t=4.8$N/mm^2,尺寸调整系数为1.5。对规格材 38mm×140mm(2×6)SPF Ⅲ$_c$,抗弯强度设计值 $f_m=9.4$N/mm^2,尺寸调整系数为1.3。顺纹抗压及承压强度设计值为 $f_c=12$N/mm^2,尺寸调整系数为1.1。顺纹抗拉强度设计值 $f_t=4.8$N/mm^2,尺寸调整系数为1.3。顺纹抗剪强度设计值 $f_v=1.4$N/mm^2,该强度设计值不需要尺寸调整。弹性模量 $E=9700$N/mm^2。

(1)腹杆验算:

经过计算发现斜腹杆为轴心受压构件,竖直腹杆为轴

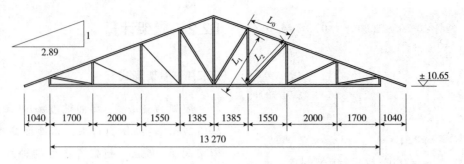

图 I-8　屋架尺寸

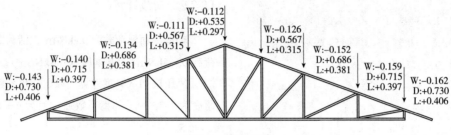

图 I-9　屋架荷载

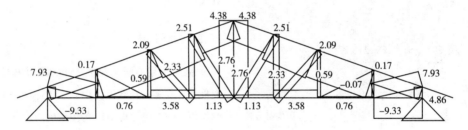

图 I-10　轴力图

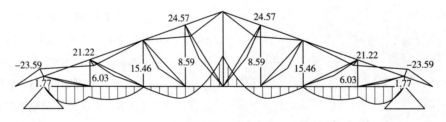

图 I-11　剪力图

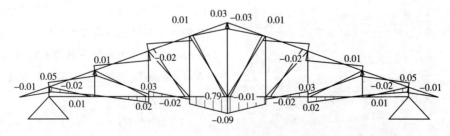

图 I-12　弯矩图

心受拉构件。

①轴心受压腹杆验算：斜腹杆平面内计算长度 l_{1x}=2548mm，l_{2x}=2237mm，均选取 38mm×89mm 截面，在腹杆中间位置设置支撑，使其平面外计算长度为 l_{1y}=2172mm，l_{2y}=1614mm。杆件轴压力为 N_1=2.6kN，N_2=2.1kN。

强度验算：

$$\frac{N_t}{A_n}=\frac{2100}{3382}=0.621\text{N/mm}^2<f_c=12\text{N/mm}^2×1.15=13.8\text{N/mm}^2,$$

满足。

稳定验算：

长细比：$\lambda_{1x}=\frac{l_{1x}}{i_x}=\frac{2548}{25.69}=99.18$

$\lambda_{1y}=\frac{l_{1y}}{i_y}=\frac{2172}{10.97}=197.99$

$\lambda_{2x}=\frac{l_{2x}}{i_x}=\frac{2237}{25.69}=87.08$

$\lambda_{2y}=\frac{l_{2y}}{i_y}=\frac{1614}{10.97}=147.13$

$\lambda_1=\max(\lambda_{1x},\lambda_{1y})=197.99$
$\lambda_2=\max(\lambda_{2x},\lambda_{2y})=197.99$

$\lambda_{2y}=\frac{l_{2y}}{i_y}=\frac{1614}{10.97}=147.13$

稳定系数：$\varphi_1=\frac{2800}{\lambda_1^2}=\frac{2800}{197.99^2}=0.071$

$\frac{N_1}{\varphi_1 A}=\frac{2600}{0.071×3382}=10.83\text{N/mm}^2<f_c=12\text{N/mm}^2×1.15$
$=13.8\text{N/mm}^2$，满足要求。

②轴心受拉腹杆验算：腹杆截面为 38mm×89mm，杆件轴拉力为 N=6.13kN。只需验算截面强度。$\frac{N}{A}$ $\frac{6130}{3382}=1.81\text{N/mm}^2<f_t=4.8\text{N/mm}^2×1.5=7.2\text{N/mm}^2$，满足。

（2）上弦杆验算：

上弦杆为压弯构件，选取 38m×140mm 截面，经过计算发现杆件上的弯矩很小，因此按照轴心受压杆件公式验算，杆件的平面内计算长度为 l_{0x}=1712mm。平面外由于有檩条作为侧向支撑，能够保证平面外的稳定，所以不验

算平面外的稳定。杆件轴压力为 N=10.93kN。

长细比：$\lambda_x=\frac{l_{0x}}{i_x}=\frac{1712}{40.41}=42.37<91$

压杆稳定系数：$\varphi=\frac{1}{1+\frac{\lambda^2}{65}}=\frac{1}{1+\frac{42.37^2}{65}}=0.702$

$\frac{N_1}{\varphi A}=\frac{10930}{0.702×5320}=2.927\text{N/mm}^2<f_c=12\text{N/mm}^2×1.1=13.2\text{N/mm}^2$，满足要求。

（3）下弦杆验算：

屋架下弦杆为拉弯构件，只需验算其强度：

选取两处受力较大截面进行验算：

N_1=1.10kN，M_1=46.12kN·mm，

N_2=−7.96kN，M_2=−27.05kN·mm

$\frac{N_1}{Af_t}+\frac{M_1}{Wf_m}=\frac{1100}{5320×4.8×1.3}+\frac{46120}{124133×9.4×1.3×1.15}$
$=0.06<1$，满足。

$\frac{N_2}{Af_t}+\frac{M_2}{Wf_m}=\frac{7960}{5320×4.8×1.3}+\frac{27050}{124133×9.4×1.3×1.15}$
$=0.26<1$，满足。

（4）局部承压验算：

仅选取桁架中间竖向受压腹杆与下弦杆之间的局部承压面进行验算

N= 4.99kN

A_c=89×38=3382mm^2

局部承压顺纹长度=89mm，K_B=1.1132

构件截面宽度与高度比值 =38/140=0.3<1.0，K_{Zcp}=1.00，

$\frac{N}{A_c K_B K_{Zcp}}=\frac{4990}{3382×1.1132×1.00}=1.33\text{N/mm}^2<f_{c,90}$
$=4.9\text{N/mm}^2$，满足。

Ⅰ.2.3 搁栅、梁和墙骨柱等构件计算

Ⅰ.2.3.1 楼盖布置及材料

除门厅部分楼盖外，其余楼盖均采用Ⅲ。级云杉－松－冷杉的 38mm×235mm（2in×10in）规格材作为承载构件，搁栅均匀布置，间距为 406mm。

根据《木结构设计标准》的附录 J，该材料抗弯

强度 f_m=9.4MPa，尺寸调整系数为 1.1；顺纹抗压强度 f_c=12MPa，尺寸调整系数为 1.0；顺纹抗拉强度 f_t=4.8MPa，尺寸调整系数为 1.1；顺纹抗剪 f_v=1.4MPa，横纹承压 $f_{c,90}$=4.9MPa，弹性模量 E=9700MPa。

截面尺寸为 38mm×235mm，截面性质为：

面积 A=8930mm^2，I_x=41096604.2mm^4，W_x=349758.3mm^3，

$$i_x = \sqrt{\frac{I_x}{A}} = \sqrt{\frac{41096604.2}{8930}} = 67.8\text{mm}$$

宿舍搁栅跨度为 4000mm，走廊搁栅跨度为 2070mm，均按两端简支计算。

I.2.3.2　荷载

恒荷载：由以上楼面荷载计算的楼面恒荷载标准值为 1.54kN/m^2

活荷载标准值：宿舍：2.0kN/m^2

因搁栅间距为 406mm，故转换成线荷载为：

恒载标准值：0.63kN/m

活载标准值：0.812kN/m

荷载组合下：

D+L：1.442kN/m

1.2D+1.4L：1.89kN/m

I.2.3.3　一般楼盖计算

（1）宿舍楼盖：

按跨度为 3600mm 的简支梁计算，其上承受均布荷载为 1.442N/m（标准值），1.89kN/m（设计值）。

弯矩最大值为：

$$M = \frac{1}{8}ql^2 = \frac{1}{8} \times 1.89 \times 3.6^2 = 3.06\text{kN} \cdot \text{m}$$

剪力最大值为：

$$V = \frac{1}{2}ql = \frac{1}{2} \times 1.89 \times 3.6 = 3.40\text{kN}$$

强度验算：

$$\frac{M}{W} = \frac{3.06 \times 10^6}{349758.33} = 8.75\text{MPa} < 9.4\text{MPa}$$

$$\frac{VS}{Ib} = \frac{3400 \times 262318.75}{41096604.2 \times 38} = 0.57\text{MPa} < 1.4\text{MPa}$$

变形验算：

$$\omega = \frac{5q\,l^4}{384EI} = \frac{5 \times 1.89 \times 3600^4}{384 \times 9700 \times 41096604.2}$$
$$= 10.37\text{mm} < \frac{3600}{250} = 14.4\text{mm}$$

长细比：

长细比：$\lambda = \dfrac{l}{i_x} = \dfrac{3600}{67.8} = 53.10 < 150$，满足。

（2）厕所阳台楼盖：

厕所阳台的楼盖改为双拼 38m×184mm 的规格材，间距为 406mm。

查得该材料抗弯强度 f_m=9.4MPa，尺寸调整系数为 1.2；顺纹抗压强度 f_c=12MPa，尺寸调整系数为 1.05；顺纹抗拉强度 f_t=4.8MPa，尺寸调整系数为 1.2；顺纹抗剪 f_v=1.4MPa，横纹承压 =4.9MPa，弹性模量 E=9700MPa。

截面为 38mm×184mm，截面性质为：

A=7030mm^2，I_x=2×10^{7}mm^4，W_x=216758.33mm^3

$$S = 162568.75\text{mm}^3，\quad i_x = \sqrt{\frac{I_x}{A}} = \sqrt{\frac{2 \times 10^7}{7030}} = 53.4\text{mm}$$

因搁栅间距为 406mm，故转换成线荷载为：

恒载标准值：0.63kN/m

活载标准值：0.812kN/m

荷载组合如下：

D+L：1.442kN/m

1.2D+1.4L：1.89kN/m

按跨度为 3600m 的简支梁计算，其上承受均布荷载为 1.89kN/m（标准值），1.442kN/m（设计值）。

弯矩最大值为：

$$M = \frac{1}{8}ql^2 = \frac{1}{8} \times 1.89 \times 3.6 = 3.06\text{kN} \cdot \text{m}$$

剪力最大值为：

$$V = \frac{1}{2}ql = \frac{1}{2} \times 1.89 \times 3.6 = 3.40\text{kN}$$

强度验算：

$$\frac{M}{W} = \frac{3.06 \times 10^6}{2 \times 216758.83} = 7.06\text{MPa} < 9.4\text{MPa}$$

$$\frac{VS}{Ib} = \frac{3400 \times 162568.75}{2 \times 2.0 \times 10^7 \times 38} = 0.364\text{MPa} < 1.4\text{MPa}$$

变形验算：

$$\omega = \frac{5ql^4}{384EI} = \frac{5 \times 1.442 \times 3600^4}{384 \times 9700 \times 2 \times 2.0 \times 10^7} = 8.13\text{mm} < \frac{3600}{250}$$

$$= 14.4\text{mm}$$

长细比：

$$\lambda = \frac{l}{i_x} = \frac{3600}{53.4} = 67.42 < 150，满足。$$

Ⅰ.2.3.4　墙骨柱计算

此处以一层纵向外墙的墙骨柱为例进行设计，其余墙骨柱构件的计算不一一演示。

（1）纵向外墙墙骨柱计算：

①墙骨柱采用材料：

一层外墙墙骨柱，采用的是 38mm × 140mm Ⅲ $_c$ 云杉 - 松 - 冷杉规格材，间距均为 406mm。

②荷载：

作用在一层外墙上每根墙骨柱的荷载标准值为：

屋架自重：$0.9 \times \dfrac{13.27}{2} \times 0.406 = 2.424\text{kN}$

三层外墙自重：$0.41 \times 3.15 \times 0.406 = 0.524\text{kN}$

二层外墙自重：$0.4555 \times 3.15 \times 0.406 = 0.583\text{kN}$

恒荷载总计：3.531kN

屋架的活荷载：$0.5 \times \dfrac{13.27}{2} \times 0.406 = 1.347\text{kN}$

风荷载的标准值：$0.2726 \times 0.406 = 0.111\text{kN/m}$

考虑两种基本组合：

组合 1：1.2 恒 +1.4 活 +1.4 × 0.6 风

每根墙骨柱承受的轴向荷载设计值为：1.2 × 3.531+ 1.4 × 1.347=6.123kN

所受到的侧向风荷载的设计值为：ω=1.4 × 0.6 × 0.111 =0.093kN/m

$$M = \frac{\omega L^2}{8} = \frac{0.093 \times 3.15^2}{8} = 0.115\text{kN} \cdot \text{m}$$

组合 2：1.2 恒 +1.4 × 0.7 活 +1.4 风

每根墙骨柱承受轴向荷载设计值为：1.2 × 3.531+1.4 × 0.7 × 1.347=5.557kN

所受到的侧向风荷载的设计值为：ω=1.4 × 0.111 =0.1554kN/m

$$M = \frac{\omega L^2}{8} = \frac{0.1554 \times 3.15^2}{8} = 0.193\text{kN} \cdot \text{m}$$

（2）构件验算：

根据《木结构设计标准》的附录 J 可得，Ⅲ $_c$ 云杉 - 松 - 冷杉规格材的抗弯强度设计值 f_m=9.4N/mm^2，尺寸调整系数为 1.3，顺纹抗压强度设计值 f_c=12N/mm^2，尺寸调整系数为 1.1。

A. 强度计算：

组合 1：

$$\frac{N}{A_n f_c} + \frac{M}{W_n f_m} = \frac{6123}{38 \times 140 \times 12 \times 1.1} + \frac{0.115 \times 10^6 \times 6}{38 \times 140^2 \times 9.4 \times 1.3} = 0.183 < 1，$$

组合 2：

$$\frac{N}{A_n f_c} + \frac{M}{W_n f_m} = \frac{5557}{38 \times 140 \times 12 \times 1.1} + \frac{0.193 \times 10^6 \times 6}{38 \times 140^2 \times 9.4 \times 1.3} = 0.240 < 1，$$

强度满足要求。

B. 稳定计算：

构件全截面的惯性矩：

$$I = \frac{1}{12} \times 38 \times 140^3 = 8689333.333\text{mm}^4$$

构件的全截面面积：A=140 × 38=5320

构件截面的回转半径：

$$i = \sqrt{\frac{I}{A}} = \sqrt{\frac{8689333.333}{5320}} = 40.41\text{mm}$$

构件的长细比：

$$\lambda = \frac{l_0}{i} = \frac{3150}{40.41} = 77.95$$

当 >75 时，采用公式 $\varphi = \dfrac{3000}{\lambda^2}$ 计算稳定系数，则

$$\varphi = \frac{3000}{\lambda^2} = \frac{3000}{77.95^2} = 0.4937$$

组合 1：

$$k = 0，\quad K = \frac{M}{W f_m \ 1 + \sqrt{\dfrac{N}{A f_c}}}$$

$$= \frac{0.115 \times 10^6 \times 6}{38 \times 140^2 \times 9.4 \times 1.3 \times \ 1 + \sqrt{\dfrac{6123}{38 \times 140 \times 12 \times 1.1}}} = 0.0757$$

$$\varphi_m = (1 - K)^2 = (1 - 0.0757)^2 = 0.8543$$

则

$$\frac{N}{\varphi\,\varphi_m A_0}=\frac{6123}{0.4937\times0.8543\times38\times140}=2.7288\text{N/mm}^2<f_c\times1.1$$
$$=12\times1.1=13.2\text{N/mm}^2,满足要求。$$

组合2:

$$k=0,\ K=\frac{M}{Wf_m\left(1+\sqrt{\dfrac{N}{Af_c}}\right)}$$

$$=\frac{0.193\times10^6\times6}{38\times140^2\times9.4\times1.3\times\left(1+\sqrt{\dfrac{5557}{38\times140\times12\times1.1}}\right)}$$

$$=0.1168$$

$$\varphi_m=(1-K)^2=(1-0.1168)^2=0.780$$

则

$$\frac{N}{\varphi\,\varphi_m A_0}=\frac{5557}{0.4937\times0.780\times38\times140}=2.713\text{N/mm}^2<f_c\times1.1$$
$$=12\times1.1=13.2\text{N/mm}^2,满足要求。$$

C. 局部承压验算:

通过查表可得,Ⅲ$_c$云杉-松-冷杉规格材的横纹承压强度设计值$f_{c,90}$=4.9N/mm²,尺寸调整系数为1.0。

按照下式进行验算:$\dfrac{N}{A_c}\leqslant f_{c,90}$

上式中:A_c为承压面积,此处$A_c=A=38\times140=5320$mm²

则:$\dfrac{N}{A_c}=\dfrac{6123}{5320}=1.151\text{N/mm}^2\leqslant f_{c,90}=4.9\text{N/mm}^2$,局部承压满足要求。

I.2.4 剪力墙验算

通过前面的荷载计算可见,对于屋盖和楼盖水平荷载,本结构南北向和东西向均由地震作用控制。东西方向主要考虑由4道剪力墙承受,南北方向由7道剪力墙共同作用承担荷载。经计算所得的三个层间剪力分别为:

$$F_1=32.18\text{kN}$$
$$F_2=64.92\text{kN}$$
$$F_3=84.21\text{KN}$$

由于一层的剪力墙所受的荷载最大,因此首先对一层的剪力墙进行计算。选择其中的③轴线剪力墙进行计算(图I-13)。剪力墙双侧采用的是9mm的定向刨花板,墙骨柱截面尺寸38mm×140mm,间距305mm,普通钢钉的直

径为3.3mm,面板边缘钉的间距为150mm。一层所受的总剪力的设计值为:1.3×(32.18+64.92+84.21)=235.703kN,假设所产生的侧向力均匀地分布,则$\omega_f=\dfrac{235.703}{22.2}$=10.62kN/m。剪力墙所承担的地震作用按照面积进行分配,则③轴线剪力墙所受的剪力为:

$$V_0=\frac{1}{2}\times10.62\times3.6+\frac{1}{2}\times10.62\times3.6=38.232\text{kN}$$

(1)剪力计算:

此段一层剪力墙由四段内墙组成,长度分别为1.46m、3.86m、1.46m、3.86m,剪力墙的刚度为:$K=\sum\gamma_1\gamma_2\gamma_3\cdot k_d\cdot L_w$

其中1.46m和3.86m墙段对应的单位长度水平抗侧刚度k_d分别为:

$$k_{d,1760}=\frac{1}{\dfrac{2h_w^3}{3EAL_w}+\dfrac{h_w}{1000G_a}+\dfrac{h_w}{L_w}\cdot\dfrac{d_n}{f_{vd}}}\times2$$

$$=\frac{1}{\dfrac{2\times3600^3}{3\times9700\times38\times140\times1460}+\dfrac{3600}{1000\times3.0}+\dfrac{3600}{1460}\times\dfrac{5}{3.9}}\times2$$

$$=0.46$$

$$k_{d,4660}=\frac{1}{\dfrac{2h_w^3}{3EAL_w}+\dfrac{h_w}{1000G_a}+\dfrac{h_w}{L_w}\cdot\dfrac{d_n}{f_{vd}}}\times2$$

$$=\frac{1}{\dfrac{2\times3600^3}{3\times9700\times38\times140\times3860}+\dfrac{3600}{1000\times3.0}+\dfrac{3600}{3860}\times\dfrac{5}{3.9}}\times2$$

$$=0.835$$

各墙段对应的$\gamma_1\gamma_2\gamma_3$相间,所以剪力在各墙段中与$k_d\cdot L_w$成正比,

$$V_1=V_3=V_0\cdot\frac{k_{d,1760}\cdot L_1}{k_{d,1760}\cdot L_1+k_{d,1760}\cdot L_3+k_{d,4660}\cdot L_2+k_{d,4660}\cdot L_4}$$

$$=38.232\times\frac{0.46\times1460}{0.46\times1460+0.46\times1460+0.835\times3860+0.835\times3860}$$

$$=3.30\text{kN}$$

$$V_1=V_3=2.26\text{kN/m}$$

$$V_2=V_4=V_0\cdot\frac{k_{d,4660}\cdot L_2}{k_{d,1760}\cdot L_1+k_{d,1760}\cdot L_3+k_{d,4660}\cdot L_2+k_{d,4660}\cdot L_4}$$

$$=38.232\times\frac{0.835\times3860}{0.46\times1460+0.46\times1460+0.835\times3860+0.835\times3860}$$

$$=15.82\text{kN}$$

$$V_2=V_4=4.10\text{kN/m}$$

(2)剪力墙的抗剪验算:

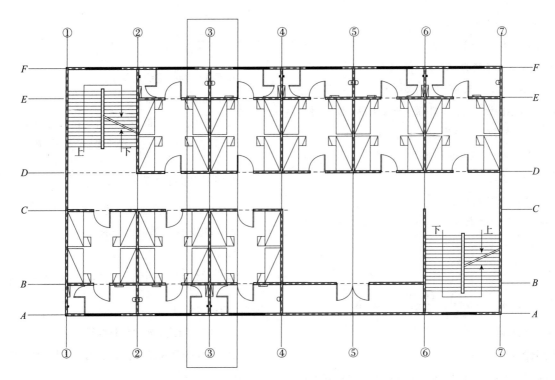

图 I-13 ③轴上的剪力墙

单面铺设面板有墙骨柱横撑的剪力墙，其抗剪承载力设计值按照下式计算：

$$V = \sum f_d l$$
$$f_d = f_{vd} k_1 k_2 k_3$$

式中：f_{vd}——采用木基结构板材作面板的剪力墙的抗剪强度设计值（kN/m²）；

l——平行于荷载方向的剪力墙墙肢长度（m），分别等于 1.46m、3.86m；

k_1——木基结构板材含水率调整系数，取 k_1=1.0；

k_2——骨架构件材料树种的调整系数，云杉–松–冷杉类，k_2=0.8；

k_3——强度调整系数，k_3= 1.0。

对于双面铺板的剪力墙，无论两侧是否采用相同材料的木基结构板材，剪力墙的抗剪承载力设计值等于墙体两面抗剪承载力设计值之和。此处两面采用的木基结构板材是相同的，故通过上面计算获得数值应乘以 2。

$$V_1' = 2 \times f_{vd} k_1 k_2 k_3 l_1 = 2 \times 3.9 \times 1.0 \times 0.8 \times 1.0 \times 1.46$$
$$= 9.11 \text{kN}$$

$$V_2' = 2 \times f_{vd} k_1 k_2 k_3 l_2 = 2 \times 3.9 \times 1.0 \times 0.8 \times 1.0 \times 3.86$$
$$= 24.09 \text{kN}$$

根据《木结构设计标准》中的要求，当进行抗震验算

时，取承载力调整系数 γ_{RE}=0.8，则：

$$V_1 = 2.26 \text{kN} < \frac{V_1'}{\gamma_{RE}} = \frac{9.11}{0.8} = 11.39 \text{kN}$$

$$V_2 = 4.10 \text{kN} < \frac{V_2'}{\gamma_{RE}} = \frac{24.09}{0.8} = 30.11 \text{kN}，满足设计要求。$$

（3）剪力墙边界构件承载力验算：

剪力墙的边界杆件为剪力墙边界墙骨柱，为两根 38mm × 140mm Ⅲ$_c$ 云杉–松–冷杉规格材。边界构件承受的设计轴向力为：

$$N_1 = \frac{1.3 \times \frac{84.21}{22.2} \times 3.6 \times 11.517 + 1.3 \times \frac{64.92}{22.2} \times 3.6 \times}{5.33 \times 2}$$

$$\frac{6.8 + 1.3 \times \frac{32.18}{22.2} \times 3.6 \times 3.4}{5.33 \times 2} = 30.07 \text{kN}$$

另外，作用在一层内剪力墙上的竖向荷载设计值为：

三层内剪力墙：1.2 × 0.57 × 3.15=2.155 kN/m

三层楼盖：（1.2 × 1.72+1.4 × 2.0）× 3.6+（1.2 × 1.72+1.4 × 2.0）× 1.8=26.266 kN/m

二层剪力墙：1.2 × 0.57 × 3.15=2.155 kN/m

二层楼盖：（1.2 × 1.72+1.4 × 2.0）× 3.6+（1.2 × 1.72+

1.4×2.0）×1.8=26.266 kN/m

总计：N_2= 56.84 kN/m

故每根墙骨柱承受的荷载设计值为：

N_f= 56.84×0.305+30.07=47.41 kN/m

通过《木结构设计标准》附录 J 查表可得，Ⅲ$_c$云杉－松冷杉规格材的顺纹抗拉强度设计值 f_t=4.8N/mm²，尺寸调整系数为1.3。顺纹抗压及承压强度设计值为 f_c=12N/mm²，尺寸调整系数为1.1。

①边界构件的受拉验算：

杆件的抗拉承载力：N_t=2×38×140×4.8×10⁻³×1.3=66.39kN

则：

$$N_f= 47.41kN < \frac{N_t}{\gamma_{RE}} = \frac{66.39}{0.8} = 82.99kN$$

②边界构件的受压计算：

强度计算：

杆件的抗压承载力：N_c=2×38×140×12×10⁻³×1.1=140.448kN

则：$N_f= 65.11kN < \frac{N_c}{\gamma_{RE}} = \frac{140.448}{0.8} = 175.56kN$

稳定计算：

由于墙骨柱侧向有覆面板支撑，一般在平面内不存在失稳问题，仅验算边界墙骨柱平面外稳定。边界构件的计算长度为横撑之间的距离为1.22m。

构件全截面的惯性矩：

$$I= \frac{1}{12}×140×76^3 = 5121386.667mm^4$$

构件的全截面面积：A=140×76=10640mm²

构件截面的回转半径：

$$i= \sqrt{\frac{I}{A}} = \sqrt{\frac{5121386.667}{10640}} = 21.94mm$$
$$=21.94mm$$

构件的长细比：$\lambda = \frac{l_0}{i} = \frac{1220}{21.94} = 55.6$

当 $\lambda \leq 75$ 时，采用公式 $\varphi = \frac{1}{1+(\lambda/80)^2}$ 计算稳定系数，

则 $\varphi = \frac{1}{1+(\lambda/80)^2} = \frac{1}{1+(55.6/80)^2} = 0.674$

构件的计算面积：A_0=A=38×140×2=10640mm²

$$\frac{N}{\varphi A_0} = \frac{65.11×10^3}{0.674×10640} = 9.08N/mm^2 < kf_c = 1.1×12 = 13.2N/mm^2$$

故平面外的稳定满足要求。

（4）局部承压验算：

通过查表可得，Ⅲ$_c$云杉－松－冷杉规格材的横纹承压强度设计值 $f_{c,90}$=4.9N/mm²，尺寸调整系数为1.0。

按照下式进行验算：$\frac{N}{A_c} \leq f_{c,90}$

上式中：A_c 为承压面积，此处

A_c=A=38×140×2=10640mm²

则：

$$\frac{N}{A_c} = \frac{65.11×10^3}{10640} = 6.119N/mm^2 \leq f_{c,90} = 4.9/0.8 = 6.125N/mm^2,$$

局部承压满足要求。

（5）剪力墙顶部水平位移验算：

其中1.46m和3.86m墙段对应的顶部水平位移分别为：

$$\Delta_{1460}= \frac{1}{k_{d,1460}} \cdot v_{1460} = \frac{1}{0.46}×2.16 = 4.91mm < \frac{1}{250}h = 13.2mm$$

$$\Delta_{3860}= \frac{1}{k_{d,3860}} \cdot v_{3860} = \frac{1}{0.835}×4.10 = 4.91mm < \frac{1}{250}h = 13.2mm,$$

满足。

I.2.5 墙体与楼盖和基础的连接计算

（1）剪力墙与楼盖或基础抗拔紧固件验算：

以一层沿④轴的剪力墙为例（图 I-13），其连接件最大拉力为80.4kN（设计值），考虑此墙段由重力产生的向下的有利作用为6.6kN（恒荷载分项系数1.0），则最大拉力为73.8kN。

MGJ1 采用 1M18 抗拉，采用 12M14 抗剪：

1个 M18 抗拉：

$$N_t= \frac{\pi d^2}{4}f_t^b = \frac{3.14×18^2}{4}×295×10^{-3} = 75.1kN$$

1个 M14 抗剪：

$$N_v= k_v d^2\sqrt{f_c} = 7.5×14^2×\sqrt{12}×10^{-3} = 5.09kN$$

且钢板采用5mm 厚 Q235B，

则 14×5×325=22.75kN>5.09kN

采用 12 个 M14 做抗剪，则 12×5.09=61.08kN

单个 MGJ1 承载力为：

抗拉：75.1kN

抗剪：61.08kN

因此时为双剪连接，且中间木构件厚度（边缘墙骨柱）最小为 $c=4×38mm>5×14=70mm$，所以抗剪承载力不需折减。

一层④轴采用2个MGJ1，故：

抗拉承载力为 $2×75.1=150.2kN>73.8kN$，

抗剪承载力为 $2×61.08=122.2kN>73.8kN$，满足。

（2）墙体与楼盖和基础的钉/螺栓连接验算：

以横向墙体与楼盖、基础的连接为例，纵向墙体则不做演示。

①三层墙体与楼盖的连接：

由直径为3.8mm的普通钢钉形成的钉节点的设计承载力为：

$$N_v=k_v d^2\sqrt{f_c}=10.2×3.8^2×\sqrt{12}×10^{-3}=0.51kN$$

由屋盖传来的横向水平地震作用的设计值为：$1.3×84.21=109.473kN$

所需要的钉子个数为：$\dfrac{109.473}{0.51}=215$ 颗

三层的横向剪力墙总长为：$14×5.6+10×1.6=94.4m$

故钉子的间距应为：$\dfrac{94.4×10^3}{215}=152.82mm$，取钉子的间距为150mm

②二层墙体与楼盖的连接：

由直径为3.8mm的普通钢钉形成的钉节点的设计承载力为：

$$N_v=k_v d^2\sqrt{f_c}=10.2×3.8^2×\sqrt{12}×10^{-3}=0.51kN$$

由楼盖传来的横向水平地震作用的设计值为：$1.3×（84.21+64.92）=193.87kN$

所需要的钉子个数为：$\dfrac{193.87}{0.51}=380$ 颗

二层的横向剪力墙总长为：$14×5.6+10×1.6=94.4m$

故钉子的间距应为：$\dfrac{94.4×10^3}{380}=248.42mm$，取钉子的间距为250mm。

③一层墙体与楼盖的连接：

由直径为3.8mm的普通钢钉形成的钉节点的设计承载力为：

$$N_v=k_v d^2\sqrt{f_c}=10.2×3.8^2×\sqrt{12}×10^{-3}=0.51kN$$

由楼盖传来的横向水平地震作用的设计值为：

$$1.3×（84.21+64.92+32.18）=235.70kN$$

所需要的钉子个数为：$\dfrac{235.70}{0.51}=462$ 颗

一层的横向剪力墙总长为：$12×5.6+8×1.6=80m$

故钉子的间距应为：$\dfrac{80×10^3}{462}=173.16mm$，取钉子的间距为170mm。

④墙体与基础的连接：

选用M20锚固螺栓将一层墙体与基础连接，单个螺栓的侧向设计承载力为：

$$N_v=k_v d^2\sqrt{f_c}=5.5×20^2×\sqrt{12}×10^{-3}=7.62kN$$

由楼盖传来的横向水平地震作用的设计值为：

$$1.3×（84.21+64.92+32.18）=235.70kN$$

所需要的钉子个数为：$\dfrac{235.70}{7.62}=31$ 颗

一层的横向剪力墙基础总长为：$12×5.6+8×1.6=80m$

故钉子的间距应为：$\dfrac{80×10^3}{40}=2580.65mm$，取螺栓的间距为2500mm。

附录Ⅱ

轻型木结构检验批质量
验收记录表

工程名称			子分部工程名称		验收部位	
质量验收规范的规定					施工单位检查评定记录	监理(建设)单位验收记录
检查项目			质量要求	检查方法、数量		
主控项目	1	轻型木结构的承重墙(包括剪力墙)、柱、楼盖、屋盖布置、抗倾覆措施及屋盖抗掀起措施等	符合设计文件的规定	实物与设计文件对照,检验批全数		
	2	进场规格材要求	有产品质量合格证书和产品标识	实物与证书对照,检验批全数		
	3	进场规格材的抗弯强度及等级	每批次进场目测分等规格材由有资质的专业分等人员做目测等级见证检验或做抗弯强度见证检验;每批次进场机械分等规格材做抗弯强度见证检验	目测、丈量检查,检验批中随机取样		
	4	规格材的树种、材质等级和规格,以及覆面板的种类和规格	符合设计文件的规定	实物与设计文件对照,检查交接报告,全数检查		
	5	规格材的平均含水率	不大于20%	烘干法、电测法检验,每一检验批每一树种每一规格等级规格材随机抽取5根		
	6	木基结构板材	有产品质量合格证书和产品标识,用作楼面板、屋面板的木基结构板材有该批次干、湿态集中荷载、均布荷载及冲击荷载检验的报告,其力学性能要符合要求。进场木基结构板材作静曲强度和静曲弹性模量见证检验,所测得的平均值不低于产品说明书的规定	按现行国家标准GB/T22349《木结构覆板用胶合板》的有关规定进行试验,检查产品质量合格证书,该批次木基结构板干、湿态集中力、均布荷载及冲击荷载下的检验合格证书。检查静曲强度和弹性模量检验报告;每一检验批每一树种每一规格等级随机抽取3张板材		
	7	进场结构复合木材和工字形木搁栅	有产品质量合格证书,并有符合设计文件规定的平弯或侧立抗弯性能检验报告。进场工字形木搁栅和结构复合木材受弯构件,作荷载效应标准组合作用下的结构性能检验,在检验荷载作用下,构件不发生开裂等损伤现象,最大挠度不大于附表1的规定,跨中挠度的平均值不应大于理论计算值的1.13倍	通过试验观察,取实测挠度的平均值与理论计算挠度比较,检查产品质量合格证书、结构复合木材料强度和弹性模量检验报告及构件性能检验报告;每一检验批每一规格随机抽取3根		

（续）

工程名称				子分部工程名称			验收部位	
质量验收规范的规定							施工单位检查评定记录	监理(建设)单位验收记录
检查项目				质量要求	检查方法、数量			
主控项目	8	齿板桁架		由专业加工厂加工制作，并有产品质量合格证书	实物与产品质量合格证书对照检查；检验批全数			
	9	钢材、焊条、螺栓和圆钉		符合相关规定的要求	实物与产品质量合格证书对照检查，检查检测报告；检验批全数			
	10	金属连接件的质量		具有产品质量合格证书和材质合格保证；镀锌防锈层厚度不小于275g/m²	实物与产品质量合格证书对照检查；检验批全数			
	11	金属连接件及钉连接		金属连接件的规格、钉连接的用钉规格与数量，符合设计文件的规定	目测、丈量，检验批全数			
	12	钉连接的质量		当采用构造设计时，各类构件间的钉连接不低于规范的要求	目测、丈量；检验批全数			
一般项目	1	承重墙的构造要求		符合设计文件的规定且不低于现行国家标准 GB50005《木结构设计标准》有关构造的规定	对照实物目测检查；检验批全数			
	2	楼盖构造要求		符合设计文件的规定，且不低于现行国家标准 GB50005《木结构设计标准》有关构造的规定	目测、丈量；检验批全数			
	3	齿板桁架进场验收		符合相关规定	目测、量器测量；检验批全数的20%			
	4	屋盖各构件的安装质量		符合设计文件的规定，且不低于现行国家标准 GB50005《木结构设计标准》有关构造的规定	钢尺或卡尺尺量、目测；检验批全数			
	5	楼盖主梁、柱子及连接件	楼盖主梁	截面宽度/高度	±6mm	钢板尺量	检验批全数		
				水平度	±1/200mm	水平尺量			
				垂直度	±3mm	直角尺和钢板尺量			
				间距	±6mm	钢尺量			
				拼合梁的钉间距	+30mm	钢尺量			
				拼合梁的各构件的截面高度	±3mm	钢尺量			
				支承长度	−6mm	钢尺量			

（续）

工程名称					子分部工程名称			验收部位	
质量验收规范的规定								施工单位检查评定记录	监理（建设）单位验收记录
检查项目				质量要求		检查方法、数量			
一般项目	5	楼盖主梁、柱子及连接件	柱子	截面尺寸	±3mm	钢尺量	检验批全数		
				拼合柱的钉间距	+30mm	钢尺量			
				柱子长度	±3mm	钢尺量			
				垂直度	±1/200mm	钢尺量			
			连接件	连接件的间距	±6mm	钢尺量			
				同一排列连接件之间的错位	±6mm	钢尺量			
				构件上安装连接件开槽尺寸	连接件尺寸 ±3mm	卡尺量			
				端距/边距	±6mm	钢尺量			
				连接钢板的构件开槽尺寸	±6mm	卡尺量			
		楼（屋）盖施工	楼屋盖	搁栅间距	±40mm	钢尺量			
				楼盖整体水平度	±1/250mm	水平尺量			
				楼盖局部水平度	±1/150mm	水平尺量			
				搁栅截面高度	±3mm	钢尺量			
				搁栅支承长度	−6mm	钢尺量			
				规定的钉间距	+30mm	钢尺量			
				顶头嵌入楼、屋面板表面的最大深度	+3mm	卡尺量			
			楼屋盖齿板连接桁架	桁架间距	±40mm	钢尺量			
				桁架垂直度	±1/200mm	直角尺和钢尺量			
				齿板安装位置	±6mm	钢尺量			
				弦杆、腹杆、支撑	19mm	钢尺量			
				桁架高度	13mm	钢尺量			

（续）

工程名称					子分部工程名称		验收部位	
质量验收规范的规定							施工单位检查评定记录	监理（建设）单位验收记录
检查项目				质量要求		检查方法、数量		
一般项目	5	墙体施工	墙骨柱	墙骨间距	±40mm	钢尺量	检验批全数	
				墙体垂直度	±1/200mm	直角尺和钢尺量		
				墙体水平度	±1/150mm	水平尺量		
				墙体角度偏差	±1/270mm	直角尺和钢尺量		
				墙骨长度	±3mm	钢尺量		
				单根墙骨柱的出平面偏差	±3mm	钢尺量		
			顶梁板、底梁板	顶梁板、底梁板的平直度	+1/150mm	水平尺量		
				顶梁板作为弦杆传递荷载时的搭接长度	±12mm	钢尺量		
			墙面板	规定的钉间距	+30mm	钢尺量		
				钉头嵌入墙面板表面最大深度	+3mm	卡尺量		
				木框架上墙面板之间的最大缝隙	+3mm	卡尺量		
	6	轻型木结构的保温措施和隔气层的设置			符合设计文件的规定	对照设计文件检查；检验批全数		
施工单位检查评定结果						监理（建设）单位验收结论		
						监理工程师： （建设单位项目专业技术负责人） 年月日		

WOOD CONSTRUCTION

建筑学基础

木结构建筑设计

木结构建筑学

木结构建筑材料学

木结构建筑结构学

木结构房屋建筑工程预算

木结构建筑检测与评估

轻型木结构建筑工程与实践

策划、责任编辑：杜 娟

封面设计：周周设计局

中国林业出版社教育出版官方微信　中国林业出版社林草教育微店

ISBN 978-7-5219-0710-0

9 787521 907100 >

定价：48.00元